# 纳米材料概论
# 及其标准化

赖宇明　孟海凤　陈春英　编著

北　京

冶　金　工　业　出　版　社

2020

## 内 容 提 要

随着纳米材料研究的深入，计量学和标准化体系逐步被引入，促进了纳米材料的研究和应用更加规范化和标准化，进而助力纳米材料领域的健康有序发展。本书介绍了纳米材料在各个领域的应用，重点介绍了单分散纳米材料的合成、表征、组装加工和应用，以及纳米材料研究中的计量问题和纳米标准化。

本书可供大专院校材料专业广大师生、相关企业实验人员，以及对纳米科技感兴趣的人员阅读参考。

**图书在版编目 ( CIP ) 数据**

纳米材料概论及其标准化/赖宇明，孟海凤，陈春英编著.
—北京：冶金工业出版社，2020.10
ISBN 978-7-5024-8620-4

Ⅰ.①纳…　Ⅱ.①赖…　②孟…　③陈…　Ⅲ.①纳米材料—概论　②纳米材料—标准化　Ⅳ.①TB383

中国版本图书馆 CIP 数据核字（2020）第 201202 号

出 版 人　苏长永
地　　址　北京市东城区嵩祝院北巷 39 号　邮编　100009　电话　(010)64027926
网　　址　www.cnmip.com.cn　电子信箱　yjcbs@ cnmip. com. cn
责任编辑　刘小峰　曾　媛　美术编辑　郑小利　版式设计　孙跃红
责任校对　王永欣　责任印制　李玉山
ISBN 978-7-5024-8620-4
冶金工业出版社出版发行；各地新华书店经销；三河市双峰印刷装订有限公司印刷
2020 年 10 月第 1 版，2020 年 10 月第 1 次印刷
169mm×239mm；13.25 印张；259 千字；202 页
**79.00 元**

冶金工业出版社　投稿电话　(010)64027932　投稿信箱　tougao@cnmip. com. cn
冶金工业出版社营销中心　电话　(010)64044283　传真　(010)64027893
冶金工业出版社天猫旗舰店　yjgycbs. tmall. com
（本书如有印装质量问题，本社营销中心负责退换）

# 前　言

　　自 20 世纪 90 年代以来，纳米材料日渐成为材料领域的研究
热点。随着纳米科技相关研究的不断深入，一些研究成果已开始
进入实际应用。然而，与其他新兴领域一样，其计量标准化问题
也日益凸显并成为拓展应用的瓶颈之一。为了让相关专业的技术
人员和材料专业的学生了解纳米材料的应用场景、纳米材料如何
从微观的纳米尺度的材料变成可用的宏观尺度的材料，以及纳米
材料在基础研究和实际应用中的计量学和标准化知识，我们编写
了本书。

　　纳米材料经过几十年的发展，虽然在合成、应用和性能表征
等方面都有了很大的进步并仍在不断发展，但是在纳米材料的计
量和标准化方面还处于起步阶段。我们在编写本书时将纳米材料
基本概念、制备、表征、计量和标准化的相关知识贯穿起来，力
图用浅显的文字阐述相关内容，使读者对纳米材料及其计量和标
准化有较为全面的了解。希望本书能对纳米材料的研究和应用更
加规范化和标准化产生一定的促进作用，助力纳米材料领域的健
康有序发展。

　　本书第 1 章"概述"介绍了纳米材料的定义、分类、发展、
特性及应用等。应用纳米材料的基础在于制备得到具有所需尺寸、
形貌、结构和功能的纳米材料，故在第 2 章中主要介绍"纳米材
料的制备"，按照纳米材料的分类介绍了纳米材料常用的制备方
法、原理及特点。应用纳米材料的关键在于将纳米材料引入宏观
材料中，所采用的方法必须保证引入宏观材料中的低维纳米材料

（纳米颗粒、纳米线等）不发生团聚或生长等过程，保持纳米级结构进而维持相应的特殊性能。常用的方法有自组装、纳米复合制备纳米复合材料及纳米加工，这些构成了第3章"纳米组装、复合及加工"的内容。纳米材料的制备、复合等过程中，材料的不同尺寸、成分、结构都会对宏观材料的性能产生影响。由于纳米材料尺度小，需要一些不同于宏观材料的表征方法，使研究人员有能力了解纳米材料的尺寸、成分、结构及性能。第4章"纳米材料的分析与表征"介绍了纳米材料的常用表征测量方法，包括尺寸形貌分析、成分分析、结构分析以及通常用于纳米材料性能测量的分析工具。新型材料的研制生产和发展应用都需要标准化，纳米材料作为一种新型材料，纳米尺度的计量技术和标准化还处于非常初级的阶段。本书第5章和第6章尽量系统地介绍了纳米材料的计量和标准化研究。第5章"纳米材料研究中的计量问题"，首先介绍了计量学的基本概念、发展历史、内容分类以及新挑战，然后针对纳米材料的计量，以石墨烯为例，详细介绍了石墨烯的计量方法和技术，以及它们与基础科学研究和工业生产之间的关系。第6章"纳米标准化"则从纳米标准化的涵义、纳米标准化组织结构和纳米标准化的主要内容三个方面来介绍国际和国内纳米标准化的发展。

本书第1、3、4章由北京科技大学赖宇明博士撰写；第2章由北京科技大学文磊博士撰写；第4.4.2节由中国计量科学研究院孟海凤博士撰写；第5章由中国计量科学研究院孟海凤博士、高慧芳助理研究员和任玲玲研究员撰写；第6章由中国食品药品检定研究院汤京龙博士、徐丽明博士和国家纳米科学中心刘颖博士、陈春英研究员撰写。全书由赖宇明、孟海凤、陈春英统稿、定稿。

在本书撰写过程中，清华大学孙树清研究员、广州粤港澳大湾区国家纳米科技创新研究院吴冲博士、青岛中科应化技术研究院曲华博士为本书提供了建议和部分实验结果图片，中国计量科学研究院陈杭杭和吴金杰博士为本书提供了相关图片和素材，在此致以衷心的感谢。

　　本书的出版受到中央高校基本科研业务费（FRF-GF-18-003A）的资助，在此致以衷心的感谢。我们对所有向本书提出批评、意见和建议的专家表示衷心的感谢。

　　由于时间仓促，加之水平所限，本书不妥之处，敬请各位读者不吝赐正。

赖宇明　　孟海凤　　陈春英

2020 年 7 月

# 目　录

# 1 概　　述

纳米科技是 20 世纪 80 年代末 90 年代初发展起来的新兴前沿领域，被视为与 150 年前微米科技一样，引起材料性能的重大改变和生产方法的巨大改变，将引发一场工业革命。在纳米科技领域中拔得头筹并占领高地的国家，将在可能出现的新工业革命中取得更大的进展。本章将从纳米材料的定义、发展、研究意义及其特性、应用、分类做基本的介绍。

## 1.1　纳米材料的定义、发展和研究意义

### 1.1.1　纳米材料的定义

纳米（nm）和米、微米等单位一样，是一种长度单位，$1nm = 10^{-9}m$。根据我国国家标准 GB/T 19619—2004 给出的定义，纳米材料是指物质结构在三维空间中至少有一维处于纳米尺度，或由纳米结构单元构成且具有特殊性质的材料。纳米技术是指研究纳米尺度范围物质的结构、特性和相互作用，以及利用这些特性制造具有特定功能产品的技术。

欧盟则在 2011 年通过了纳米材料的定义（2011/696/EU）。根据这一定义，纳米材料是指包含单分散或小团簇或大聚集体的基本颗粒的天然或人工材料，基本结构单元的三维尺寸至少有一维在 1~100nm 之间，且基本结构单元的数量占整个材料结构单元数量的 50% 以上。在特定情况下，50% 的数量分布阈值可以调整为 1%~50% 之间。

美国国立卫生研究院则认为目前科学界对纳米材料还没有形成精确的定义，通常纳米材料是指材料的部分尺寸在纳米尺度的材料[1]。

这三种定义都表明纳米材料至少有一个维度的尺寸或组成单元的尺寸在 1~100nm，且必须具有与常规材料截然不同的光、电、热、化学或力学等性能的一类材料。

### 1.1.2　纳米材料的发展

古代著名的使用纳米材料的例子是收藏于大英博物馆的莱克格斯酒杯（Lycurgus cup）。莱克格斯酒杯制造于四世纪的罗马帝国，采用的材料是混入了金纳米颗粒的玻璃，混入纳米颗粒的直径约 70nm。由于金纳米颗粒的局域表面等离子体共振（Local Surface Plasma Resonance，LSPR）效应，当光源在酒杯内部时，

光线穿透含有纳米粒子的玻璃，纳米颗粒会吸收与其发生共振的光子，酒杯呈现出金纳米粒子的颜色——红色，如图 1-1（a）所示；当光源在酒杯外部时，光线不穿透含有纳米粒子的玻璃，酒杯呈现出玻璃本身的颜色——绿色，如图 1-1（b）所示。局域表面等离子体共振是当光线入射到金属纳米颗粒上时，光波与金属表面自由电子发生集体共振，导致发生共振的光子被吸收的现象[2]。因此，不同粒径的金属纳米颗粒呈现不同的颜色，纳米颗粒的组成、形状、结构、尺寸、局域传导率都会影响纳米颗粒溶液的颜色。古罗马人并不知道纳米粒子LSPR 的原理，但他们发现了这种现象并应用到莱克格斯酒杯上。

(a)　　　　　　　　　　　　　　　　(b)

图 1-1　使用了金、银纳米颗粒的莱克格斯酒杯

（a）光源在酒杯内部时，酒杯呈现的颜色；（b）光源在酒杯外部时，酒杯呈现的颜色

图片来源：大英博物馆官方网站[3]

我国古代青铜器经久不腐也是因为使用了纳米材料。经现代研究发现，古代青铜器、铜镜的表面有纳米级的微晶或非晶二氧化锡构成的薄膜，这层薄膜不易腐蚀，且具有光泽。这是因为二氧化锡薄膜在纳米级微晶和非晶态存在时是透明的，且薄膜中不同位置的缺陷等使得其光学性质有一定差异，导致反射光有散射现象，从而导致高锡锈层的玻璃质光泽和玉质感[4]。

将纳米材料真正作为一项科学研究开始于 1861 年，随着胶体化学学科的建立，科学家们开始针对直径为 1~100nm 的粒子体系进行系统的研究，但当时还没有人提出纳米材料的概念。

1959 年，美国物理学家、诺贝尔奖获得者费曼（Richard P. Feynman）在《底层大有可为（Plenty of Room at the Bottom）》的演讲中首次提出了纳米科技的概念，被视为现代纳米科技的开端。

20 世纪 60 年代，科研人员开始对分散的纳米粒子进行研究，探索用各种方法制备不同材料的金属纳米颗粒，开发和评价纳米材料的表征方法，探索纳米材料不同于常规材料的特殊性能，但这一阶段的大部分研究都局限在单一材料得到的纳米颗粒。

1974 年，Taniguchi 最早使用 Nanotechnology（纳米技术）一词，最初是用来描述微米和微米技术无法实现的精细机械加工。后来，纳米技术才逐渐扩展为通过原子分子组装来制备纳米材料。

20 世纪 80 年代初，扫描隧道显微镜（Scanning Tunneling Microscopy，STM）的发明为观察原子、分子微观世界提供了可能，并使人类有了操纵原子分子的有力工具，对微纳米材料的研究产生了很大的促进作用。

1985 年，德国萨尔兰大学的 Gleiter 在高真空条件下将粒径为 6nm 的铁纳米颗粒原位加压成型，得到铁纳米微晶构成的块体材料，标志着纳米材料的研究进入了新阶段。同年，英国化学家克罗托和美国科学家斯莫利等人在氦气流中进行激光汽化蒸发石墨实验，首次制得由 60 个碳组成的碳原子簇结构分子 $C_{60}$。

1989 年，Don Eigler 首次通过扫描隧道显微镜在表面操控 35 个氙原子，在镍晶体表面拼写出"IBM"3 个字母。

1990 年 7 月，在美国举办的第一届国际纳米科学技术会议，正式把纳米材料作为材料学科的一个新分支，标志着纳米科技正式诞生。人们关注的热点开始从制备、研究单一材料的纳米颗粒转移到利用纳米材料已发现的特殊物化性质，设计和制备纳米复合材料，并探索纳米复合材料的特性。

1993 年，我国的中国科学院北京真空物理实验室用扫描隧道显微镜操纵原子成功书写了"中国"二字，标志着我国开始走在纳米科技研究的前沿。

1994 年至今，研究人员的兴趣集中在纳米组装体系、人工组装合成的纳米结构材料体系上，研究零维、一维、二维纳米材料在一维、二维和三维空间进行组装排列，逐步实现物理学家费曼当初的预言：微观信息存储与读取、在分子或原子尺度上加工和制造材料、器件和原子重排等。

## 1.1.3 纳米材料的研究意义

研究纳米材料的特性、制备、生产的纳米科技是 21 世纪极具发展前景和国际竞争力的高新产业之一。白春礼院士曾说过，纳米科技现在已具有与 150 年前微米科技所具有的希望和重要意义。材料性能的重大改变和制造模式方法的改变，将引发一场工业革命。

以纳米材料为研究内容的纳米科技从诞生起就迅速引起世界各国尤其是大国的重视和研究。1998 年，美国总统克林顿主持内阁会议，订立国家纳米发展规划；1999 年，日本首相森喜朗主持内阁会议，订立国家纳米发展规划；2000 年，朱镕基总理会见时任中科院副院长的白春礼院士，成立国家纳米发展协调领导小组。世界科技强国争先恐后地订立规划，将纳米科技作为重要发展领域，并认为纳米技术将对面向 21 世纪的信息技术、生命科学、分子生物学、新材料等领域产生积极影响。在纳米科技领域占据主导地位的国家，能够在未来可能出现的新工业革命中取得更大的进展。

### 1.1.4　纳米科学的机遇与挑战

#### 1.1.4.1　纳米化机遇

纳米科学的发展提供了一个全新的领域。可控地制备结构、形状及表面状态不同的纳米材料，是实现性能可控的基础[5]。此外，纳米科学要求从纳米尺度设计和操纵材料，需要更精准的操纵方法和表征设备。纳米科技驱使研究人员开发新材料、探索新器件，在生命科学、信息科学、环境科学等领域产生更多的成果，推动更多的纳米技术进入产业化阶段，使得人类社会能更好地利用资源，获得更高性能的产品。

#### 1.1.4.2　纳米安全性

纳米材料的安全性有多重含义，通常是指生物安全性及其对生态环境的影响。

纳米材料的生物安全性是受到最多关注的，即纳米技术的发展是否会对人体及其他生命体造成影响，是否会损害人体及其他生命体的健康。由于纳米材料的尺寸已经超出了生命体通常能接触到的材料尺寸，生命体长期进化而来的防护屏障如皮肤、呼吸道、肺、血脑屏障等能否有效阻隔纳米材料在生命体内的传播是研究的热点之一。有研究表明，纳米材料在动物的呼吸道和肺泡内沉积，并可以导致明显的肺泡巨噬细胞损伤。纳米材料可以通过被动转运、载体介导或吞噬作用跨越血脑屏障[6]。这为研究跨越血脑屏障的纳米药物提供了可能，但也意味着有害的纳米材料可能影响大脑的功能。目前，这些研究已经形成了一门新的学科——纳米毒理学。深入认识纳米材料产生毒性效应的机制，评估纳米材料的生物安全风险，解决纳米材料对生命体造成的影响，是保障纳米科技可持续发展的必要条件。

纳米材料的小粒径、高反应活性、高吸附能力和光催化光降解能力使其容易导致环境污染。有研究表明，铝纳米颗粒影响植物的根、茎、叶、花、果的生长发育，进而导致作物产量下降[7]。这些性质也能被用于有利于人类的方面，如多种纳米材料被发现具有良好的抗菌作用，磁性纳米颗粒用于水体除菌；纳米银颗粒由于能抑制大肠杆菌而被用于创伤敷料。

### 1.1.4.3 纳米标准化

纳米材料是一种新型材料,应用领域包括电子、信息、能源、环境、医药、航空航天等。目前,纳米标准化还在发展的早期阶段,下文简要介绍世界各国对纳米技术标准化工作的部署,更详细的介绍请见本书第6章"纳米标准化"。

2003年,我国国家标准化管理委员会批准成立了"全国纳米材料标准化联合工作组",标志着我国纳米材料标准研究工作的启动。2004年,制定了首批15项纳米相关的标准,包括基础标准1项《纳米材料术语》;纳米尺度的检测与表征方面的方法标准8项;纳米产品标准5项;纳米尺度的标准样品标准1项[8]。

2005年,在各国的建议下,国际电工委员会标准化管理局(IEC、SMB)成立了纳米技术咨询平台(Advisory Board Nanotechnology,ABN20)。

2004年,英国标准化协会BS成立纳米技术委员会(NTI/1:The UK National Committee for Nanotechnologies),并于2005年制定了纳米术语规范标准。2007年英国标准局发布公共可行性规范PAS 130—2007《人造纳米颗粒和包含人造纳米颗粒产品的标注指南》,要求纳米产品标签需包括新增纳米特点的使用说明、纳米粒子在操作、维护、清洁、保存或弃置等情况下的使用说明等[9]。

2005年,美国成立了纳米标准工作组和纳米技术委员会E56,制定纳米相关术语、纳米材料性能、试验、测量与表征方法等的标准及技术规范,并协调研究机构与纳米企业的监管合作。

2006年,欧盟成立"纳米技术委员会"(CEN/TC 352),致力于ISO职责以外的标准化项目。

2006年,日本工业标准协会(JISC)组织了ISO/TC 229纳米测量与表征工作组,并完成了3项关于单壁碳管/富勒烯的项目提案。由通产省、文部科学省牵头,由各行业协会具体负责,制定纳米材料科研和产业的各项标准。此外,日本工业标准协会还成立了关于国际纳米技术标准化的路线图工作组[10]。

## 1.2 纳米材料的特性及其应用

### 1.2.1 纳米材料的特性

由于纳米材料组成单元的尺度小,界面原子数占了整个纳米材料中原子数量的大部分,从而导致由纳米微粒构成的体系出现了不同于大块宏观材料体系的许多特殊性质。纳米材料的特性主要为表面效应、小尺寸效应、量子效应和宏观量子隧道效应。

### 1.2.1.1 表面效应

表面效应产生的主要原因是随着纳米材料体积的减小,表面原子数量在整个体积中原子数量的占比跟体相材料相比大大增加。表面原子配位数不足且具有很高的表面自由能，使得这些表面原子具有很高的化学活性。比如，2~3nm 的金纳米粒子是极好的催化剂，也表现出一定的磁性。纳米材料中角原子的配位数最少，因此通常与吸附质分子的成键亲和力最高，其次是边缘原子和面内表面原子，这一现象对催化活性至关重要。另外，由于低配位导致低稳定性，即使在热力学平衡条件下，单晶上的角原子，也经常丢失。总之，比表面积的增大导致纳米材料出现于体相材料差异很大的性质，这种效应被称为表面效应。

### 1.2.1.2  小尺寸效应

当纳米微粒的尺寸减小到与光波波长、传导电子的德布罗意波长及超导态的相干长度、透射深度等物理特征尺寸相当或更小时，它的周期性边界条件将被破坏，纳米微粒的声、光、电、磁、热等性能因此呈现与常规块体材料不一样的性质。例如，铜颗粒达到纳米尺寸时就不再导电；绝缘的二氧化硅颗粒在 20nm 时却开始导电。直径几十纳米的金纳米颗粒能与绿光发生表面等离子体共振，吸收绿光，呈现出红色而非金块体材料的金色。纳米磁性颗粒尺寸为单畴临界尺寸时，具有很高的矫顽力。金块体材料的熔点为 1064℃，粒径越小的纳米粒子熔点越低，直径 2.5nm 的金纳米粒子的熔点只有 657℃[11]。

### 1.2.1.3  量子效应

当粒子的尺寸达到纳米量级时，费米能级附近的电子能级由连续态分裂成分立能级。电子能级间距大于热能、磁能、静电能、静磁能、光子能或超导态的凝聚能时，会出现纳米材料的量子效应，从而引起其磁、光、声、热、电、超导电性能发生变化。

### 1.2.1.4  宏观量子隧道效应

量子物理中把粒子能够穿过比它动能更高势垒的物理现象称为隧道效应。纳米粒子的磁化强度也有隧道效应，它们可以穿过宏观系统的势垒而产生变化，这种被称为纳米粒子的宏观量子隧道效应。利用隧道效应，设计得到的扫描隧道显微镜（Scanning Tunneling Microscope，STM），可以在纳米尺度测定导电样品的高度。根据宏观量子隧道效应也可以推断，当电路器件的尺寸接近电子波长时，电子会通过隧道效应溢出器件或者短路，因此微电子器件的进一步微型化是有物理极限的。

## 1.2.2  纳米材料的应用

纳米材料是联系原子、分子和宏观体系的中间环节，与原子、分子和宏观体系相比，性质有很大的差别。利用纳米材料的特殊性质，我们得到"更轻、更高、更强"的新型材料。"更轻"是指借助于纳米材料和纳米技术，我们可以制备性能不变甚至更好但体积更小的器件，减小器件的体积和重量。从计算机的发展可以看到，由于科技的发展，最初制造出来需要三间房子来存放的计算机系统，如今日常办公就能使用。无论从能量消耗还是资源利用的角度来看，这种"小型化"都能带来很大的收益。"更高"是指纳米材料可望有着更高的光、电、磁、热性能。"更强"是指纳米材料有着更强的力学性能（如强度和韧性等），如纳米化可望解决陶瓷的脆性问题，并可能表现出与金属等材料类似的塑性。

纳米材料的应用前景十分广阔，以下将从电子信息、磁学、生物医学、能源、环境、航空航天等领域来介绍纳米材料的应用。

### 1.2.2.1 纳米材料在电子信息领域的应用

研究人员一致认为，电子信息产业是纳米科技引发工业革命的最主要驱动力。如今，以新型纳米材料及微纳制造工艺为基础，与现有集成电路产业中硅基工艺结合的新型纳米材料、低功耗柔性器件以及新型纳米光电器件和传感器件已应用于电子产品、电子通信及互联网等领域。根据 2018 年的报告《纳米技术在各产业的发展趋势展望》的估算，未来 5~10 年，纳米材料与技术在信息领域预计将为上海市带来超过 200 亿元的直接经济效益，带动相关产业产值约 1000 亿元。

纳米材料在电子信息领域的应用主要分为三个方面：第一，纳米材料作为电子信息产业基础材料，如石墨烯、氧化锡、黑磷等新型低维晶体材料、高性能纳米抛光材料、电子浆料和电子墨水等；第二，纳米电子器件及集成，如高性能超柔性半导体单晶纳米薄膜大规模转印的集成电路，利用纳米纤维能量转换器制备的可高效收集人体生物机械能的发电织物等；第三，纳米传感器，如集成光、电、磁、化学及生物活性等多方面特性的检测器，与微纳机电系统（NEMS/MEMS）器件制备技术相结合的传感器。

### 1.2.2.2 纳米材料在磁学方面的应用

纳米磁性材料具有特殊的磁学性质，由于其尺寸小，具有单磁畴结构和矫顽力高的特性，用纳米磁性材料制成的磁记录材料不仅音质、图像、信噪比好，而且记录密度比传统材料 $\gamma$-$Fe_2O_3$ 高几十倍。超顺磁的强磁性纳米颗粒还可制成磁性液体，用于电声器件、阻尼器件、旋转密封及润滑和选矿等领域。

纳米材料在磁学中另一项重要应用是隐身术。在雷达隐身技术中，制备能吸收超高频段电磁波的材料是关键。纳米材料被视为能满足吸收超高频段电磁波条件的新一代隐身材料。由于纳米材料独特的表面效应，纳米颗粒表面原子比例高，表面原子的大量不饱和键和悬挂键使界面极化，吸收频带展宽。高的比表面积则能产生多重散射。纳米材料的量子尺寸效应使得电子的能级分裂，分裂的能级间距正处于微波的能量范围，为纳米材料创造了新的吸波通道。纳米材料中的原子、电子在微波场的辐照下，运动加剧，增加电磁能转化为热能的效率，从而提高对电磁波的吸收性能。美国研制的"超黑粉"纳米吸波材料对雷达波的吸收率达99%。目前，吸波材料的研究热点逐渐转为研究可覆盖厘米波、毫米波、红外、可见光等波段的纳米复合材料。由于纳米材料吸波效率高、吸波范围广，采用纳米材料制备的吸波涂层普遍兼备了薄、轻、宽、强等特点。

### 1.2.2.3　纳米材料在生物医学领域的应用

纳米材料在生物医学领域的应用包括纳米医学材料、纳米药物和纳米医疗器件。

纳米医学材料，是指具有组织诱导功能的纳米材料，可用于组织替代物、功能修复物、新一代植介入医疗器械、新型功能药用辅料等。

基于纳米技术的给药新技术，可显著改善药物溶解性，提高药物的生物利用度，绕过某些生理屏障，增强药物利用效率，减小药物副作用。具有主动靶向功能的药物载体材料和安全高效的包载化学药、生物药的纳米药物，能够对重大疾病如肿瘤进行有效治疗，并极大地减小药物副作用。利用纳米材料光热效应的纳米光热治疗技术，具有适用范围广、选择性强、正常组织损伤小等优点，可应用在肿瘤治疗、药物释控、光控植入材料等方面。

通过使用纳米医疗器件可实现对血糖等指标的实时检测和调控，提高糖尿病等代谢性疾病的治疗水平。新型荧光磁性纳米探针可追踪体内树突细胞导向到淋巴结的迁移过程，这一技术有望发展为癌症成像检测及早期诊断的新方法，有助于对治疗结果进行实时监控。

### 1.2.2.4　纳米材料在能源领域的应用

纳米材料在能源领域的应用主要为纳米材料添加剂、太阳能电池、能源转换和能源存储。

在传统能源领域，利用纳米材料的表面效应得到的净化剂、助燃剂能使煤、汽油、柴油充分燃烧，在燃烧当中自循环，减少硫、不完全燃烧产物等有害物质的排放。

纳米材料在新型太阳能电池中的应用包括设计光谱选择性吸收涂层、减反射膜、光致变色器件、量子点太阳能电池等，在太阳能利用的各个方面都能应用并有效提升能量转换效率和湿热稳定性。

纳米能源催化材料主要是利用纳米材料的高反应活性，在甲烷高效活化、合成气高选择性转化、二氧化碳光电催化转化中碳-氧、碳-碳或碳-氢的高效选择性转化和电催化制氢等方面应用。

氢气是备受瞩目的清洁能源之一，但氢气储存一直是氢燃料应用的阻碍。基于锂、钠、硼、氮、镁、铝等轻质元素的新型高氢量纳米储氢材料，有望得到吸放氢温度小于200℃、可逆储氢量大于5%质量分数、循环寿命大于500次的固态储氢设备。此外，采用纳米技术可提升电极、隔膜的性能，提升锂硫电池、锂空气电池、钠离子电池、液流储能电池的寿命、稳定性和效率。

### 1.2.2.5 纳米材料在环境领域的应用

在环境保护领域，纳米材料和技术的应用能够提高能源的利用效率，并在空气污染控制、水质控制、土壤污染控制等领域发挥作用。

由于纳米半导体粒子受光照射时产生的电子和空穴具有较强的还原和氧化能力，因而它能氧化有机物，通过光催化降解大多数有机物，最终生成无毒害的二氧化碳、水等。所以，可以借助半导体纳米粒子利用太阳能催化分解无机物和有机物。此外，纳米材料的高吸附性能可以用来吸附空气中低浓度、复合型的污染物，实现净化空气的目的。

快速大容量纳米晶吸附材料能够用于水体的重金属等污染物的吸附，纳米催化剂能用于有机物污染物的降解，基于纳米材料的絮凝剂和多功能膜有望实现自然水体的高效低成本治理。

纳米材料还可用于研发自然水体或工业废水中低浓度抗生素、农药和重金属等污染物的快速检测方法，通过有效监测实现污染物排放的控制。利用不同污染物与纳米材料选择性的作用机制，可实现土壤污染物的分离、检测和甄别。

### 1.2.2.6 纳米材料在航空航天领域的应用

纳米材料在航空航天领域的应用可分为在结构材料和功能材料两个方面。

提高金属材料强度最有效的方法之一是使晶粒细化。通过添加纳米陶瓷可实现增强金属合金基材料的目的。纳米陶瓷粉体的加入能提高金属合金的成核速率、抑制晶粒长大，从而实现晶粒细化的目的。纳米陶瓷晶粒尺寸小，容易在其他晶粒上运动。当材料受到外力作用时，这些晶内的纳米晶粒像一颗颗钉子，抑制裂纹扩散，使得材料具有极高的强度、高韧性以及良好的延展性。将纳米氮化硅、碳化硅、氮化钛、氮化铝等添加到金属基体或聚合物基体中，改进合金材料或聚合物基材料的性质，提高硬度、强度、耐热性、耐磨性等。

氮化硅、氮化锆、氮化钛等氮化物纳米材料的耐磨性、抗氧化性、抗剥蚀性等性能优良，用于金属表面的涂层，可提高工件的稳定性，大大延长零部件的使用寿命。将金属铝和镍的纳米粉添加到固体火箭推进剂中，可显著改善固体推进剂的燃烧性能，比常规铝粉的燃烧效率提高 5~20 倍[12]。

## 1.3　纳米材料的分类

### 1.3.1　零维纳米材料

零维纳米材料是指三维空间尺度的尺寸都在 1~100nm 范围内的结构单元，这相当于 10~100 个原子紧密排列在一起的尺度。零维纳米材料包括纳米颗粒、超细粉、纳米团簇、人造原子、原子团簇、量子点等，他们之间的区别在于尺寸、成分和性能略有差异。零维纳米材料一般是通过"自下而上"的方法获得，如化学合成、化学气相沉积、离子溅射等，"自上而下"的方法也能得到零维纳米材料，但尺寸较大且粒度分布更广。零维纳米材料的电子被局域在很小的空间内，无法自由运动，因此有局域表面等离子共振效应；比表面积相比其他结构单元更大，因此这种纳米材料的反应活性、吸附能力都是最高的。

### 1.3.2　一维纳米材料

一维纳米材料是指三维空间尺度的两个维度尺寸都在 1~100nm 范围内的结构单元，长度为宏观尺度的纳米结构单元，包括纳米棒、纳米管、纳米纤维、纳米带等。一维纳米材料的制备常通过模板合成法、零维纳米结构单元自组装法、稳定剂法、分子束外延法、电弧法、激光烧蚀法等方式。稳定剂法是根据稳定剂在不同晶面的吸附能力不同，使得材料某一晶面可以生长，其他晶面无法生长，从而得到一维纳米材料。一维纳米材料的电子仅在一个方向上自由运动，因此有较好的导电性能，此外，其力学性能、吸附性能也非常优越。

### 1.3.3　二维纳米材料

二维纳米材料是指在三维空间尺度的一个维度尺寸在 1~100nm 范围内的结构单元，包括纳米薄膜、超晶格、量子阱等。二维纳米材料通常通过剥离块体层状材料、层层自组装、分子束外延、气相沉积等方法制备。最早发现的二维纳米材料石墨烯就是通过剥离法获得的。单层二维材料的表面原子几乎完全裸露，相比于体相材料，原子利用率大大提高。通过厚度控制和元素掺杂，就可以更加容易地调控能带结构和电学特性，因此二维纳米材料可以是导体、半导体，也可以是绝缘体。二维纳米材料的表面特性也有利于化学修饰，从而调控催化和电学性能。二维纳米材料的电子能在平面上自由运动，有利于电子器件性能的提升。由于二维纳米材料厚度很薄，因此具备柔性且透明度高，可用于可穿戴智能器件、柔性储能器件等领域。

## 1.3.4　三维纳米材料

三维纳米材料是指由零维、一维、二维纳米材料中的一种或多种组合成的复合材料，包括纳米金属、纳米陶瓷、纳米玻璃、纳米介孔材料、纳米高分子等。制备方法包括沉淀法、自组装法、模板法等。三维纳米材料包含纳米结构单元，性能明显高于传统材料，如纳米微晶陶瓷、金属基微晶材料等。

## 参 考 文 献

[1] https：//www.niehs.nih.gov/health/topics/agents/sya-nano/index.cfm [EB/OL].

[2] Willets K A, Van Duyne R P. Localized surface plasmon resonance spectroscopy and sensing [J]. Annual Review of Physical Chemistry, 2007, 58：267-297.

[3] https：//research.britishmuseum.org/research/collection_online/collection_object_details. aspx? objectId=61219&page=1&partId=1&searchText=lycurgus%20cup [EB/OL].

[4] 刘薇，陈建立. 古代青铜器表面高锡锈层研究综述 [J]. 中国国家博物馆馆刊，2019 (5)：146-160.

[5] 王中林. 纳米科学和纳米技术——挑战和机遇 [J]. 中国科学基金，2001 (5)：18-21.

[6] 白伟，张程程，姜文君，等. 纳米材料的环境行为及其毒理学研究进展 [J]. 生态毒理学报，2009，4 (2)：174-182.

[7] 仝雅娜，丁贵杰. 铝对植物生长发育及生理活动的影响 [J]. 西部林业科学，2008，37 (4)：56-60.

[8] 全国纳米材料标准化联合工作组. 国内外纳米材料标准现状与我国开展纳米材料标准化工作综述 [J]. 中国标准化，2005 (5)：11-13.

[9] 沈电洪，王荷蕾. 国际纳米标准化综述 [J]. 中国标准化，2007 (9)：14-17.

[10] 王益群，樊阳波，贾永鹏. 纳米技术标准化现状研究 [J]. 中国标准化，2019 (S1)：150-153.

[11] Roduner E. Size matters：why nanomaterials are different [J]. Chemical Society Reviews，2006，35 (7)：583-592.

[12] 宋文国. 纳米材料在航空航天领域的应用 [J]. 军民两用技术与产品，2010 (6)：3-4.

# 2 纳米材料的制备

利用纳米材料特异性能的关键是纳米材料的制备。在研究人员的努力下，纳米材料的制备方法已经日渐完备，不仅可以制备各种尺寸的纳米材料，还能调控纳米材料的形状、结构和组成成分。本章将根据纳米材料的分类来介绍零维、一维、二维、三维纳米材料的制备方法，可以根据所需纳米材料的分类快速了解到其制备方法。

## 2.1 纳米材料的制备方法

物理学家费曼在《底层大有可为（Plenty of Room at the Bottom）》中提出微小材料、器件的制备方法可分为"自上而下"（Top-Down）和"自下而上"（Bottom Up）两种。"自上而下"的纳米材料制备方法是指先制备出前驱体材料，然后通过切割、研磨、蚀刻、光刻印刷等方法将材料、组件不断微小化，如用球磨法制备纳米粉体、光刻法形成纳米结构。"自下而上"的制备方法则是指先制备出分子、原子或纳米结构单元，再用纳米技术操控分子、原子、纳米结构，使其按照设计进行组装，如化学合成、自组装等。根据制备方法的原理可分为物理法、化学法，物理法包括蒸发冷凝、非晶晶化、等离子体沉淀法、溅射法、物理破碎法等。化学法包括溶胶-凝胶法、微乳液法、解控模板法、水热法、水解法、化学沉淀法等。由于纳米材料制备方法分类繁多，为了能更好地认识不同维度纳米材料的不同，根据纳米材料本身的性质来分类，分别介绍零维纳米材料、一维纳米材料、二维纳米材料和三维纳米材料的制备方法。

## 2.2 零维纳米材料的制备方法

零维纳米材料的制备方法关键在于能控制纳米颗粒粒径的大小，并使纳米材料具有较窄的粒径分布，有些情况还需要控制纳米粒子的晶向。目前，制备方法较多，本节根据反应环境的状态分为气相法、固相法和液相法。

### 2.2.1 气相法

气相法合成纳米颗粒通常是将反应物气化，并在气体状态下发生物理状态变化或化学反应，最后冷却凝聚、长大，形成纳米颗粒。纳米颗粒的形成可以分成两种机制：一为异相成核，以进入气相中的外来粒子或在固体表面上的缺陷等作为核心，进行微粒的成核和长大；另一为均相成核，在没有外来杂质和缺陷的参与下，过饱和蒸气中的原子相互碰撞失去动能，聚集形成核心，当核心半径大于临界半径时，撞击到表面的其他原子会被吸附、逐渐长大形成纳米颗粒。

根据气相沉积过程中是否发生化学反应可以分为物理气相沉积法和化学气相沉积法。

物理气相沉积法又被称为气相蒸发法，在气相中将陶瓷、金属或合金气化，然后与低温的气体混合，气化的陶瓷、金属或合金迅速冷凝成纳米微粒，得到的纳米微粒与初始材料组分一致。整个过程不发生化学反应，只有形态的改变。由于气化的原子、分子与低温气体分子碰撞迅速损失能量而冷却，这种急速的冷却过程会导致局域过饱和，因此能均匀成核，形成原子簇，再冷凝长大成单个纳米颗粒。气相蒸发法通常能得到单分散的纳米粒子，且粒度可控，粒子表面无稳定剂等杂质[1]。

靶材气化的方法包括蒸发法和溅射法。蒸发法主要通过降低压力、升高温度的方式实现靶材气化，加热方式有电阻加热、感应加热、离子束加热、等离子体、激光加热等。溅射法是通过辉光放电的原理实现的。在低压气体中，平行的阳极或/和阴极间加上一定的直流电压，使气体受到激发形成辉光放电，放电气体离解为正电荷离子和自由电子，在电场的作用下，产生的正电荷离子被加速轰击阴极的靶材，阴极靶材的原子离开表面蒸发出来，这个过程又被称为溅射。溅射法包括磁控溅射、射频溅射和离子束溅射。磁控溅射是通过直流电气体电离得到离子和电子，通过电场和磁场使离子加速轰击靶材，将靶材表面材质溅射出来。磁控溅射具有高速、低温、损伤小等优点，但靶材利用率不高。射频溅射是指用10MHz的高频电流代替直流电源，使靶材内部发生极化放电产生等离子体，轰击靶材溅射出靶材原子。射频溅射几乎可以用来沉积任何固体材料，包括石英、氧化铝、蓝宝石、金刚石、玻璃、氮化物等。离子束溅射是采用单独的离子源轰击靶材产生靶原子，具有独立控制轰击离子的能量和束流密度的优点，但效率太低。溅射法不仅可以用于制备零维纳米材料，还被广泛用于制备不同组成、不同结构的薄膜，获得声、光、电、磁或力学性能优良的功能材料膜。

化学气相沉积法（Chemical Vapor Deposition，CVD）是利用加热、等离子激励或光辐射等方式将反应器内的反应物气化，在气相或气固界面通过化学反应生成固态沉淀物的方法。化学气相沉积法不仅可以制备纳米粒子、晶须和晶粒，也被用于制备薄膜。化学气相沉积通常需要满足四点要求：反应物需要满足纯度高、易挥发；产物可通过沉积反应获得；副产物均易挥发或易于分离；整个反应过程可控。化学气相沉积法的优点是沉积层与基体结合力强，且可以通过改变反应物配比得到混合产物，可以沉积多种单晶、多晶或非晶态无机纳米颗粒和薄膜材料。

化学气相沉积法可以分为热分解反应沉积、氧化还原反应沉积和化学合成反应沉积。热分解反应沉积是在真空或惰性气氛下，将衬底加热到一定温度，然后引入气态反应物并发生热分解反应，最后在衬底上沉积出所需的固态材料。热分解法通常被用于制备金属、半导体等材料。氧化还原反应沉积通常是在氧气气氛下，输入气态的元素氢化物或有机烷基化合物，在反应器中发生反应沉积得到该元素的氧化物薄膜。化学合成反应沉积是由两种及更多反应原料在反应器中反应得到所需产物的方法。化学合成反应沉积的反应原料范围广，是化学气相沉积中最普遍使用的方法。表 2-1 列举了常见化学气相沉积法的化学反应方程式及其产物的粒径分布。

**表 2-1  常见化学气相沉积法涉及的反应及其产物的粒径**

| 化学气相沉积反应方程式 | 产物 | 产物粒径/nm |
|---|---|---|
| $3SiCl_4 + 4NH_3 \longrightarrow Si_3N_4 + 12HCl$ | $Si_3N_4$ | 10 ~ 100 |
| $3SiH_4 + 4NH_3 \longrightarrow Si_3N_4 + 12H_2$ | $Si_3N_4$ | < 200 |
| $SiCl_4 + CH_4 \longrightarrow SiC + 4HCl$ | SiC | 5 ~ 50 |
| $CH_3SiCl_3 \longrightarrow SiC + 3HCl$ | SiC | < 30 |
| $SiH_4 + CH_4 \longrightarrow SiC + 4H_2$ | SiC | 10 ~ 100 |
| $(CH_3)_4Si \longrightarrow SiC + 3CH_4$ | SiC | 10 ~ 200 |
| $2TiCl + 2NH_3 + H_2 \longrightarrow TiN_4HCl$ | $TiN_4HCl$ | 10 ~ 400 |
| $TiCl_4 + CH_4 \longrightarrow TiC + 4HCl$ | TiC | 10 ~ 200 |
| $TiI + CH_4 \longrightarrow TiC + 4HI$ | TiC | 10 ~ 150 |
| $2TiI_4 + C_2H_4 + 2H_2 \longrightarrow 2TiC + 8HI$ | TiC | 10 ~ 200 |
| $2ZrCl_4 + 2NH_3 + H_2 \longrightarrow 2ZrN + 8HCl$ | ZrN | < 100 |
| $2MoO_3 + CH_4 + 4H_2 \longrightarrow Mo_2C + 6H_2O$ | $Mo_2C$ | 10 ~ 30 |
| $WCl_6 + CH_4 + H_2 \longrightarrow WC + 6HCl$ | WC | 20 ~ 300 |

化学气相沉积法合成的生产装置包括气相反应室、加热装置、气体控制系统和排气处理系统。气相反应式的核心是为了得到尽可能均匀的纳米粒子或薄膜，可以通过调节反应室内压力、反应物浓度及配比、沉积温度、沉积速率等来控制。化学气相沉积法所得产物形态与析出温度、过饱和度的关系如图 2-1 所示。加热方式包括电阻加热、感应加热和激光加热。由于在化学气相沉积反应体系中需要使用原料气、氧化剂、还原剂、载气等，因此需要能够精确控制气体浓度及比例的监控原件，主要包括流量计和针型阀，这些部件被称为气体控制系统。排气处理系统，化学气相沉积反应的气体产物通常为酸类，有毒性和较强的腐蚀性，因此需要经尾气处理才可以排放，通常采用冷吸收、中和反应等方式进行尾气处理。

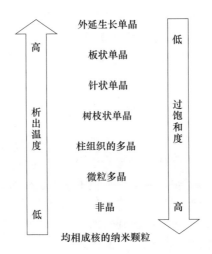

图 2-1 化学气相沉积法所得产物形态与析出温度和过饱和度的关系

## 2.2.2 液相法

液相法是以溶液为反应介质，通过化学反应得到分散在溶液中的纳米颗粒，或通过一些方法使溶质和溶剂分离，形成不同形状、大小的颗粒前驱体，再经热解得到纳米颗粒。液相成核过程涉及在含有可溶性盐或悬浮盐或非水溶液中的化学反应。当液体饱和时，通过均相或异相成核机制开始沉积；成核后，由扩散控制纳米粒子的生长。如果想得到单分散的颗粒，所有的核心必须几乎同时生成，且在进一步生长过程中，不发生二次核心和团聚。

液相法可以分为沉淀法、电解法、喷雾法、溶剂热法、微乳液法、溶胶-凝胶法等。

沉淀法是指在含有一种或多种离子的可溶性盐溶液，当加入 $OH^-$、$CO_3^{2-}$ 等沉淀剂或加入水后，离子与沉淀剂结合或发生水解反应生成沉淀的方法。只有一种阳离子时，需要少量缓慢加入沉淀剂，避免因沉淀剂浓度不均导致沉淀物聚集、二次沉淀等情况的发生。多种阳离子的情况，为了多种离子同时沉淀，可采取调节 pH 值、加入过量沉淀剂和高速搅拌的方式来解决。如钡、钛的硝酸盐溶液加入草酸沉淀剂后，形成单相化合物 $BaTiO(C_2H_4) \cdot 4H_2O$ 沉淀，沉淀物经高温分解，可制得 $BaTiO_3$ 纳米粒子。在剧烈搅拌下往氯金酸水溶液中缓慢滴入弱还原剂柠檬酸盐能得到粒径几十纳米、粒度分布较窄的金纳米颗粒。一些金属的醇盐与水反应会水解得到氢氧化物、氧化物。将析出的氢氧化物、氧化物加热脱水得到氧化物纳米颗粒。如钛酸四丁酯和正硅酸乙酯在乙醇中与水反应，得到二氧化钛和二氧化硅纳米颗粒。沉淀法的特点是操作简单，但容易引进杂质，难以制得粒径小的纳米粒子。

电解法包括水溶液电解和熔融盐电解。水溶液电解是用金属电极作为阳极、贵金属电极作为阴极，在一定比例的盐溶液和稳定剂（一般为表面活性剂，如CTAB）中电解，得到金属氧化物晶体。通常可以通过控制电解液温度、盐溶液浓度和电流密度来控制电解过程，得到纳米金属氧化物。熔融盐通常是指无机盐的熔融态液体，具有导电率高、浓差极化小的特点，因此能以高电流密度进行电解，得到金属纳米颗粒[2]。

喷雾法，又被称为冷冻干燥法。首先通过化学反应制得纳米前驱体溶液，然后通过喷雾的方式将纳米前驱体溶液雾化，并将雾化的微小液滴迅速冻结固化，在低温冷冻的条件下真空干燥，即可得到纳米粒子。这种方法能改善凝胶干燥过程中粒子间的团聚，得到的纳米粒子粒径分布相对较宽。纳米前驱体溶液进行快速蒸发后能使组分偏析最小，因此得到的纳米粒子粒径尺寸小、粒径分布窄、分散性良好，但这种方法缺乏可控性，对操作人员要求较高[3]。

溶剂热法，又被称为水热合成法，是指在高温高压的水溶液或蒸汽流体中通过合成、过滤、洗涤、热处理一系列过程制得各种纳米粒子。这种方法可以使得通常难溶或不溶于水的物质溶解，得到纯度高、粒径可控、晶型好的单分散纳米粒子。

微乳液法，是利用表面活性剂在水油体系中微乳化，将金属盐和一定的沉淀剂控制在乳化液滴微区内完成胶粒的成核和生长，最后经热处理得到纳米粒子。常用的表面活性剂有琥珀酸二异辛酯磺酸钠、十二烷基磺酸钠等。微乳液法原料便宜、操作简单，粒子尺寸可控。

溶胶-凝胶法是将金属醇盐或无机盐水解，使溶质聚合凝胶化，再将凝胶干燥得到无机纳米粒子。溶胶-凝胶法流程如图2-2所示，包括三个关键步骤：（1）制备溶胶，用适当的沉淀剂使部分组分先沉淀，控制过程使形成的颗粒不团聚保持在溶胶状态，或发生沉淀后进行解凝。（2）溶胶-凝胶转化，溶胶中含有大量的水，凝胶化过程中，会使得体系失去流动性，形成一种开放的骨架结构。可通过控制溶胶中电解质浓度迫使胶体颗粒间距离缩短，实现凝胶化。（3）凝胶干燥，通过加热等方式使溶剂蒸发，得到纳米颗粒粉体。需要注意的是，干燥过程会导致凝胶的结构发生很大改变，可能形成团聚。溶胶-凝胶法得到的纳米粒子具有尺寸小、纯度高、成分均匀等优点。

图 2-2  溶胶-凝胶法制备纳米材料的流程图

## 2.2.3  固相法

固相法是通过不断减小固相材料的尺寸来制造纳米粉体，可根据切割固相材料的方式分为机械球磨法、离子注入法和原子排布法。在纳米粉碎中，随着粒子粒径的减小，材料由于材料结晶均匀性增加导致的粒子强度增大，断裂能增大，粉碎所需的机械应力不断增加。因此，用固相法得到的纳米粒子具有粉碎极限，到达粉碎极限粒径，粒径不再减小。固相材料种类、机械应力施加方式、粉碎方法、粉碎工艺等条件的不同，粉碎极限不同。

机械球磨法是通过球磨使材料在机械力的作用下反复变形，局域应力增加引起材料内部缺陷密度增加，当局域应变中的缺陷密度达到某个临界值时，晶粒内部破碎。通过不断重复这个过程，得到纳米级颗粒。机械球磨法通常采用的技术包括搅拌磨、胶体磨、振动磨、气流磨，通常适用于脆性金属、合金或无机材料的纳米化。虽然机械球磨法的理论粉碎极限是 $10\sim50nm$，但目前设备制得的超微颗粒尺寸在亚微米和微米尺度，较难得到真正的纳米粒子。

离子注入法是把某种元素的原子电离成离子，并使其在一定的电压下进行加速，高速运动的离子入射到固体材料中，大量离子注入直至超过其在固体中的固溶度后，经热处理使这些离子发生团聚形成纳米颗粒。这种方法主要用于半导体、金属和绝缘体等材料的制备和改性。

原子排布法是指通过扫描隧道显微镜操纵原子得到任何想要的纳米材料和结构。原子排布法合成小尺寸的纳米粒子具有很大优势，但在较大尺寸纳米粒子的制备需要耗费较多资源。

表 2-2 比较了零维纳米材料的主要制备方法、原理及其特点。

**表 2-2　纳米材料的制备方法、原理及特点**

| 分类 | 制备方法 | 制备机理/工艺 | 特　点 |
|---|---|---|---|
| 气相法 | 物理气相沉积法 | 蒸发法 | 粒径分布窄、表面洁净、粒度可控 |
| | 物理气相沉积法 | 溅射法 | 材料适用面广，可制备不同组成、不同结构的纳米颗粒及薄膜 |
| | 化学气相沉积法 | 热分解反应 氧化还原反应 化学合成反应 | 反应过程可控，沉积不同元素配比、不同晶态的材料，与基底结合力强 |
| 液相法 | 沉淀法 | 反应生成沉淀物 | 操作简单，容易引入杂质，粒径较大 |
| | 电解法 | 水溶液电解 | 设备和操作简单，粒径分布宽，易引入杂质 |
| | | 熔融盐电解 | 可制备金属纳米颗粒、金属膜 |
| | 喷雾法 | 冷冻干燥 | 纳米粒子尺寸小、粒径分布窄、分散性良好、可控性较差，对操作人员要求较高 |
| | 溶剂热法 | 水热合成 | 纯度高、粒径可控、晶型好、单分散 |
| | 微乳液法 | 微乳液中反应 | 操作渐变，粒径可控 |
| | 溶胶-凝胶法 | 溶胶凝胶 | 尺寸小、纯度高、成分均匀、易团聚 |

续表 2-2

| 分类 | 制备方法 | 制备机理/工艺 | 特　点 |
|---|---|---|---|
| 固相法 | 机械球磨法 | 机械力作用下反复变形破裂 | 粒子尺寸大,有粉碎极限 |
| | 离子注入法 | 高能离子入射固体表面及内部 | 可以在固体材料内部生成纳米粒子 |
| | 原子排布法 | 扫描隧道显微镜操纵原子 | 对人员和设备的要求高,纳米粒子小、可操控性强 |

## 2.3　一维纳米材料的制备方法

　　一维纳米材料是非热力学稳定生长的晶体形貌,因此需要严格控制合成条件或者借助于模板才能得到。制备过程的关键是控制一维纳米材料的形状、结构和尺寸。一维纳米材料的制备方法主要包括各向异性可控生长法、界面生长法、模板法、表面活性剂法、自组装法和物理或化学剪切法。

　　各向异性可控生长法是指根据许多固体材料固有的晶体结构、化学结构的各向异性,在一定条件下令其在择优生长取向上自发生长得到一维纳米结构。如具有链式结构的聚氮化硫在气相中生长可以得到直径 20nm,长度数百微米的纳米线。利用化学气相沉积法制备的碳纳米管也属于各向异性可控生长法。在石英、硅片、蓝宝石等平整基底上沉积催化剂,以这些催化剂颗粒做"种子",高温下通入含碳气体使之分解并在催化剂颗粒上析出并生长碳纳米管。这种方法制备的碳纳米管具有纯度较高、有序排列等优点。平行排布的单壁碳纳米管阵列是未来微纳米化硅基半导体材料的理想材料。目前,大面积阵列的定向生长主要是通过电场诱导、晶格诱导和气流诱导来实现的。Hayamizu 等采用水辅助 CVD 法直接制备出单壁碳纳米管垂直阵列,并原位将其大量组装成三维结构的电子机械器件[4]。我国在碳纳米管产业化方面也居世界前列,清华大学富士康纳米科技中心与富士康公司合作,于 2012 年实现了全球首个碳纳米管触摸屏的产业化,月产 150 万片;多家公司已实现碳纳米管粉体年产能 200t 以上的规模。

　　界面生长法是指引入界面来减少籽晶的对称性,使得晶体沿着一个方向生长得到一维纳米结构。如在化学气相沉积法中,最常用的制备一维纳米结构的方法是气-液-固法。气-液-固法一般要求有催化剂的存在,适宜条件下,催化剂与材料互溶形成低温共融的共融物液滴,该液滴相比于其他气相反应物和基底来说更易于吸纳气相中的反应物分子。在反应物浓度达到适合晶须生长的浓度后,会不断在液滴上反应和析出晶体,并将共融物液滴抬高,直到停止生长。通过气-液-固法生长得到的晶须的末端都有凝固的小液滴,这是气-液-固法得到一维纳米材料的特点。在纳米线的生长过程中,共融物液滴的大小保持不变。液滴起到了软模板的作用，且通过调节液滴的大小，可以控制一维纳米线的直径。

模板法是利用各种一维形貌的模板来引导一维纳米结构的合成。模板法又可以分为硬模板法和软模板法。硬模板包括通过光刻、化学刻蚀等方式在固体表面构造的纳米结构模板，在模板上通过溅射、气相沉积、电化学镀、分子束外延生长等技术生长金属或半导体纳米线。软模板是利用具有明确结构和窄分子量分布的功能性瓶刷状嵌段共聚物作为纳米反应器，制备各种尺寸且可精确控制组成的普通纳米棒、核壳纳米棒和纳米管等一维纳米材料。这些圆柱形单分子纳米反应器能够高度控制一维纳米晶体的尺寸、形状、结构、表面化学和性能。可以合成得到金属、铁电、半导体和热电一维纳米材料[5]。

表面活性剂法是通过使用合适的包覆剂，控制晶体在不同晶面的生长速率，得到纳米棒、纳米线等。如利用十六烷基三甲基溴化铵（CTAB）在（111）晶面的吸附能力较弱的特点，加入 CTAB 作为稳定剂的金种子能够在（111）晶面不断生长，最终得到金纳米棒[6]。

自组装法是通过零维纳米结构自组装得到一维纳米结构。如去除表面稳定剂的纳米颗粒在静止或一定模板的作用下，通过纳米颗粒之间的相互作用，自组装得到一维纳米结构，用自组装法已得到 ZnO 纳米棒，PbSe 纳米线等。通过自组装法甚至能得到手性一维纳米结构。

物理化学剪切法是指减小一维微结构的尺寸获得一维纳米结构，如通过各向异性化学刻蚀或光刻技术等实现。这种制备方法成本很高，较少使用。

## 2.4 二维薄膜材料的制备方法

二维薄膜材料是由离子、原子或分子沉积形成的二维材料。二维薄膜材料制备的关键在于形成连续均匀的薄膜。二维薄膜材料与器件结合，可在反射、增透、防紫外线等光学薄膜，太阳能电池、燃料电池等能源技术，集成电路、液晶显示、信息存储等电子信息技术和传统机械领域的功能涂层方面有广泛应用。

薄膜生长的基本模式包括岛状生长、层状生长和混合生长。岛状生长模式是指原子或分子倾向于相互键合，避免与基底的原子键合，因而在基底表面先形成被称为"岛"的原子团簇，再由"岛"合并成薄膜。大部分的薄膜生长过程都属于岛状生长模式。层状生长是指原子倾向于与基底原子键合，因此原子或分子在基底表面通过二维扩展模式沉积，在随后的沉积过程中，一直维持这种层状生长模式。当衬底晶格和基底晶格匹配时，或基底原子和沉积原子之间的键能接近于沉积原子之间的键能时会发生层状生长。层状生长得到的薄膜一般是单晶膜，并和衬底有确定的取向关系。混合生长模式是指原子或分子最开始一两个原子层厚度时是层状生长，之后转为岛状生长。当基底原子与沉积原子之间的键能大于沉积原子之间的键能时，易发生层状/岛状混合生长。如在半导体表面生长金属膜通常属于混合生长。

纳米薄膜材料的制备方法主要分为气相法、液相法和固相法。气相成膜法又包括化学气相沉积法、分子束外延法、溅射法和真空蒸发法等。液相成膜法包括LB 法（Langmuir-Blodgett, LB）、电镀法、化学镀法、液相外延法和溶胶凝胶法。固相法包括机械剥离法，主要靠机械剥离层状化合物来制备纳米片。

化学气相沉积法、物理气相沉积法（又可细分为溅射法和蒸发法）、电镀法、化学镀法、溶胶-凝胶法等在成膜初期是一个成核的过程，如果在此过程终止反应，得到的就是零维纳米材料，如果继续反应，原子或分子不断累积成为完整的二维薄膜材料。本节内容着重介绍二维纳米材料独有的制备方法，以及 2.2 节未介绍的方法。

分子束外延法（Molecular Beam Epitaxy, MBE）是在超高真空环境中，通过高温蒸发、辉光放电离子化、气体裂解、电子束加热蒸发等方式，产生靶材的分子束流并喷射到半导体基底上，生长出单晶或超晶格二维纳米材料的方法。这种方法生长温度低，能得到薄至单原子层的薄膜，得到的晶体完整，组分和厚度均匀可控，是良好的光电薄膜、半导体薄膜生长方法。但 MBE 系统复杂且昂贵，也面临生长速度较慢的缺点。

LB 膜法是专门用于制备二维纳米材料的方法。LB 膜是指具有疏水和亲水官能团的分子在气液界面有序排列形成的单分子膜，这层分子膜可以被转移到固体基底上。很多分子都非常适合在气液界面形成 LB 膜，如表面活性剂、脂质体、纳米颗粒、高分子聚合物和蛋白质等。LB 膜法既能制备单分子膜，也能通过层层累积的方法获得多层 LB 膜，还能通过选择不同的组装原料，调节其功能。但 LB 膜是通过物理吸附与基底链接在一起，因此膜的机械性能较差。

液相外延法是指从溶液中析出固体物质并沉积在单晶基底上得到单晶二维纳米材料的方法。液相外延法的过程类似于重结晶的过程。以低熔点的金属为溶剂，以生长材料和掺杂剂为溶质，使溶质在溶剂中达到饱和或过饱和。降温使溶质在溶剂中析出，在单晶基底上定向生长一层与基底晶体结构非常相似的晶体材料，使基底的晶体外延生长。例如，GaAs 外延层就可以通过以 Ga 为溶剂、As 为溶质的饱和溶液生长得到。液相外延法具有生长设备简单、生长速度快、外延材料纯度较高、掺杂剂选择范围较广、成分厚度可控等优点，是半导体单晶二维纳米薄膜最主要的生长方法之一。

## 2.5　三维块体纳米材料的制备方法

纳米材料大范围应用的关键在于有制备高质量三维大尺寸块体材料的技术。在金属材料领域，早在 1984 年德国科学家 G. V. Gleiter 等首次采用惰性气体凝聚原位加压法制备得到了纳米块体材料，并命名为纳米晶。如今，纳米陶瓷、纳米晶、复合纳米材料依然是研究热点。三维块体纳米材料的制备方法关键在于避免高表面活性的纳米组成单元之间的反应,三维块体纳米材料主要包括金属纳米晶、纳米陶瓷和其他复合纳米材料。其他复合纳米材料将在第3章进行更详细的介绍。

## 2.5.1 金属纳米晶块体材料的制备

金属纳米晶块体材料是指晶粒尺寸在纳米级的金属单相或多相块体材料,具有晶粒小、缺陷密度高、晶界占比大等特点。因此,金属纳米晶块体材料相比于普通金属材料具有强度高、电阻率高、塑性变形能力强等优点。制备方法可以分为两类:第一,金属纳米颗粒经压制、烧结获得金属纳米晶块体材料,如粉末冶金法、惰性气体冷凝法等;第二,直接对金属块体材料进行特殊处理,如大塑性变形法、非晶晶化法、脉冲电流晶化法和快速凝固法。

粉末冶金法通常分为纳米粉末的制备和烧结两步。纳米粉末的制备在零维纳米材料的制备中已做介绍,本节主要介绍烧结技术。粉末冶金法烧结制备金属纳米晶块体材料的关键在于在获得致密度的同时尽量控制烧结过程中晶粒的长大。采取的工艺有超高压烧结法和放电等离子烧结。超高压烧结法是指在烧结时施加极高的压力,降低烧结温度,抑制晶粒长大,得到纳米晶块体材料。放电等离子烧结是利用放电等离子体产生的高温场来实现烧结。这种方法得到的纳米晶块体材料致密度高,晶粒大小还能保持在纳米级。现在已用放电等离子烧结获得了晶粒尺寸 $50\sim100nm$ 的铝钛合金纳米晶块体,甚至可以获得晶粒尺寸在 $20\sim30nm$ 的 $Fe_{90}Zr_7B_3$ 纳米晶磁性材料[7]。

惰性气体冷凝法初期与零维纳米材料的物理气相沉积法类似,气化的金属原子在高真空中与惰性气体接触,冷凝下沉积为金属纳米颗粒。收集的金属纳米颗粒在原位冷压成型工艺下压制得到纳米晶块体材料。惰性气体冷凝法得到的纳米晶块体材料晶粒均匀,表面干净,但块体材料内部存在大量微空隙,影响了材料的强度等性能。

大塑性变形法是通过纯剪切大变形的方法使金属材料获得纳米级的晶粒尺寸,常用的方法包括高压扭转、等通道角挤压、多相锻造、多相压缩、板条马氏体冷轧和反复弯曲平直等工艺。这种方法可适用于多种金属、材料,可用于制备大体积样品,得到的纳米晶块体材料界面干净,致密度高。

非晶晶化法是通过控制非晶态固体晶化动力学过程来控制晶粒尺寸的,可采用等温退火、分级退火、激光诱导、脉冲电流等方式来控制晶化动力学过程。可以得到晶粒尺寸 $20\sim30nm$ 的纳米晶块体材料。这种方法成本低、产量大,得到的纳米晶块体界面干净、致密度高,晶粒度变化易于控制。但非晶晶化法适用面较窄,只适用于非晶形成能力较强的合金体系。此外,晶粒尺寸很小时,非晶晶化法得到的纳米晶块体材料的塑性才较好，通常被用于制备磁性材料[8]。

脉冲电流晶化法是通过向熔融的金属和合金中通入脉冲电流，提高体系的过冷度，凝固后的体系晶粒尺寸可达纳米级。通过调控体系中的电流强度，可以调节晶粒尺寸。脉冲电流晶化法可获得大块的纳米晶块体材料。

快速凝固法是通过快速降温使体系实现过冷，避免或剔除异质晶核，使得晶粒细化。合金熔体过冷可通过两种方式实现：一是剔除合金中的杂质，使体系没有晶核无法成核；二是快速淬火熔体，避免异质晶核的形成。快速凝固法可以制备大块的纳米晶块体材料，但得到的纳米材料组织均匀性和热稳定性较差。

## 2.5.2　纳米陶瓷的制备

纳米陶瓷是由纳米尺寸的粉体烧结而成的多晶陶瓷，具有良好的力学性能、耐高温性能和加工性能。纳米陶瓷的烧结过程中如果晶粒长大，就失去了纳米陶瓷的功能了。因此纳米陶瓷的制备方法关键在于尽可能控制晶粒的长大，常见的制备方法包括无压烧结、热压烧结、热等静压烧结、放电等离子烧结、预热粉体爆炸烧结、微波烧结和激光选择性烧结。

无压烧结是纳米陶瓷常用的制备方法，通过控制升降温速度、保温时间、最高温度等参数来达到晶粒生长程度最小的前提下得到高致密的烧结体。这种烧结制度的控制能够最大程度控制晶粒生长程度，保持纳米陶瓷的纳米结构。

热压烧结是纳米陶瓷制备的另一方法，在惰性气体保护或真空中，加压 20~40MPa，加热温度达 2200℃，保温数小时，得到的纳米陶瓷具有晶粒较细、强度较高的特点。

热等静压烧结是一种成形和烧结同时进行的方法，利用常温等压工艺和高温烧结相结合的方式，通过高温和高压的共同作用促使材料致密化，解决了普通热压样品密度不均匀的问题，得到的纳米陶瓷致密度进一步提高。

放电等离子烧结是利用粉体内部的自身发热作用产生的热量进行烧结的，具有升温速度快、时间短、烧结效率高等优点。由于引入了等离子体活化和非常快速的烧结过程，能有效抑制晶粒长大，较好地保持原始颗粒的微观结构，因此得到的纳米陶瓷性能有较大提高[9]。

预热粉体爆炸烧结法，能在极短的时间内（微秒量级）使颗粒表面迅速升温熔融结合，并产生极高的动态压力（可达 GPa），可以解决常温下爆炸烧结方法不能熔融的亚微米及纳米级粉体。

微波烧结和激光选择性烧结的特点是可以选择性加热，激光选择性烧结还能分层烧结固体粉末，实现层层叠加的工艺。

# 参 考 文 献

［1］李洪光．零维纳米碳材料的制备及功能化［C］．中国化学会第30届学术年会摘要集—第三十一分会：胶体与界面化学，大连，2016：1.

［2］陈维平，王眉，杨超，等．电解方法制备纳米金属粉末的研究进展［J］．材料导报，2007（12）：79-82.

［3］谢克令．纳米材料的主要类型和制备方法（摘要）［C］．上海市老科学技术工作者协会一届学术年会；上海市老科学技术工作者协会二届学术年会；上海市老科学技术工作者协会三届学术年会，上海，2006：3.

［4］Futaba D N, Hata K, Yamada T, et al. Shape-engineerable and highly densely packed single-walled carbon nanotubes and their application as super-capacitor electrodes［J］. Nature Materials, 2006, 5（12）：987-994.

［5］Pang X, He Y, Jung J, et al. 1D nanocrystals with precisely controlled dimensions, compositions, and architectures［J］. Science, 2016, 353（6305）：1268-1272.

［6］Chen S H, Fan Z Y, Carroll D L. Silver nanodisks: Synthesis, characterization, and self-assembly［J］. Journal of Physical Chemistry B, 2002, 106（42）：10777-10781.

［7］王轶，姚可夫，翟桂东．块体纳米晶材料制备的研究进展［J］．热加工工艺，2003（2）：48-50.

［8］张运，冯慧娟，梅燕娜，等．块体纳米材料的制备技术与进展［J］．材料导报，2008, 22（S3）：5-7, 14.

［9］李兆虎，张志昆，郭等柱．阴极等离子体电解法制备氧化铝纳米颗粒［J］．物理化学学报，2010, 26（11）：3106-3112.

# 3 纳米组装、复合及加工

纳米材料因其突出的特性而受到广泛关注。纳米材料与传统材料相比最大的不同是其尺度的微小，传统的组装、复合及加工技术无法用于纳米材料体系中，因此纳米科学技术领域发展了针对纳米材料的组装、复合及加工技术。纳米自组装、纳米材料复合和纳米加工是纳米材料加工的主要技术手段。也可以说，纳米组装、复合及纳米加工技术是人类利用纳米材料的特殊性能的关键。

## 3.1 纳米自组装

自组装（Self-assembly）的概念最初来源于生物学，用于描述生物中蛋白质分子之间由于大量非共价键的相互作用自发结合得到有特定构型的多聚体的过程[1,2]。随着人们对这些分子识别和分子的自组装行为认识的逐渐深入，自组装技术不断发展，并应用于化学、纳米科学等领域。

广义的自组装是指没有人类干预的情况下，构造单元自发的组装得到图案或结构。自组装过程是自然界中存在的一个普遍现象，是一种由简单到复杂、由无序到有序、由多组分收敛到单一组分的不断自我修正、自我完善的自发过程。构造单元通过局域的相互作用进行自组装，得到热力学稳定、结构稳定、结构有序的聚集体。自组装的构造单元种类广泛，从分子到纳米颗粒，从细胞到鱼群，从动物群体到行星；构造单元之间的相互作用也非常多，从分子、纳米颗粒之间的非共价键相互作用到行星之间的万有引力相互作用。

狭义的自组装是指分子及纳米颗粒等构造单元在没有外来干涉的情况下，通过非共价键作用自发地缔造成热力学稳定、结构稳定、组织规则的聚集体的过程。自组装过程由各种作用力相互竞争，进而发生协同作用，使得自组装聚集体的能量最小化，因此自组装产物的缺陷密度有降低到最低的趋势，从而能够获得高质量且具有优异性能的材料。通过模拟自然界的自组装过程改进现有材料性能或发现新的高性能材料，进而制造出新的功能材料，是纳米自组装技术最突出的优点。在本章中，我们主要探讨狭义的自组装及其在纳米科技领域的应用。

### 3.1.1 自组装的基本原理

自组装是指基本构造单元（分子、纳米材料、微米或更大尺度的物质）在一定驱动力（氢键、范德华力、静电相互作用、亲水/疏水作用、π-π 相互作用、配位键、表面张力、毛细管力、模板驱动、电磁场等）的驱动下，自发形成热力学上稳定、结构稳定、组织规则的聚集体的过程。该过程的最大特点是，在一定场中，依靠系统中各个成分自发的、特定的、局域的相互作用，而非外力得到自组装的结构；换句话说，自组装的结构是基本构造单元自己建成的。自组装过程是一个热力学过程，构造单元与其自组装聚集体处于动态的平衡。

### 3.1.2 自组装的特点

特点一：自发的过程。

自组装过程是一个排除了人为干扰的自发过程，整个过程受基本构造单元之间存在的弱相互作用力控制。自组装过程一旦开始就会自动进行，直到达到某个热力学平衡。在自组装过程中，人的作用是为自组装设计产物和条件，并开启自组装过程。

特点二：相互作用力。

自组装过程中构造单元依靠相互作用力进行自组装。自组装过程中的相互作用力是松弛的相互作用（Slack interactions），也被称为弱相互作用力，如范德华力、π-π 堆积、疏水效应、静电相互作用、氢键、毛细管力等，而非共价键、离子键或金属键。

尽管这些弱相互作用力的键能仅是化学键键能的 1/10，这些弱相互作用力在自组装结构的形成中发挥着重要的作用。自组装过程并不是大量原子、离子、分子之间弱相互作用力的简单叠加，而是若干个体之间同时自发的发生关联并集合在一起，形成一个紧密而又有序的整体，是一种整体的、复杂的协同作用。研究表明，相互作用力是实现自组装的关键。相互作用力也被称为驱动力，包括范德华力、氢键、静电力等只能作用于分子水平的非共价键力和能作用于较大尺寸范围的力，如表面张力、毛细管力等。

弱相互作用力在材料尤其是生物体系中发挥着主导作用，尽管与强的相互作用（如共价键）相比，它们常常被看作是一种辅助的作用，但这些弱相互作用力决定了材料的物理性质，如固体的溶解度和生物膜的分子组织结构。

特点三：基本构造单元。

自组装过程中的基本构造单元不局限于原子和分子，不同尺度的构造单元（如纳米材料和介观材料）、不同化学成分的材料（如无机、金属、有机以及两者或多种物质杂化）、不同形貌和功能的构造单元都能进行自组装。常见的基本构造单元有多面体、片状纳米粒子、纳米棒、液晶、超分子等。这些纳米尺度的构造单元（Nanoscale Building Blocks，NBBs）可以通过自组装方法依次进行组装。

特点四：有序的结构。

　　自组装过程能够多组分同时进行，过程复杂，但是得到的聚集体相对单一。这是由于自组装过程中没有共价键的生成和断裂，构造单元受到的各种弱相互作用来自于储存在每个构造单元内部的识别信息。自组装结构与有化学键生成和断裂得到的化合物产物相比具有高度有序的结构。

### 3.1.3　自组装体系与相互作用力大小及作用距离的关系

　　理想的自组装是构造单元在恰当的相互作用力驱动下，得到热力学能最小化的平衡结构的过程，即热力学控制的过程。如果整个反应体系是动力学控制的过程为主，则会形成沉淀、凝胶或玻璃态，难以获得想要的自组装结构。热力学控制和动力学控制之间的竞争结果由相互作用力的作用距离决定，粒子间存在相对于粒子尺寸来说短程的相互作用力时，得到动力学控制结果的可能性较大。

　　对自组装体系来说，最理想的驱动力是相对于构造单元尺寸来说长程的作用力。但许多相互吸引力，如范德华力，仅仅在分子范围内发生作用。要将这些分子水平的相互作用力作为自组装体系的驱动力，必须使用小尺寸的构造单元。一般来说，短程的相互作用力适用于分子尺度的几倍或几十倍的构造单元，即 $2 \sim 30nm$。如，浓度为 1mmol/L、粒子半径为 20nm 的纳米粒子溶液可在短程作用距离 $\lambda = 0.5nm$、相互作用力约 $8.3kT$（$k$ 为玻耳兹曼常数，$T$ 为温度）的范德华力作用下发生自组装，得到紧密排列的自组装结构[3]。长度为 2nm 的 CTAB 配体稳定的直径为 15nm、长为 100nm 的纳米棒，在短程作用力范德华力的作用下自组装得到"带状"结构[4]。二胺硫醇配体修饰的粒径约为 5.1nm 的金纳米粒子，在强的、短程的相互作用力氢键的驱动下，自组装得到有序的带状和囊泡状结构[5]。微米尺度的构造单元在短程吸引力的相互作用下总是得到无序的沉淀聚集体或凝胶。浓度为 1mmol/L、粒子半径为 14nm 的巯基乙酸包覆的金纳米粒子，在 30mmol/L 氯化钠溶液中，在相互作用力约为 $4.6kT$ 的长程作用力静电相互作用下发生自组装，得到链状的自组装结构[6]。除了相互作用距离，相互作用力的大小也能影响自组装体系的形成。自组装结构中的相互作用力强度超过一定范围则会得到动力学控制的无序聚集体。构造单元在恒定的体积分数下随着相互作用力的增大，首先进入流体-晶体共存状态导致结晶化，随着相互作用力的进一步增大最终会形成动力学控制的状态。优化的自组装的相互作用强度应该在流体-晶体共存状态的区域中[7]。聚异丁烯修饰的铁纳米粒子在粒径为 10nm 时，磁偶极-偶极能为 $5kT$，无法形成自组装结构；纳米粒子的粒径增大到 12nm 时，其磁偶极-偶极能约为 $15kT$，自组装得到"线"的结构[8]。随着磁偶极-偶极能的进一步增大，这些线性链条开始出现分枝，最后得到凝胶状网状结构。在极强的磁偶极相互作用下，磁性粒子组成紧密排布的体心立方的超晶格结构。

## 3.1.4 自组装驱动力及其理论分析工具

自组装驱动力在构造单元进行分子相互识别中的作用主要分为三类：（1）使构造单元相互靠拢的吸引力，如范德华力；（2）使构造单元相互远离的排斥力，如带有相同电荷的构造单元之间的静电力；（3）带有方向性的力，如磁力。

自组装过程中的驱动力根据作用距离主要分为分子水平的非共价键力（氢键、π-π 相互作用、范德华力、配位键、亲水/疏水作用、静电力）、作用于较大尺寸范围的力（表面张力、毛细管力等）、外场（磁场、流场）和模板驱动这几类。

只有了解了这些驱动力的能量量级、作用距离，以及这些驱动力与纳米颗粒尺寸和纳米颗粒间距的关系，才能在设计自组装体系时做到有的放矢。以下将着重从三个方面来介绍纳米自组装的驱动力：（1）驱动力在纳米尺度上的作用；（2）模拟驱动力相互作用的理论工具；（3）理论模拟的局限性。根据相互作用力的作用距离和发生相互作用的纳米颗粒的尺寸，可以通过理论公式对这些纳米颗粒是组装成一个有序结构还是得到无定型态进行判定。

图 3-1 是本章讨论的各个自组装驱动力的特点的思维导图。首先是根据整个自组装体系的自由能对系统可以进行初步判断，是否能进行自组装得到有序结构。随后分别介绍各个驱动力的特点、模拟驱动力相互作用的方法、自组装实例等。

### 3.1.4.1 自由能判据

根据热力学第二定律，自发过程都是不可逆的，且一切不可逆过程都和热功交换的不可逆相联系，当系统达到平衡，系统的自由能不再发生变化。因此，纳米自组装能通过整个系统的自由能来进行模拟研究。

在稀溶液中，驱动构造单元进行组装的吸引相互作用需要大于伴随着聚集过程导致的平移和旋转自由度的减少带来的熵罚。假设半径为 $\alpha$ 的球形纳米粒子符合刚性球体的排斥和吸引相互作用模型，相互作用力和构造单元表面的距离分别用 $\varepsilon$ 和 $\lambda$ 表示。随着相互作用力 $\varepsilon$ 的增大，构造单元开始形成小聚集体，最终会聚集得到有序的结构。

小聚集体的形成过程可以用聚集平衡态来表示：$n$ 个构造单元聚集体的平均数目为 $N_n$，$Q_n$ 是配分函数，这些聚集体的平衡态可以用公式 $\dfrac{N_n}{N_1^n} = \dfrac{Q_n}{Q_1^n}$ 来表示。在最简单的情况下，两个纳米粒子形成二聚体，二聚体浓度为 $c_2$，且二聚体中两个粒子表面距离 $\lambda$ 远小于粒子半径 $\alpha$，该二聚体体系的自由能可用式（3-1）和式（3-2）表示。

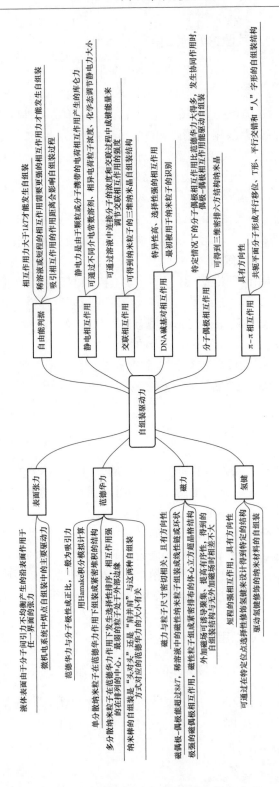

图 3-1 自组装驱动力的思维导图

$$\Delta F_2 = -kT\ln\left(\frac{Q_2}{Q_1^2}\right) \quad 或 \quad \Delta F_2 = -kT\ln\left(\frac{N_2}{N_1^2}\right) \tag{3-1}$$

$$\frac{N_2}{N_1^2} = (V_\varepsilon/8\pi V)\exp\left(\frac{\varepsilon}{kT}\right) \quad 或 \quad \frac{c_2}{c_1^2} = (V_\varepsilon/8\pi)\exp\left(\frac{\varepsilon}{kT}\right) \tag{3-2}$$

式中，$\Delta F_2$ 为形成二聚体的自由能能量变化；$k$ 为玻耳兹曼常数；$T$ 为温度；$Q_1$ 为一个球形纳米粒子的配分函数；$Q_2$ 为两个球形纳米粒子聚集体的配分函数；$N_1$ 为一个球形纳米粒子的平均数目；$N_2$ 为两个球形纳米粒子聚集体的平均数目；$V_\varepsilon$ 为粒子与其他粒子充分相互作用下的相空间体积，$V_\varepsilon = \frac{4}{3}\pi[(2\alpha+\lambda)^3 - (2\alpha)^3]$，$\lambda$ 为球形纳米粒子表面的距离，$\alpha$ 为球形纳米粒子的半径，当 $\lambda$ 远小于 $\alpha$ 时，可以近似为 $V_\varepsilon \approx 16\pi\alpha^2\lambda$；$V$ 为溶液的体积；$c_1$ 为溶液中一个球形纳米粒子的浓度；$c_2$ 为溶液中两个球形纳米粒子聚集体的浓度。由此可见，自由能 $\Delta F$ 的大小由相互作用力 $\varepsilon$ 和作用距离 $\lambda$ 决定。

假设体系中至少 2/3 的纳米颗粒自组装为二聚体，即 $c_2 = c_1$，根据式（3-2），在相互作用力 $\varepsilon \approx -kT\ln(2\lambda\alpha^2 c_1)$ 时，且相互作用距离 $\lambda$ 很近时，可以自发进行二聚体自组装。如，浓度为 1mmol/L、粒子半径为 20nm 的纳米粒子溶液，能在以下两种情况下发生自组装：第一种，短程作用距离为 $\lambda = 0.5$nm 的范德华力作用下，相互作用力 $\varepsilon \approx 8.3kT$；第二种，长程作用距离为 $\lambda = 50$nm 的静电相互作用下，相互作用力 $\varepsilon \approx 2.7kT$。

由此可以得出结论：第一，构造单元之间相互作用力大于 $1kT$ 才能引导自组装；第二，稀溶液或短程的相互作用需要更强的相互作用力，以克服伴随着自组装结构的形成造成的平移和旋转自由度的减少；第三，吸引相互作用的作用距离会影响组装过程的动力学，从而决定形成的结构是否有序。

### 3.1.4.2　范德华力

范德华力是两个原子或分子相互靠近时极化的电子云的静电相互作用力。范德华力来源于分子及原子层面上的偶极或诱导偶极的相互作用，普遍存在于固、液、气形态的任何物质之间。范德华力的大小与分子的极性成正比，吸引力与分子间距的六次方成反比，排斥力与分子间距的 12 次方成反比。因此，对分子来说，范德华力总体表现为吸引力。相同结构的纳米构造单元之间的范德华力吸引力在 $1kT$ 到 $100kT$ 范围内。在大多数情况下，范德华力被认为是一个副作用，会导致溶液中纳米粒子聚集从而得到沉淀。但通过使用稳定剂或合适的溶剂，范德华力也可以用于引导自组装，得到纳米粒子和/或纳米棒组成的二维、三维的超结构。

范德华力的大小可以用 Hamaker 积分近似进行计算。原子、分子之间的范德

华力可以用公式 $u_{vdw}(r) = -C_{vdw}/r^6$ 表示。$r$ 为原子、分子之间的距离；$C_{vdw}$ 为表示构造单元和周围介质相互作用的常数。将两个构造单元中的所有分子的相互作用进行加和就能估算构造单元之间的范德华力。对于两个半径分别为 $\alpha_1$ 和 $\alpha_2$、粒子中心距离为 $r$ 的粒子体系，其范德华力可以用式（3-3）表示[6]：

$$U_{vdw}(r) = \frac{A}{3}\left[\frac{\alpha_1 \alpha_2}{r^2 - (\alpha_1 + \alpha_2)^2} + \frac{\alpha_1 \alpha_2}{r^2 - (\alpha_1 - \alpha_2)^2} + \frac{1}{2}\ln\left(\frac{r^2 - (\alpha_1 + \alpha_2)^2}{r^2 - (\alpha_1 - \alpha_2)^2}\right)\right]$$

(3-3)

式中，$\alpha_1$、$\alpha_2$ 为两个粒子的半径；$r$ 为两个粒子中心之间的距离；$A$ 为哈马克常数，根据哈马克积分估算 $A = C_{vdw}\pi^2/(V_1V_2)$；$V_i$ 为材料 $i$ 的摩尔体积。如，由 $CH_2$ 基团组成的碳氢化合物，其 $C_{vdw} \approx 50 \times 10^{-79}$ J·m$^6$，$V \approx 0.03$nm$^3$，哈马克常数估算为 $A \approx 5 \times 10^{-20}$J。

这个方法对真空中基于范德华力的相互作用的大小和距离进行了合理的近似，但这个估算忽略了两个构造单元中原子间相互作用力的协同效应、对大组分影响显著的迟滞效应和对小组分影响显著的离散原子效应。

球形单分散纳米粒子在范德华力驱动下的组装总是形成紧密堆积的结构，如二维的密排六方结构和三维的面心立方结构排列。范德华力驱动的自组装一般通过逐渐增大纳米粒子的体积分数，如通过溶剂蒸发，直到达到饱和浓度，而后进行纳米颗粒成核、生长、自组装，最终形成有序的平衡结构。

范德华力驱动的自组装不仅发生在单分散的体系中，在多分散的纳米粒子体系中也能形成紧密排列结构，且组装结果显示，纳米粒子根据范德华力的大小进行了选择性排序。如图 3-2（a）（b）所示，二维的超晶格组装结构显示具有最强的相互作用的最大粒子处于排列的中心和具有最弱的相互作用的最小粒子处于外部边缘，这种排列能使系统的总势能最小[9-11]。

除了球形纳米颗粒的体系，范德华力还可以在各向异性颗粒体系中，产生高方向性的相互作用。如图 3-2（c）所示，大长径比的纳米棒自组装得到肩并肩的"绶带状"结构[4]。对小表面的分散物应用哈马克积分近似，肩并肩和头对头结构的范德华力如式（3-4）和式（3-5）表示：

$$U_{SbS} \approx -\frac{Ah\,\alpha^{1/2}}{24\,L^{3/2}} \quad （肩并肩）$$

(3-4)

$$U_{EtE} \approx -\frac{A\,\alpha^2}{12\,L^2} \quad （头对头）$$

(3-5)

当肩并肩和头对头的范德华力比值大于1，肩并肩组装比头对头组装更容易形成。如，由长度 2nm 的 CTAB 配体稳定的直径 15nm、长 100nm 的纳米棒，肩并肩结构与头对头结构的范德华力的比值约为 2，自组装得到"带状"的结构。肩并肩与头对头的范德华力的比值接近 1 时，自组装结构变得复杂，肩并肩与头对头两种结构都能被观察到，如图 3-2（d）所示[4]。

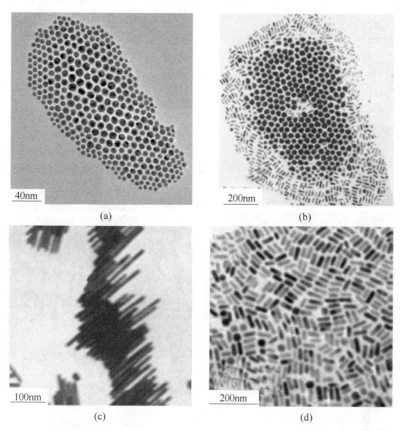

图 3-2 （a）多分散的金纳米粒子在 1-氨基十二烷作为稳定剂得到的二维自组装结构[3]；
（b）粒径与形貌均不同的纳米粒子在范德华力的驱动下形成的二维自组装结构[4]；
（c）金纳米棒（直径 15nm、长 200nm）进行"肩并肩"自组装，得到"带状"
自组装结构；（d）长径比为 3.2 的金纳米棒在与（c）一样
的条件下得到的各向同性自组装结构[4]

### 3.1.4.3 静电相互作用

静电力是由颗粒或分子所携带的电荷相互作用产生的库仑力，根据电荷种类相异或相同可以表现为吸引力或排斥力。静电力为粒子、胶体，甚至宏观粒子结晶中的主要驱动力，已经在纳米尺度下构造出各种独特的结构，如钻石型的纳米晶体、表面涂层中坚固的单层膜或多层膜。静电相互作用可以是吸引力也可以是排斥力，表面电荷分布不对称的粒子体系中也能表现为有方向性。此外，静电相互作用力的大小和作用距离可以通过选择不同介电常数的溶剂、调节溶液中相异电荷离子的浓度、化学态来进行调控。由于静电相互作用具有这些特性，被广泛用于引导纳米粒子的自组装和稳定溶液中的纳米粒子。

溶液中的离子对纳米粒子之间静电力 $\varphi$ 的影响，通常通过泊松-玻耳兹曼方程表示。忽略粒子体积，假设粒子之间没有相干性，只通过散射互相作用，单价态电解质中纳米粒子的静电势 $\varphi$ 如式（3-6）和式（3-7）所示[12]：

$$\nabla^2 \varphi = \frac{2\,ec_s}{\varepsilon_0 \varepsilon} \sin\left(\frac{e\varphi}{kT}\right) \tag{3-6}$$

$$\nabla^2 \psi = \frac{2\,e^2 c_s}{\varepsilon_0 \varepsilon kT} \sinh\psi = \kappa^2 \sinh\psi \tag{3-7}$$

式中，$e$ 为基本电荷；$c_s$ 为盐浓度；$\varepsilon$ 为相对介电常数；$\varepsilon_0$ 为真空介电常数；$\kappa^{-1}$ 为屏蔽距离；$\psi$ 为无量纲的静电势，$\psi = e\varphi/kT$，室温下，$\dfrac{kT}{e} \approx 25\mathrm{mV}$。

屏蔽距离又被称为德拜长度，是等离子体中任一电荷的电场能作用的距离。屏蔽距离 $\kappa^{-1}$ 的计算公式可以通过 DLVO 理论推导得到，$\kappa^{-1} = (2\,e^2 c_s / \varepsilon_0 \varepsilon kT)^{-1/2}$。当带电粒子间的距离大于屏蔽距离时，可以将带电粒子看作是整体电中性的，反之，粒子则是带有电荷的。如，在 0.1mol/L 的电解液中，屏蔽距离 $\kappa^{-1}$ 约等于 1nm。

Kalsin 等观察到，在静电力 $\varphi = 0.01$ 的稀溶液中，去质子化的 11-巯基十一酸（MUA）修饰的粒径为 5.1nm 的金纳米粒子（AuNPs）和 N,N,N-三甲基-(11-巯基十一烷基) 氯化铵（TMA）修饰的粒径为 4.8nm 的银纳米粒子（AgNPs）在一定比例下能得到八面体钻石状的开放晶格 ZnS 型结晶[13]，结构如图 3-2 所示。

这种三维自组装结构是由屏蔽的静电相互作用驱动形成的。这里所说的屏蔽指的是：（1）纳米粒子核是金属的；（2）每个带电的纳米粒子被一层相异电荷的离子包围。该体系的屏蔽距离经公式计算约 2.7nm。静电相互作用的距离相对于粒子之间的距离来说是短程的，这说明结晶中只有距离最近的带电粒子有静电相互作用。MUA-AuNPs 和 TMA-AgNPs 组成的钻石结构体系中，每个纳米粒子结晶可近似为该纳米粒子相邻的 $n$ 个相异电荷粒子的吸引能 $nE_{op}$ 和 $m$ 个相同电荷粒子的排斥能 $mE_{like}$ 之和。对 ZnS 型晶体来说，$n = 4$，$m = 12$。$E_{like}$ 与粒子间距 $d$ 相关，当带相同电荷的粒子间距 $d > 2\kappa^{-1}$ 时，静电相互作用被屏蔽，$E_{like} \approx 0$；对更小的间距来说，$E_{like}$ 随着间距减少而迅速增大。在图 3-3 所示的钻石结构中，$2\kappa^{-1} \approx d = 5.3\mathrm{nm}$，在这种情况下，只有 $E_{op}$ 对晶体能有贡献，整个系统的能量最低，结构最稳定。由以上分析可知，在屏蔽距离很近的情况下，系统中主要存在的相互作用力只有最近的排斥相互作用和次近的吸引相互作用[13]。

纳米粒子的结晶化过程与纳米粒子的分散度密切相关，适度的多分散能显著提高结晶体的品质。大粒径的纳米粒子之间屏蔽载流子浓度的增加可以减小有效

图 3-3  大小相同、电荷相异的纳米颗粒自组装得到非密堆积的
八面体钻石状 ZnS 结晶自组装结构的扫描电镜形貌图，
插入图片为 {111} 面（上）和 {100} 面（下）的放大图[13]

屏蔽距离，并使得大粒径纳米粒子之间的相互作用力减弱，提高分散在溶液中的大粒径纳米粒子的稳定性。在带电纳米粒子的体系中，小粒径的纳米粒子的作用类似于屏蔽载流子。如图 3-4 所示，在状态（1）中，大的纳米粒子之间没有小粒子存在，屏蔽距离较长，长程的静电吸引力较强，容易导致絮凝；在状态（2）中，一种带电小粒子的加入大大削弱了静电相互作用，减小相异电荷的大

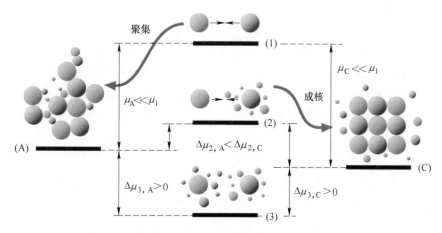

图 3-4  带电纳米粒子体系中，小粒径的纳米颗粒对大粒径纳米颗粒
自组装结构的影响示意图[13]

纳米粒子的屏蔽距离，从而将分散相的电势降低到略高于分散态（A）和结晶态（C）。此时，有效吸引力能克服伴随聚集的能量势垒，又不会过强而导致聚集，因此能使系统的能量降至最低，得到结晶态（C）；在状态（3）中，电荷相异的小粒径纳米粒子包围着大粒径纳米粒子，大大减小有效屏蔽距离，使大纳米粒子相互作用减弱，无法克服伴随聚集的能量势垒，系统将保持稳定，粒子之间不聚集，不形成晶体。

　　纳米棒与球形纳米粒子的静电相互作用与球形粒子之间的相互作用类似，相互作用粒子的择优取向是由屏蔽距离决定的。由于长程的静电力容易导致絮凝，通常将屏蔽距离控制在远小于纳米粒子大小的尺度。

　　俄罗斯科学家 Boris Derjaguin 发现，粒子表面间距远小于平均半径时，粒子表面距离 $L$ 的两个曲面之间的相互作用能 $U_{DA}$ 可由两个平面单位面积的势能得出。如，两个半径分别为 $\alpha_1$ 和 $\alpha_2$ 的球形纳米粒子的势能如式（3-8）所示：

$$U_{DA}(L) \approx \frac{2\pi\,\alpha_1\,\alpha_2}{\alpha_1 + \alpha_2} \int_L^\infty U_{FP}(Z)\,\mathrm{d}z \tag{3-8}$$

式中，$\alpha_1$ 为一个球形纳米粒子的半径；$\alpha_2$ 为另一个球形纳米粒子的半径；$U_{FP}$ 为单位面积的势能。

　　在屏蔽距离远小于纳米粒子大小的情况下，式（3-8）中的 Derjaguin 近似是有效的，且相互作用只与粒子之间接近接触点的曲率有关。根据式（3-8），一个半径为 $\alpha_s$ 的球体和一个半径为 $\alpha_r$、长度为 $h$ 的圆柱体以曲面结合的能量为 $U_{side} \approx \alpha_s\,\alpha_r^{1/2} / (\alpha_s + \alpha_r)^{1/2}$；以球面与平面结合的"end"排列的能量为 $U_{end} \approx \alpha_s\,\alpha_r / (\alpha_s + \alpha_r)$。曲面结合的方式是择优取向，即带电纳米粒子与一个带相异电荷的纳米棒，倾向在长边上结合而不是两头上结合。对于屏蔽长度较大的情况，Derjaguin 近似不再适用，"end"排列可能是择优取向。例如，对于带电球体与弱电性但有高极化率金棒的体系，球体对金棒的诱导极化产生电荷-偶极子吸引，在小尺寸的构造单元中会变得比电荷-电荷相互作用更强。因为棒的不对称形状，这些极化效应在棒的纵轴方向最显著。球-棒相互作用可以被估算为电荷相互作用与忽略离子屏蔽的电荷-诱导偶极作用之和，球-棒相互作用可用式（3-9）表示：

$$U_{(r)} = \frac{Q_S\,Q_R}{4\pi\,\varepsilon_0\varepsilon r} - \frac{Q_S^2\,V_R\alpha}{8\pi\,\varepsilon_0\varepsilon r^4} \tag{3-9}$$

式中，$Q_S$、$Q_R$ 分别为球和棒的电荷；$V_R$ 为棒的体积；$r$ 为球的中心到棒的中心的距离；$\alpha$ 为棒的无量纲极化度；$\varepsilon$ 为相对介电常数；$\varepsilon_0$ 为真空介电常数。极化度的大小由棒的方向决定。球体在棒的侧边时的电荷相互作用大于球在棒的端部时的电荷相互作用。但电荷-诱导偶极相互作用的情况正好相反，球体在棒的端部时，电荷-诱导偶极相互作用更强。电荷-诱导偶极相互作用强于静电相互作用时，球体会选择性吸附到棒体的端部。

### 3.1.4.4 磁力

磁性材料的磁性与粒子尺寸密切相关。宏观的磁铁材料，如 Fe、Co、Ni 等，由磁畴组成，一个磁畴中的分子/原子在居里温度以下表现出相干的磁性。但由于各个磁畴的磁矩方向是随机无序排列的，因此整个宏观材料的磁矩可能仍为零。对于磁体尺寸小于特征控制尺寸的材料，多畴的结构不在能量稳定态，材料转变为单畴的铁磁体。根据材料的不同，特征控制尺寸从 10nm~1mm。单畴的铁磁体具有由材料的晶体结构和粒子的形貌决定的磁化轴。如，半径为 $\alpha$、高为 $h$ 的圆柱形 Co 纳米粒子，在 $h/2\alpha>1$ 时优选磁化轴平行于圆柱轴线，但在 $h/2\alpha<1$ 时，磁化轴的方向为碟状颗粒的径向。

磁性纳米粒子固有磁矩的大小（$m$）与粒子体积的关系可用式（3-10）表示：

$$m = \mu_0 M_s V \tag{3-10}$$

式中，$\mu_0$ 为真空磁导率；$M_s$ 为饱和磁化强度；$V$ 为粒子体积。由于磁性纳米粒子的表面效应，其饱和磁化强度通常比相对应的块体材料小。磁性纳米粒子的饱和磁化强度可估算为

$$M_s = M_S^{bulk} \left[ (\alpha - d)/\alpha \right]^3$$

式中，$\alpha$ 为粒子半径；$d$ 为无序表面层的特征厚度，一般情况下为 1nm。如直径 9nm 的 $NiFe_2O_4$ 颗粒，饱和磁化强度经估算为 $1.4\times10^5 A/m$，比块体材料的饱和磁化强度 $2.9\times10^5 A/m$ 小很多，与实验中测得的 $1.8\times10^5 A/m$ 相吻合[14]。

磁性纳米粒子之间的磁偶极-偶极能 $U_{dd}$ 可看作磁性纳米粒子从无穷远到距离 $r$ 的磁矩 $\boldsymbol{m}_1$ 和 $\boldsymbol{m}_2$ 之和[14]，如式（3-11）所示：

$$U_{dd} = \frac{\boldsymbol{m}_1 \cdot \boldsymbol{m}_2 - 3(\boldsymbol{m}_1 \cdot \hat{\boldsymbol{r}})(\boldsymbol{m}_2 \cdot \hat{\boldsymbol{r}})}{4\pi \mu_0 r^3} \tag{3-11}$$

式中，$\hat{\boldsymbol{r}} = \boldsymbol{r}/r$，$\boldsymbol{r}$ 为平行于 $\hat{\boldsymbol{r}}$ 的单位向量，力矩 $\boldsymbol{m} = \mu_0 VM$。磁偶极-偶极相互作用具有方向性，可以是吸引力或排斥力。如，对"排成一队"的磁偶极子的磁吸引力为 $-m^2/2\pi\mu_0 r^3$。饱和磁化强度为 $M_S^{bulk} = 4.8\times10^5 A/m$，粒径为 15nm 的磁铁矿纳米粒子的磁相互作用力由接触的磁性纳米粒子的最大磁能表示，室温下的磁偶极-偶极能为 $4.3\times10^{-20} J$。

由于磁偶极-偶极相互作用有方向性，由磁性球形粒子组成的自组装结构的种类远多于由无方向性的范德华力作用下的面心立方结构或密排六方结构。

当磁偶极-偶极能超过 $8kT$ 时，稀溶液中的磁性纳米粒子组装成线性链或环状。例如，聚异丁烯包裹的 12nm 粒径的铁纳米粒子的磁偶极-偶极能约为 $15kT$，自组装得到"线"的结构，但 10nm 粒径的聚异丁烯包裹的铁纳米粒子的磁偶极-偶极能为 $5kT$，则无法形成"线"的自组装结构[8]。随着磁偶极-偶极能的进

一步增大，这些线性链条开始出现分枝，最后得到凝胶状网状结构。由于极强的磁偶极相互作用，磁性粒子组成紧密排布的体心立方的超晶格结构。

在均匀的磁场 $H$ 中，满足 $mH \gg kT$ 的条件时，磁性纳米粒子的磁矩排成与磁场方向一致。外磁场对磁性纳米粒子自组装的影响有以下两点：（1）诱导在无外场作用下可能形成聚集体的小偶极矩的磁性纳米粒子形成聚集态；（2）由于在磁场中所有磁性纳米粒子的磁矩一致，磁场的引入可以显著增加自组装结构的长程有序性。Ahniyaz 等发现在最大磁场强度约 0.4T 的磁场中，边长为 9nm 的油酸包覆镁纳米立方体能组装得到长宽达 10μm、厚度数个镁纳米立方体单层的超晶格结构，并且得到的超晶格结构无缺陷[15]。当纳米立方体浓度较低时，将得到多个较小的纳米立方体组装结构，无法形成微米级的超晶格结构。磁场强度对超晶格结构的形成无影响，说明外加磁场并不是磁性纳米粒子自组装的驱动力，有外加磁场时形成的自组装结构与无外场时形成的自组装结构类似。

### 3.1.4.5　氢键

氢键是一种强的、具有方向性的分子内或分子间相互作用。当强电负性、带有孤对电子的原子 A（氧、氮、氟）与氢形成共价键时，它们的强电负性吸引氢原子的电子云，使氢原子失去电子，产生了正电极化。这个带正电的极化氢原子能与附近的电负性原子 B 发生强相互作用。氢键的方向性的来源有两点：（1）电偶极矩 A—H 与原子 B 的相互作用在 A—H···B 呈直线时最强；（2）原子 B 的未共用电子对对称轴在可能范围内与氢键的方向保持一致，使原子 B 中负电荷分布最多的部分靠近氢原子，这样形成的氢键最稳定。氢键是强的、短程的相互作用力，单根氢键键能在 10~40kJ/mol，其在自组装过程中能够增加自组装聚集体的稳定性和方向性。氢键的形成与溶剂环境密切相关，在水、乙醇等质子化溶剂中，构造单元能跟溶剂形成氢键，导致构造单元之间形成的氢键的数量显著减少。氢键修饰的表面在接触点的相互作用能可以用式（3-12）表示：

$$U_{hb} \approx u_{hb} N_{hb} \qquad\qquad (3\text{-}12)$$

式中，$u_{hb}$ 为形成一根氢键的自由能；$N_{hb}$ 为相互作用表面之间氢键的数量。但该近似忽略了相邻基团之间的协同作用。

在自组装中，氢键一般被用于驱动表面进行了氢键配体修饰的金属纳米粒子的组装。常见的用于金表面的氢键功能化分子为 HS—$C_6H_4$—X、X＝OH、COOH、$NH_2$。如，二胺硫醇配体修饰的金纳米粒子，在两个亚氨基之间形成的氢键（N—H···N）的驱动下，金纳米粒子自组装得到有序的带状和囊泡状结构[5]。二胺硫醇修饰的金纳米粒子的自组装结构的红外光谱结果表明了氢键的存在。这个方法经过发展，能够得到复合双层膜、球形、椭球形等结构[16]。

通过在特定位点进行氢键配体的选择性修饰，可以得到特定的自组装结构。

如，在金纳米棒的末端修饰上一端为巯基，另一端为羧基的双功能分子，金纳米棒通过羧基之间的协同氢键（O—H⋯O）以头对头的方式组装，得到线性的结构。还可以通过修饰 pH 值响应的氢键配体，对自组装结构进行调控。如，羧酸在低 pH 值时存在强的氢键相互作用力，在高 pH 值时存在相斥静电相互作用力。通过在金纳米棒上选择性修饰羧酸配体，在低 pH 值时金纳米棒可自组装得到头对头结构，高 pH 值时不能形成自组装结构。介于上述两种 pH 值之间，氢键相互作用力和静电排斥力之间将达到平衡，得到主要由范德华力控制的肩并肩结构[17]。

### 3.1.4.6 DNA 碱基对相互作用

互补的 DNA 碱基对之间的氢键相互作用是一类特殊的氢键相互作用，这些相互作用特异性高，短 DNA 链只与互补链强烈连接。通过调控温度低于或高于解离温度，互补的 DNA 碱基可以分别进行结合或解离，DNA 碱基对相互作用分别进行"开启"或"关闭"。而且，能够通过选择不同长度的互补 DNA 分子，精确控制相互作用力的大小。DNA 碱基对相互作用的这些特征使其在自组装中非常抢手。

DNA 碱基对相互作用最初被 Chad. A. Mirkin 用于纳米粒子的识别[18]，两条非互补的 DNA 链修饰的金纳米粒子对分别与这两条 DNA 互补的游离 DNA 识别，游离 DNA 连接的金纳米粒子组装体的消光光谱比起未连接的金纳米粒子有显著蓝移。现在，基于 DNA-碱基对的自组装已发展为一项专门的技术，被用来产生复杂组装体，如金属和导电聚合物形成纳米电路[19]，纳米棒和蛋白质阵列[20]；还有纳米链、环、螺旋和适当的双螺旋[21]。DNA 碱基对相互作用与模板自组装结合，经过原子力显微镜针尖对表面的 DNA 进行图案化、选择性沉积修饰了互补 DNA 序列的纳米材料等步骤，使人们能创造人工二维超结构[22]。

假设 DNA 链在球形纳米粒子表面呈均匀分布，且在 DNA 碱基对相互作用驱动的自组装过程只考虑在 DNA 桥动态的形成和断裂产生的吸引力以及由于压缩 DNA 链产生的静电斥力，忽略 DNA 链之间的分子之间的协同作用，DNA 修饰的球形纳米粒子的相互作用势如式（3-13）所示：

$$U_{DNA}(L) \approx -\frac{kT\Gamma^2 c_l}{c_0^2}\exp\left(\frac{-\Delta G}{kT}\right)\frac{(2h-L)^2}{h^2} \quad (h < L < 2h) \qquad (3\text{-}13)$$

式中，$c_l$ 为游离的互补 DNA 的浓度；$c_0$ 为已形成的 DNA 桥的相对浓度；$\Gamma$ 为 DNA 配体的表面密度；$\Delta G$ 为形成 DNA 桥的自由能；$h$ 为游离的互补 DNA 链的链长；$L$ 为两个粒子表面距离。该估算的结果与实验测量的结果之间吻合较好。

### 3.1.4.7 交联相互作用

纳米粒子也能通过溶剂中"二价连接分子"来组装，如，金纳米粒子通过烷基二硫醇进行自组装。这种通过同一个分子的成键得到组装体的过程被称为交联作用驱动的自组装过程。交联相互作用的强度取决于溶液中连接分子的浓度和交联过程中形成键的能量。

交联相互作用可以通过简化的两个平面之间交联相互作用平衡模型来研究。当一个平面表面进入二价连接分子溶液中，一些分子会连接到表面形成单价态分子，其他分子留在溶液中。此时，表面上的连接分子的化学势可被估算为 $\mu_1 = \mu_1^{\ominus} + kT\ln\left(\dfrac{\theta}{1-\theta}\right)$，式中，$\mu^{\ominus}$ 为标准化学势；$\theta$ 为吸附在表面上的连接分子的覆盖分数。在一个理想溶液体系中，交联相互作用符合忽略协同作用的 Langmuir 型吸附平衡，二价连接分子一端吸附在表面的单位面积自由能 $f_1$ 可以通过初始态（$\theta=0$）到平衡态（$\theta=\theta_{eq}$）的热力学积分来计算，$f_1 = -\Gamma kT\ln(1-\theta^{eq})$。当二价连接分子同时连接在两个平面表面，连接分子的化学势可以用 $\mu_2^{\ominus} \approx 2\mu_1^{\ominus}$ 表示。连接分子同时连接在两个平面表面的单位面积自由能可以通过 $f_2 = -\Gamma kT\ln(1-\theta_2^{eq})$ 计算。因此，二价连接分子连接两个表面时单位面积自由能的变化可以用式（3-14）表示：

$$\Delta f = 2f_1 - f_2 = \Gamma kT\ln\left(\frac{1-\theta_2^{eq}}{(1-\theta_1^{eq})^2}\right) = \Gamma kT\ln\left(\frac{[1+x\exp(-\varepsilon/kT)]^2}{1+x\exp(-2\varepsilon/kT)}\right) \quad (3\text{-}14)$$

式中，$\Gamma$ 为连接分子吸附到表面的最大表面密度，如硫醇在金表面的最大表面密度为 $\Gamma = 4.7\,\text{nm}^{-2}$；$\theta$ 为吸附在表面上的连接分子的覆盖率；$x$ 为溶液中连接分子的摩尔分数；$\varepsilon$ 为吸附能，假设等于连接分子与基底形成的一个键的键能，以吸附于金表面的硫醇为例，其吸附能 $\varepsilon = -3.2 \times 10^{-20}$ J。

当满足 $x \ll \exp\left(\dfrac{2\varepsilon}{kT}\right)$ 的条件时，即连接分子浓度非常小，交联表面单位面积的自由能可以简化为 $\Delta f \approx -\Gamma kT\,\theta_2^{eq}$。因此，二价连接分子连接两个表面时的自由能与在平衡中形成的连接分子桥的数量成正比。

根据 Derjaguin 近似，两个半径分别为 $\alpha_1$ 和 $\alpha_2$ 的球形粒子，连接分子的自由能 $U_c$ 如式（3-15）所示：

$$U_c = \frac{2\pi\,\alpha_1\,\alpha_2\lambda}{\alpha_1 + \alpha_2}\Delta f \quad (3\text{-}15)$$

式中，$\lambda$ 为两个曲面上形成桥的分子的长度。交联相互作用已被用于构建 30~300nm 尺寸范围的纳米粒子的三维纳米粒子晶体自组装结构，也被用于构建类似于分子的非对称的 Au-Fe$_3$O$_4$ 纳米粒子团簇的自组装结构[23]。

### 3.1.4.8　分子偶极相互作用

极性分子的偶极-偶极相互作用是范德华力的三个来源之一，在某些特定体系中，分子偶极-偶极相互作用也能用于自组装。两个极性分子的固有偶极-固有偶极相互作用力如式（3-16）所示：

$$\varepsilon_{dd} \approx \frac{\mu_1 \mu_2}{2\pi \varepsilon_0 \varepsilon \sigma^3} \tag{3-16}$$

式中，$\mu_1$、$\mu_2$ 分别为两个极性分子的偶极矩；$\sigma$ 为两个偶极之间的最小距离；$\varepsilon$ 为相对介电常数；$\varepsilon_0$ 为真空介电常数。例如，对于两个相互作用的顺式偶氮苯来说，$\sigma \approx 0.5nm$，$\mu \approx 13.34C \cdot m$，在甲苯中的偶极-偶极能是 $\varepsilon_{dd} \approx 2.7kT$，在水中，由于水的介电常数较大，$\varepsilon_{dd} \approx 0.08kT$。

两个极性分子的固有偶极-固有偶极相互作用体系的热力学能如式（3-17）所示：

$$U_{dd} \approx - \frac{\left(\dfrac{\mu_1 \mu_2}{4\pi \varepsilon_0 \varepsilon \sigma^3}\right)^2}{3kT} \tag{3-17}$$

根据上式估算，甲苯中的顺式偶氮苯的 $U_{dd}$ 大小是 $0.9kT$。尽管分子偶极相互作用的能量相对较小，但当分子以密度 $\Gamma$ 链接在粒子表面时，所有分子的偶极相互作用发生协同作用，也能驱动自组装。

相互作用的两个粒子之间偶极-偶极相互作用可以用式（3-18）表示：

$$U_{dd} \approx u_{dd} N_{dd} \tag{3-18}$$

式中，$u_{dd}$ 为两个分子偶极-偶极相互作用的热力学能；$N_{dd}$ 为所有发生偶极-偶极相互作用的分子数，$N_{dd} = \Gamma A_{eff}$；$A_{eff}$ 为半径为 $\alpha$ 的球形纳米粒子相互接触的有效面积，$A_{eff} \approx 2\pi\alpha\sigma$。例如，对于末端为烷烃硫醇的顺式偶氮甲苯修饰的半径为 3nm 的球形金纳米粒子，硫醇在金上的表面密度为 $\Gamma = 4.7nm^{-2}$，则 $N_{dd}$ 约等于 40，全部相互作用能约为 $40kT$，比 1nm 的粒子之间的范德华力大 20 倍。因此，当发生协同作用时，偶极-偶极相互作用能驱动自组装。

如图 3-5 所示，Klajn 等用一端为硫醇的偶氮苯衍生物单层膜功能化的金纳米粒子进行自组装。由于偶氮苯的顺反构象可以通过不同波长的光来调控，紫外光诱导顺式（无电偶极矩）到反式（有电偶极矩）的异构化，而可见光诱导反式到顺式的再异构化。因此，可以通过照射不同波长的光来调控自组装结构的开或关。该方法已被用于制备大的、三维的密排六方结构纳米晶体[24]。

### 3.1.4.9 π-π 相互作用

π-π 相互作用是一种存在于含有离域 π 键的共轭化合物之间的非共价相互作用引起的吸引力。大量的理论与实验研究表明 π-π 相互作用具有方向性，π-π 相互作用使共轭平面分子倾向于形成四种不同类型的有序结构：平行移位、T 形、平行交错和"人"字形。其中最常见的结构是两个平面相互平行的平行移位和两个平面相互垂直的 T 形点对面或边对面结构。

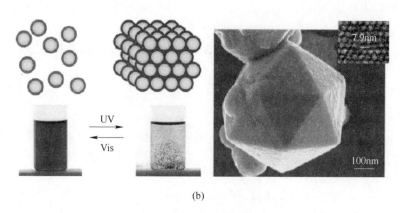

图 3-5　偶氮苯硫醇功能化的金纳米粒子的自组装

（a）偶氮苯硫醇的顺反构象异构过程；（b）偶氮苯硫醇功能化的金纳米粒子的自组装

示意图及自组装体的扫描电镜结果[24]

### 3.1.4.10　表面张力

表面张力是液体表面层由于分子间引力不均衡而产生的沿着表面作用于任一界线上的张力。分子间引力是范德华力、分子间氢键等的合力。由于表面张力的作用，在无任何外力作用时，液体呈体积最小的球状。表面张力是微机电系统中焊点自组装中的主要驱动力。

### 3.1.5　纳米自组装技术

大量研究人员对自组装系统中涉及的驱动力进行了深入的研究，对自组装驱动力的深入认识让研究人员可以通过设计合适的驱动力进行纳米自组装。但是，构造单元在封闭系统中依靠驱动力得到的自组装结构并不能完全满足日益发展的科技提出的需求。由此，发展的定向自组装技术使人类可以更加自如地控制纳米材料。定向自组装是指由外来力量驱动的自组装，能够实现构造单元的定向和定位，进而完成复杂系统的自组装。

自组装按照系统是否有能量输入可以分为静态自组装和动态自组装。静态自组装指有序态的形成是通过热力学封闭系统内平衡的形成实现的自组装，整个过程是一个自由能减少的过程，如结晶的形成。典型的静态自组装基本构造单元有嵌段共聚物、纳米颗粒、纳米棒、液晶和超分子等。这些自组装结构被应用在数据存储、构造色等领域。动态自组装，又被称为"自组织"（Self-organized），是指通过能量的不断输入和损耗，系统在外力的作用下偏离平衡态形成的有序结构。在热力学开放系统中发生的动态自组装常见于生物体中，如，活细胞中通过消耗 ATP（三磷酸腺苷）发生的生化反应。动态自组装过程很难在实验室中重现，因此，动态自组装比起热力学封闭系统的静态自组装研究得少得多。

　　自组装按照组装过程中涉及的构造单元种类，自组装尺度和是否有外来力量可被分为三类：共组装、分层自组装和定向自组装。Karsenti 已经总结了共组装、分层自组装、定向自组装的原理，如图 3-6 所示[25]。静态自组装与动态自组装的主要区别在于自组装系统是否有能量输入，不论是共组装、分层自组装，还是定向自组装都可能存在静态和动态自组装。

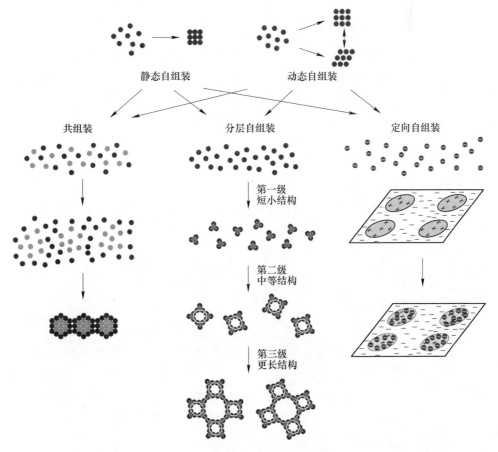

图 3-6　静态自组装、动态自组装与共组装、分层自组装、定向自组装的原理
示意图及相互联系的示意图[25]

　　共组装指的是不同构造单元同时在同一个系统中组装得到含有所有构造单元的自组装结构，且这种自组装结构在缺少某一种构造单元时不能实现，原理示意见图 3-6。分层自组装是指由单种构造单元在多个尺度下进行自组装。构造单元经过"第一级"自组装得到小的组装结构，小的组装结构进行"第二级"自组装得到更大一级的结构，经过"第二级"自组装的结构作为构造单元进行"第三级"自组装，重复这个过程可以得到更多级的自组装。生物系统中功能结构的组装属于分层自组装，由小分子组装创建大型的分子，构建功能结构。生物系统中的分层自组装技术远优于人类目前能够实现的分层自组装技术。分层自组装的原理示意图见图 3-6。定向自组装是指由外部力量介导的自组装，一般是采用导向剂、模板或外场（电磁场、流场等）等方式，通过仔细的控制热力学作用力及外形识别或分子识别等来实现构造单元的定向和定位，进而完成自组装。具体原理示意见图 3-6。

## 3.1.6　纳米自组装技术的应用

　　纳米自组装是自下而上构造新型纳米结构的一种有效且重要的方法，主要用于构建具有新奇特性的纳米尺度结构。纳米自组装使人类设计、使用纳米复合材料，利用纳米材料的出众物理、化学和力学性能成为可能。人类已经通过纳米自组装得到了很多具有广阔应用前景的功能材料。

### 3.1.6.1　分层自组装技术用于介孔氧化硅的合成

　　1992 年，Mobil 公司[26]首次采用液晶模板合成了均匀的介孔二氧化硅材料。介孔二氧化硅的晶体模板机理如图 3-7 所示。表面活性剂首先在溶液中进行自组装，得到疏水端在胶束内核、亲水端暴露在外的球形胶束；然后，球形胶束自组装形成棒状胶束；当表面活性剂浓度足够高时自组装得到六方有序排列的液晶结构。加入的无机硅源与表面活性剂的亲水端具有较强的作用力，因此进而可以沉

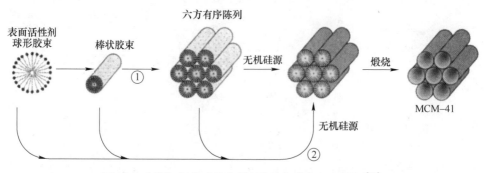

图 3-7　介孔二氧化硅胶束模板的自组装机理示意图[26]

积在棒状胶束的周围,并进一步聚合固化成孔壁,得到介孔氧化硅材料。用于介孔材料合成的双亲性表面活性剂种类很多,如阳离子型长链烷基季铵盐、聚氧乙烯-聚氧丙烯共聚物(PEO-PPO)和三嵌段共聚物(PEO-PPE-PEO)等。

这类以自组装六方液晶为模板合成的介孔二氧化硅,孔道尺寸均匀,排列有序,孔径可调,具有很高的比表面积和较好的热稳定性,使其在催化、能源、环境、生物和光电转换等领域显示了极为重要的应用价值[27,28]。此外,这类材料在较大范围内可连续调节的纳米孔道结构,可以作为纳米粒子的微型反应容器。

### 3.1.6.2 定向自组装用于表面膜的制备

定向自组装中一个重要的方法是层-层自组装(Layer-by-Layer self-assembly,LBL)。层-层自组装是 Decher 等于 20 世纪 90 年代初提出的一种制备高分子薄膜的技术[29],其过程如图 3-8 所示。当一个基片交替地在一个阳离子聚电解质溶液和一个阴离子聚电解质溶液中浸泡时,由于阴阳离子之间的静电相互作用,不断重复阴阳离子溶液的浸泡和清洗过程,阴阳离子聚电解质就会在基片上"一层一层"地组装起来。层-层自组装制膜技术具有操作简单、无需特殊设备、膜组分及厚度可控等优点,因此一经问世就受到广泛的关注,现已成为应用非常广泛的高分子薄膜制备技术。

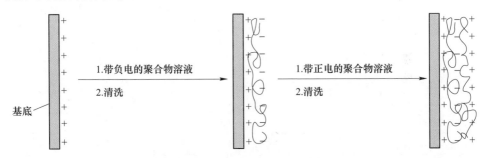

图 3-8　层-层自组装原理示意图

层-层自组装制备超薄膜是基于分子的界面组装实现的。一方面,界面上的分子在时间、空间上均处于受限状态,从而可以方便地产生特殊形态与结构的组装体;另一方面,便于用各种先进的表面、界面手段进行表征及信息转换。在这种层-层自组装超薄膜体系中,通过调节膜厚、引入功能基团及诱导功能基团取向等方式,控制表面性质及界面扩散,使其具有一定的结构和功能,进而研究结构和功能之间的关系,最终实现由分子组装到构筑功能器件。

层-层自组装最早通过阴阳离子之间的静电相互作用实现,但除了传统的基于静电相互作用的组装方法外,研究人员还发展了基于氢键、共价键等其他分子间相互作用的新组装方法。这些新组装方法的引入，极大地扩展了层-层自组装适用的范围。

此外，Wagner 等[30]利用四硫富瓦烯的独特的氧化还原能力，通过自组装方式合成了具有电荷传递功能的配合物分子梭，具有开关功能。Attard 等[31]以液晶作为稳定的预组织模板，利用表面活性剂对水解缩聚反应过程和溶胶表面进行控制，合成了六角液晶状微孔二氧化硅材料。Schmid[32]利用特定的配位体，成功地制备出均匀分布的由 55 个金原子组成的金纳米粒子。据理论预测，以这种金纳米粒子做成分子器件，其分子开关的密度将比一般的半导体提高 $10^5 \sim 10^6$ 倍。美国佐治亚理工学院的研究人员[33]利用纳米碳管制成了一种崭新的"纳米秤"，能够称出一个石墨微粒的重量，并预言该秤可以用来称取病毒的重量。李彦等[34]以六方液晶为模板合成了 CdS 纳米线，该纳米线生长在表面活性剂分子形成的六方堆积的空隙水相内，呈平行排列，直径约 $1 \sim 5nm$。利用有机表面活性剂作为几何构型模板剂，通过有机/无机离子间的静电作用，在分子水平上进行自组装合成，并形成规则的纳米异质复合结构，是实现对材料裁减的有效途径。

表 3-1 对常见的纳米自组装系统的自组装类型和应用前景进行了总结。

表 3-1　常见的纳米自组装系统的自组装类型及其应用前景

| 自组装系统 | 自组装类型 | 应用 |
|---|---|---|
| 自组装单层膜（SAMs） | 静态，模板 | 微加工，传感器，纳米电子学 |
| 脂双层膜 | 静态 | 生物膜 |
| 液晶 | 静态 | 显示器 |
| 胶体晶体 | 静态 | 带隙材料，分子筛 |
| 泡筏 | 静态 | 裂纹扩展模型 |
| 宏观和介观结构 | 静态/动态，模板 | 电子电路 |
| 流体自组装 | 静态，模板 | 微加工 |

纳米自组装为新材料的合成带来了新的机遇，也为物理和化学的研究提供了新的研究对象。更重要的是纳米结构的自组装体系是下一代纳米结构器件的基础。

## 3.2　纳米复合材料

### 3.2.1　纳米复合材料的定义

根据国际标准化组织（International Organization for Standardization，ISO）对复合材料的定义，复合材料是由两种或两种以上物理和化学性质不同的物质组合而成的一种多相固体材料。在复合材料中，通常有一相为连续相，称为基体；另一相为分散相，称为增强材料。分散相是以独立的相态分布在整个连续相中，两相之间存在着相界面。分散相可以是纤维状、颗粒状或弥散的填料。复合材料中各个组分虽然保持其相对独立性，但复合材料的性质却不是各个组分性能的简单加和，而是在保持各个组分材料的某些特点的基础上，具有组分间协同作用产生的综合性能。

纳米材料因其具有的表面效应、体积效应以及量子尺寸效应，成为一种具有特殊物理、化学及力学性能的优异材料。不同的纳米材料具有各自独特的优势，例如，有机纳米材料具有较强的可塑性以及韧性；无机纳米材料具有较高的硬度、强度；生物纳米材料则具备了与人体相似的生物活性。尽管新型纳米材料在不断发展，但工业生产等领域对材料性能不断提出新的要求，单组分纳米材料已无法满足人类对于功能性材料的需求，纳米复合材料在这种情况下应运而生。

R. Roy 及 Komarneni 等在 20 世纪 80 年代中期第一次提出了纳米复合材料的定义[35]：纳米复合材料是由两种或两种以上至少在一个维度上是纳米级尺寸的固相复合而成的一种多固相材料。这些固相可以是非晶质、半晶质、晶质或者兼而有之，也可以是无机物、有机物或二者兼有。纳米复合材料也可以是分散相尺寸有一个维度在纳米级的复合材料，分散相的组成可以是陶瓷、金属等无机物，也可以是有机高分子材料等有机物。纳米复合材料的构成示意如图 3-9 所示。

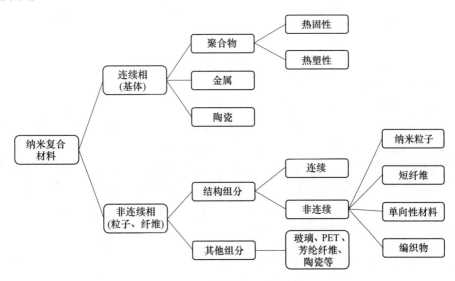

图 3-9 纳米复合材料构成图

纳米复合材料比常规的无机填料/聚合物复合体系更具优势。这是因为纳米材料作为分散相，与连续相之间界面积非常大，产生的界面相互作用很强，能产生理想的黏接性能，使界面模糊。如聚合物基无机纳米复合材料不仅具有纳米材料的表面效应、量子尺寸效应等性质，而且将无机物的刚性、尺寸稳定性和热稳定性与聚合物的韧性、加工性及介电性能糅合在一起，从而产生许多特异的性能，在电子学、光学、机械学、生物学等领域展现出广阔的应用前景。此外，纳米复合材料可以通过对原材料的选择、组分的含量和成分分布的设计以及工艺条件的优化等方式，使原组分材料发挥协同作用的优势，使纳米复合材料呈现与传统复合材料不同的特殊性能。

## 3.2.2　纳米复合材料的分类

根据纳米复合材料涉及的材料组分的维度，可以将纳米复合材料分为以下几类：0-0 型、0-1 型、0-2 型、0-3 型、1-3 型、2-2 型、2-3 型等。0-0 复合，指的是零维纳米材料的复合，即纳米粒子相互之间进行复合后所得到的复合材料，这种复合体的纳米粒子可以是金属、陶瓷、高分子等；0-1 复合，指的是零维纳米材料与一维纳米材料的复合，即纳米粒子与纳米线的复合；0-2 复合，指的是零维和二维纳米材料的复合，即纳米粒子与薄膜相作用所复合而成的复合材料；0-3 复合，指的是零维纳米材料与常规的三维固体材料的复合，如把金属、陶瓷纳米粒子分散到另一种金属、合金、陶瓷或高分子材料中；1-3 复合，指的是一维纳米材料与常规的三维固体材料的复合，如把碳纳米管与常规聚合物的复合；2-2 复合，指的是纳米层状复合，即由不同材质交替形成的组分或结构交替变化的多层膜，各层膜的厚度均为纳米级，如 Ni/Cu 多层膜，$Al/Al_2O_3$ 纳米多层膜等；2-3 复合，指的是纳米薄膜与常规的三维固体材料的复合，如将无机纳米片体与聚合物粉体或聚合物前驱体的复合。

根据构成纳米复合材料基体的不同，纳米复合材料被分成聚合物基纳米复合材料和非聚合物基纳米复合材料。聚合物基纳米复合材料又可进一步细分为无机/聚合物纳米复合材料和聚合物/聚合物纳米复合材料，非聚合物基纳米复合材料可进一步细分为陶瓷/金属纳米复合材料，金属/陶瓷纳米复合材料和陶瓷/陶瓷纳米复合材料。纳米复合材料按照纳米复合材料基体的不同的分类如图 3-10 所示，由于与传统复合材料的分类类似，因此该分类比按照材料组分维度的分类更为常用。

## 3.2.3　纳米复合材料的性能与特点

纳米复合材料不仅具有传统复合材料的特点，还有由于引入纳米组分而产生的不同于传统复合材料的特性。纳米复合材料的特点如下：

（1）可综合发挥各种组分的协同效能，比传统复合材料中的协同效应更显著。

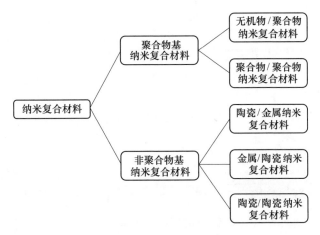

图 3-10 纳米复合材料的分类

（2）性能的可设计性，可针对纳米复合材料的性能需求进行材料的设计和制造，如当需要紫外光屏蔽作用时，可选用 $TiO_2$ 纳米材料进行复合；当需要降低成本时，可选择 $CaCO_3$ 纳米材料进行复合；当需要提高耐热性时，可选择聚酰胺基材料与纳米材料的复合。

（3）可按需求加工材料的形状，避免多次加工。如利用填充纳米材料方法，经过紫外光照射可一次性加工成特定形态的薄膜材料。

### 3.2.4 纳米材料在纳米复合材料中的作用

纳米复合材料中纳米组分的纳米效应会对复合材料的性质产生一定的影响。这些纳米材料特殊的物理、化学特性在纳米复合材料中产生的主要影响如下：

（1）表面效应。纳米粒子表面原子占总原子的比例随着粒径的变小而迅速增大，这个现象所引起性质上的变化被称为表面效应。纳米材料的表面效应表现在表面能、表面积及化学活性等的增加，纳米复合材料的表面效应主要表现为化学活性高、熔点较低。

（2）小尺寸效应。由于颗粒尺寸变小所引起的宏观物理性质的变化称为小尺寸效应。复合纳米粒子的小尺寸效应是指随着粒子尺寸的减小，复合纳米材料的晶体周期性的边界条件被破坏，光、热、力、声、化学活性等与传统材料相比发生了很大变化。复合纳米粒子的小尺寸效应表现在催化性、化学活性、熔点、磁性、热阻、光学性能和电学性能等与传统粒子相比均有很大的改变。

（3）量子效应。粒子尺寸下降到一定值时，费米能级接近的电子能级由准连续能级变为分立能级的现象称为量子效应。随着纳米粒子尺寸的减小，能级间距随之增大。当能级间距大于热能、静电能、磁能、光子能量、静磁能或超导态的凝聚能的平均能级间距，纳米复合材料会表现出与块体材料不同的特性[36,37]。

（4）宏观量子隧道效应。微观粒子具有穿越势垒的能力，即隧道效应。近年来，研究者们发现了一些宏观的物理量，如电荷、微小颗粒的磁化强度、量子相干器件中磁通量等也具有隧道效应，它们可以穿越宏观系统的势垒而发生改变[38]。宏观量子隧道效应的研究对纳米复合材料的研究和应用具有非常重要的意义。

（5）介电限域效应。纳米颗粒分散于异质介质中，由于形成的界面很大，引起的体系介电增强的现象，这种局部区域的增强被称为纳米复合材料的介电限域。

## 3.2.5　纳米复合材料的制备方法

不同功能的纳米复合材料可使用不同的制备方法和技术。按照合成原料的状态可分为液相法、固相法和气相法；按照反应物的状态分为干法和湿法。聚合物基纳米复合材料和非聚合物基纳米复合材料的制备方法有较大不同，以下分两部分对纳米复合材料的制备方法进行介绍。

### 3.2.5.1　聚合物基纳米复合材料的制备方法

聚合物基纳米复合材料较成熟的制备方法有以下几种：

（1）共混法。共混法一般用于聚合物/无机纳米粒子复合体系。

（2）溶胶-凝胶法。该方法适于制备有机-无机纳米复合材料，具体过程为通过使有机聚合物中的烷氧金属基化合物或金属盐等前驱物水解和缩合形成纳米复合材料。

（3）插层复合技术。插层复合技术包括插层及剥离两种技术，适于制备层状无机化合物/聚合物复合材料。

（4）原位法。原位法包括原位分散聚合及原位生成法，适于制备有机-无机纳米复合材料。该方法具有反应条件温和、分散均匀的优点。

（5）母料法。该技术所需纳米粒子的用量少，配比方便，大大降低了工艺上的难度及成本，可用于聚合物/无机纳米粒子复合材料的制备。

（6）模定向合成法。模定向合成法有化学方法和电化学方法两种，适于制备有机-无机纳米复合材料以及纳米管材、线材、层状复合材料等，具有产物粒径可控、分布窄、易掺杂、反应易控等优点。

其他制备新型制备方法有以下几种：

（1）声化学合成法。该方法是在超声条件下进行材料制备，具有工艺简单、反应时间短、条件温和等优点，是制备具有独特性能的新材料的有效方法，用于制备非晶态金属、碳化物、氧化物、复合物以及纳米晶体材料。此技术还可用于 $Fe_3O_4$、$Cu_2O$ 以及其他金属氧化物的聚苯胺基纳米晶体材料的制备。

（2）反向胶束微反应器。该方法是在油包水微乳液的反向胶束中进行反应，由于反向胶束液滴形成的空间尺寸在纳米级，因此可合成1~100nm的纳米微粒。

（3）自组装法。该方法来源于生物矿化作用，自然界中的纳米材料多由此途径形成。该技术与胶体化学方法联用，能制造出纳米级的高分子/无机材料相间的多层异质结构。

（4）辐射合成法。该方法是指聚合物单体与金属盐在分子级混合，先形成金属盐的单体溶液，再进行辐射，生成的初级产物同时引发聚合和还原。

（5）转移分散聚合。该方法是用微乳液或反相微乳法制备纳米粒子，然后将其转移分散于聚合物溶液或单体中引发聚合生成纳米复合材料。为使转移过程获得颗粒的良好分散，大多数情况下需要添加相转移剂。所使用的相转移剂必须与微粒和聚合物溶液都有良好的相容性。

### 3.2.5.2　非聚合物基纳米复合材料的制备方法

制备非聚合物基纳米复合材料的核心问题是使纳米组分均匀分散在基体中，制备方法主要有原位生长法、水热合成法、共沉淀法、复合粉末法、微乳液法、机械球磨法等。

（1）原位生长法。首先将基质粉末分散于含有可生成纳米相组分的先驱体溶液中，经干燥、浓缩、预成形等步骤，最后在热处理或烧结过程中生成纳米相颗粒。该方法的特点是热处理或烧结过程中生成的纳米颗粒不存在团聚等问题[39]，因此可以保证两相的均匀分散。

（2）水热合成法。该方法是在压力为1MPa~1GPa、温度为100~1000℃条件下的水溶液中，发生化学反应得到纳米复合材料。在超临界和亚临界水热条件下，因反应处于分子水平，大大提高了反应活性。水热反应的均相成核/非均相成核机理与固相反应的扩散机制不同，因此能够制备出其他方法无法合成的纳米复合材料。这种方法的优势在于合成产物纯度高、分散性好、粒度大小可控。

（3）共沉淀法。该方法是在含两种或多种离子的可溶性盐溶液中，加入沉淀剂后，使溶液发生水解生成前驱体沉淀物，随后在一定温度下再经热分解或脱水，制备出纳米复合材料。共沉淀法可得到均匀分散的前驱体沉淀颗粒，制备具有较高的比表面积和反应活性的纳米复合材料。宋崇林等用共沉淀法合成了钙钛矿型氧化物 $LaCoO_3$，并利用超临界流体干燥、真空干燥和普通干燥做对比，证明超临界流体干燥法制得的 $LaCoO_3$ 粒径最小[40]。

（4）复合粉末法。该方法是指经化学、物理过程直接得到基质与分散相均匀分散的复合粉末，然后进行热压等工艺，得到复合纳米材料。

（5）微乳液法。微乳液是由两种或者两种以上互不相溶的液体形成的、热力学稳定、外观半透明、各向同性的分散体系。微乳液是热力学稳定体系，在一定条件下胶束具有稳定性高和尺度小的特性，即使破裂也可重新组合。具有类似于生物细胞的一些功能，例如自组织性和自复制性。微乳液的稳定状态可以有效避免在其中进行反应的纳米复合颗粒发生"凝聚"。通过微乳液法得到的复合纳米颗粒具有粒度均匀、分散性好、表面活性高等优点。微乳液法与共沉淀法的直接混合和快速沉淀工艺的最大不同在于，微乳液中的反应物是高度的分散状态，有可能从分子规模来控制颗粒的结构、形态和大小等。Gissibl 等[41]用微乳液法制备了纳米 $BaTiO_3$ 催化剂，证明了微乳液法合成的纳米颗粒具有超细粒度和超高的比表面积。

（6）机械球磨法。该方法是按一定比例投入相应的碳酸盐、乙酸盐或者对应的硝酸盐及草酸，在球磨机中研磨反应得到前驱体，移出干燥处理后经煅烧得到复合材料。前驱体粉末在钢球的挤压、剪切下，反复进行粉末变形-破碎的过程，使反应组分与新鲜原子接触，接触距离有时可达到晶格常数的量级，原子之间反应的扩散距离得以缩短，从而降低反应温度，因此机械球磨法可以在常温下进行。常温反应避免了高温反应下不可控的晶粒生长。此外，球磨过程可使材料产生很多缺陷，有利于催化性能的提高。此方法的优点是操作简单、成本低，但颗粒分布不均匀、产品纯度低。

## 3.2.6　纳米复合材料的设计

纳米复合材料可以通过对原材料、组分的含量、成分分布以及工艺条件的设计、优化等，使原材料各组分发挥协同作用，使纳米复合材料呈现出优于传统复合材料的性能。在纳米复合材料的设计中，主要关注功能设计、复合体系的稳定性设计及合成工艺设计。

### 3.2.6.1　纳米复合材料的功能设计

材料的功能是指材料传输或转换能量的一种作用。纳米复合材料具有的功能可以进一步分为一次功能和二次功能。

当向材料输入的能量和从材料输出的能量类型相同，即材料仅起能量转送作用时，材料的这种功能称为一次功能，如声学功能（隔音性）、热学功能（吸热性、阻燃性）、光学性能（遮光性、透光性）、化学功能（催化作用、吸附作用、生化作用）、电磁学功能（导电性、磁阻性）等。

当向材料输入的能量和从材料输出的能量形式不相同时，即材料起能量转换作用时，材料的这种功能称为二次功能，如：机械能转换（压电效应、反压电效应、形状记忆效应）、电能转换（电磁效应、电化学反应）、磁能转换（磁致冷效应、磁致热效应）、热能转换（热致发光、热化学反应）、光能转换（光化学反应、光致发光、电致发光）等。

　　纳米复合材料的功能设计指的是根据需求，通过对连续相（基体）和非连续相（纳米材料）的选择，赋予纳米复合材料功能的过程。因此，功能设计包括两步：一是对纳米材料的选择设计，根据需求，选用合适的纳米材料，如增强硬度，则选择二氧化硅、氧化铝、金刚石、硅树脂纳米粒子；二是对基体的选择设计，依据纳米复合材料的使用环境，选择合适的基体，如高温环境需要选择耐高温的有机聚合物。常用的纳米粒子及其在纳米复合材料中发挥的功能如表 3-2 所示，在进行纳米复合材料的功能设计时，可根据需求选择具备相应功能的纳米粒子。

表 3-2　纳米粒子及在复合材料中的功能

| 纳米粒子成分 | 功　能 |
| --- | --- |
| 二氧化硅 | 硬度 |
| 氧化铝 | 硬度 |
| 金刚石 | 硬度 |
| 硅树脂 | 硬度 |
| 层状硅酸盐 | 阻燃性 |
| 氧化锌 | 杀菌/紫外屏蔽 |
| 二氧化钛 | 催化、紫外屏蔽 |
| 二氧化铈 | 紫外屏蔽 |
| 氧化铁 | 磁性 |
| 氧化铜 | 杀菌 |
| 氧化银 | 杀菌 |
| ITO/ATO | 导电性/红外吸收 |

### 3.2.6.2　复合体系的稳定性设计

　　纳米粒子与基体的结合强度决定着纳米复合材料的稳定性，因此基体与纳米粒子的相互作用应设计为共价键、离子键或配位键等强相互作用。例如，可利用聚合物链上的羧基等官能团与纳米粒子表面的羟基等基团发生化学反应，形成的共价键；聚合物链上和纳米粒子上带有相异电荷，形成的离子键；聚合物和纳米粒子以电子对和空电子轨道相互配位的形式产生化学作用，都能得到稳定的体系。

### 3.2.6.3　纳米复合材料的合成工艺设计

　　纳米复合材料的合成工艺主要影响纳米材料的粒度分布及其在基底中的分散程度，目前的合成工艺主要有溶胶-凝胶法、插层法、共混法等。溶胶-凝胶法得到的纳米粒子具有纯度高、粒径分布均匀、化学活性大、多组分分级混合的优点，但合成步骤复杂，纳米材料和有机聚合物材料受限较多。插层法能获得单分散的纳米片复合材料，但适用的纳米材料不多。共混法是将纳米粒子与聚合物粉体混合的最简单的方法，但难以保证纳米材料的分散度。在实际使用中，需要根据选择的纳米材料和基体仔细选择合成工艺。

### 3.2.7 聚合物基纳米复合材料

聚合物基纳米复合材料根据加入纳米材料的属性分为三类：纳米粒子复合的纳米复合材料，纳米纤维复合的纳米复合材料和纳米片复合的纳米复合材料。

目前对纳米粒子复合的纳米复合材料的研究主要集中在以下五点：（1）合成和生产大量的无机纳米粒子；（2）低成本的控制纳米粒子在聚合物中分散度；（3）聚合物基纳米复合材料的合成和加工；（4）结构-性能关系的研究及数据库的建立；（5）通过模拟研究纳米形貌与宏观性能的关系。合成纳米粒子复合的纳米复合材料的关键技术是纳米粒子的纳米级别分散度的实现。例如，分散性良好二氧化硅纳米粒子的加入聚碳酸酯薄膜，将显著提高抗刮伤性能。随着二氧化硅纳米粒子含量从0%提高到40%，刮伤深度由20μm减小到800nm。随着纳米粒子与基底混合时间的延长，抗刮伤能力也有显著提高[42]。

纳米纤维复合的纳米复合材料由于纳米纤维的加入，具有较好的抗蠕变性能和力学性能。抗蠕变性能的提高是由于纳米纤维影响聚合物链的流动性。力学性能的提高是由于加载在复合纳米材料上的作用力通过聚合物基体传递到纳米纤维，纳米纤维承载了加载的作用力。例如，人体肌肉就是一种纳米纤维复合的纳米复合材料。聚合物基体的作用是混合纤维、传递加载、保护纤维，提供纤维与基底之间黏附力，引导和传递剪切力，保护纤维免受环境影响，提高耐温性。因此，聚合物基纳米材料对基底的要求是具有温度稳定性，化学稳定性和良好的力学性能。

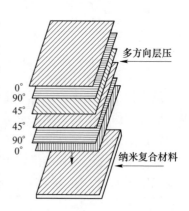

图 3-11　多方向层压纤维纳米
复合材料示意图

纤维纳米复合材料能通过多方向的层压形貌的构建，显著的提高纳米复合材料的强度和刚度。纤维纳米复合材料的多方向层压形貌是通过不同方向的纤维层用聚合物基底进行黏合，得到层压结构，如图 3-11 所示。这种纳米复合材料由于各个方向上有纳米纤维承受加载的作用力，因此具有很好的强度和刚度。

纳米片复合的纳米复合材料也具有较好的抗蠕变性能和力学性能，纳米片也能影响聚合物链的流动性并承载了加载于纳米复合材料的作用力。例如，大小为 100~500nm，厚度为 1nm 的黏土纳米片加入聚酰胺 66 得到的纳米复合材料，具有与大粒径纳米颗粒复合的纳米复合材料类似的抗蠕变性能改善。这是因为纳米片的表面积较大，与基底结合更为紧密，影响聚合物链的流动性，从而提高纳米复合材料的抗蠕变性。王胜杰等采用橡胶溶液插层法成功地制备了蒙脱土/硅橡胶纳米复合材料，得到的纳米复合材料性能功能与气相法白炭黑填充补强的硅橡胶性能相当[43]。Ganter 等将 χ,ω-二氨基液体聚丁二烯改性的蒙脱土和丁苯橡胶混合，获得嵌入结构和剥离结构共存的 SBR/蒙脱土纳米复合材料，当蒙脱土的用量为 10 份时，材料的拉伸强度可达 16MPa[44]。

聚合物基纳米复合材料具有优异性能，在航空航天、汽车等领域被广泛应用。

碳纤维复合材料（Carbon-Fiber-Reinforced Polymer，CFRP）纳米复合材料具有耐高温、耐化学腐蚀、密度小、刚性好、强度高等优点，使其在航空航天领域的应用越来越广。在 20 世纪 80 年代，一架 B767 飞机所用到的材料中有 4% 是CFRP；到了 90 年代，CFRP 占到飞机波音 777 所用到材料的 11% 左右；如今，在飞机 A350 和波音 787 中，CFRP 已经占到飞机所用材料的 50%。

CFRP 纳米复合材料在汽车领域也被大量应用。CFRP 纳米复合材料比起传统金属材料具有比重小、易加工、抗冲击等优势。CFRP 纳米复合材料的车身比传统的钢材车身减重约 50%，因此 CFRP 纳米复合材料的汽车比传统钢材汽车更节能环保。CFRP 纳米复合材料的热成型性能，为汽车构造中的焊接过程提供了集成的可能。大型部件可进行整体成型，不仅提高整体性能，更提高了生产效率。此外，CFRP 优异的抗冲击性能，能提高汽车的安全性。

## 3.2.8 非聚合物基纳米复合材料

非聚合物基纳米复合材料最常见是金属/陶瓷纳米复合材料。金属、金属氧化物纳米粒子的加入，改善了传统陶瓷材料质地脆、韧性差、强度低的缺点，使陶瓷具有像金属一样的柔韧性和可加工性。金属/陶瓷纳米复合材料又被称为纳米陶瓷，是指显微结构中的物相具有纳米级尺度的陶瓷材料，也就是说晶粒尺寸、晶界宽度、第二相分布、缺陷尺寸等都是在纳米量级的水平上。制备纳米陶瓷，需要解决粉体尺寸、形貌和分布的控制，团聚体的控制和分散，块体形态、缺陷、粗糙度以及成分的控制等问题。

研究结果表明，多晶陶瓷是由大小为几个纳米的晶粒组成，则能够在低温下变为延性的，能够发生 100% 的塑性形变。纳米 $TiO_2$ 陶瓷材料在室温下具有优良的韧性，在 180℃ 经受弯曲而不产生裂纹[45]。上海硅酸盐研究所研究发现[46]，纳米 3YTZP 陶瓷在经室温循环拉伸试验后，其样品的断口区域发生了局部超塑性形变，形变量高达 380%，并从断口侧面观察到了大量通常出现在金属断口的滑移线。Ohji 等对制得的 $Al_2O_3$-SiC 纳米复相陶瓷进行拉伸蠕变实验[47]，结果发现伴随晶界的滑移，$Al_2O_3$ 晶界处的纳米 SiC 粒子发生旋转并嵌入 $Al_2O_3$ 晶粒之中，从而增强了晶界滑动的阻力，即提高了 $Al_2O_3$-SiC 纳米复相陶瓷的抗蠕变能力。纳米复相陶瓷的最高使用温度也可从原基体的 800℃ 提高到 1200℃。

虽然纳米陶瓷还有许多关键技术需要解决，但其优良的室温和高温力学性能、抗弯强度、断裂韧性，使其在切削刀具、轴承、汽车发动机部件等诸多方面都有广泛的应用，并在许多超高温、强腐蚀等苛刻的环境下起着其他材料不可替代的作用，具有广阔的应用前景。

## 3.3　纳米加工

随着纳米技术的发展，纳米加工技术成为了纳米科学领域的热点之一。科技发展对电子器件小型化的要求越来越高，各种器件逐渐发展到纳米尺度，特别是在光学器件、高灵敏度传感器、高密度存储器件和生物芯片制造等领域的纳米化需求最为迫切。比如，在过去的 50 年中，集成电路的集成度以每 18 个月翻一番的速度提高，现代微纳米加工技术已经能够将上亿只晶体管做在方寸大小的芯片上。最小电路尺寸为 90nm 的集成电路芯片已经开始大规模生产，65nm 的集成电路芯片已开始小批量工业化生产，而 45nm 加工水平的集成电路已经在研发阶段。除了在集成电路芯片领域的应用，纳米加工技术还可以制作单电子晶体管，将普通机械齿轮传动系统微缩到肉眼无法观察的尺寸，甚至可以实现单个分子与原子操纵。因此，纳米加工技术被认为将带来一场新的产业革命。

纳米加工技术是指能够制作 100nm 以下的结构的加工技术，其与传统机械加工相比最大的区别是加工形成的部件或结构本身的尺寸在纳米量级。纳米加工方法众多，根据使用的加工技术的不同分为光学曝光技术、电子束曝光技术、聚焦离子束技术、纳米压印技术和化学刻蚀技术等。

崔铮根据工艺的不同将微纳米加工技术分为平面工艺、探针工艺和模型工艺[48]。平面工艺依赖于光刻技术，基本过程是在硅片上涂光刻胶、曝光、显影，然后把胶的图形通过刻蚀或沉积转移到其他材料，主要被用于集成电路、微机械、微流体和微器件的制造。平面工艺中涉及的技术有光学曝光技术，电子束投影曝光技术和 X 射线曝光技术等。探针工艺中的微纳米探针不仅包括诸如扫描隧道显微探针、原子力显微探针等固态形式的探针，还包括聚焦离子束、激光束、原子束和火花放电微探针等非固态形式的探针。模型工艺指的是利用微纳米尺寸的模具复制出相应的微纳米结构。模型工艺包括纳米压印技术、塑料模压技术和模铸技术。

本节将对研究前沿的新型纳米加工技术如光学曝光技术、电子束曝光技术、聚焦离子束技术、利用探针的纳米加工技术和纳米压印技术进行介绍。

### 3.3.1 光学曝光技术

在讨论光学曝光之前,首先需要了解光刻加工技术。光刻加工是对薄膜表面及金属进行精密、微小和复杂图形加工的技术。光刻属于平面工艺微纳米加工技术,是利用光刻胶的光化学反应特性,在激光照射下,将掩膜版上的图形精确地印制在涂有光刻胶的工件表面,再利用光刻胶的耐腐蚀特性,对工件表面进行腐蚀,从而得到复杂的精细图形。光刻工艺过程示意图如图 3-12 所示。

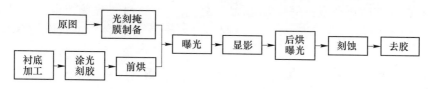

图 3-12 光刻工艺流程示意图

曝光技术是光刻加工中的关键技术之一,也是目前工业生产中用途广泛的技术。根据采用的光源不同,分为光学曝光技术和 X 射线曝光技术。

用于纳米加工的光学曝光技术通常为短波长光学曝光,采用短波长光源如波长为 365nm 或 436nm 紫外光或波长 193nm 或 248nm 的深紫外光进行的曝光。采用氟分子激光器的 157nm 曝光技术能实现 70nm 的大规模集成电路加工,IBM 利用深紫外曝光和无铬式移相掩膜在实验室做出了 25nm 的晶体管[48]。

X 射线曝光采用波长范围 0.2~4nm 的 X 射线作为光源,具有效率高、纳米级分辨率和极强穿透能力等特点,但缺点在于不可聚焦,因此只能用作 1:1 的曝光。此外,X 射线曝光系统掩膜版制作困难,造价昂贵,应用有限。

### 3.3.2 电子束曝光技术

电子束曝光技术是 20 世纪 60 年代在电子显微镜的基础上发展起来的新型纳米加工技术。电子束曝光与普通光学曝光原理相同,都是在光刻胶薄膜上制作掩膜图形。但与光学曝光不同,电子束曝光技术不需要掩膜版,而是直接利用电子束在抗蚀剂表面进行图形的曝光,因此,也被称为电子束直写技术。

根据波粒二象性原理,加速电压为 10~50keV 的电子束,其波长范围为 0.01~0.005nm。电子束曝光的分辨率主要取决于电子相差、电子束的束斑尺寸和电子束在抗蚀剂及衬底的散射效应。因此,相对于光学曝光,电子束曝光具有非常高的分辨率,通常为 3~8nm。目前电子束曝光的研究主要集中于以下几个领域:(1)电子束曝光设备;(2)电子抗蚀剂;(3)抗蚀剂工艺;(4)临近效应校正。电子束曝光与其他曝光技术相比,最大的优点是不需要制作掩膜版且拥有极高的分辨率，而造价和运维费高昂是限制其大量应用的重要原因。

高分辨电子束曝光在纳米加工领域一直发挥着关键性的作用。它的主要应用包含四个方面，即集成电路直写、高分辨模板的制作、新型器件原型的开发和微纳米尺度的基础研究[49]。

集成电路制造直写领域，电子束曝光面向的主要尺度范围是 22nm 以下。目前，基于微型电子束阵列低压曝光技术的商业价值已得到认可。该技术在小规模产品制造特别是专用集成电路制造中具有十分广泛的应用前景。因为在小规模产品制造中模板的制作费用占用比例高，电子束直写曝光不需要模板，因此有希望在该商业领域占据一席之地。另外，电子束曝光在集成电路中可用于制作光学曝光无法制作的一些高分辨图层或关键的结构，例如集成电路中接触孔的制作。

在模板制作领域，高分辨率与高精度的电子束曝光技术具有极大的优势。不管是现在的浸没式光学曝光，还是未来的极紫外曝光、纳米压印或者可控自组装都需要模板。因此，掩膜版的制造是半导体生产的关键技术，它直接决定器件的性能和品质。电子束曝光制作掩膜周期短、精度高以及图形数据容易修改，是模板制造的第一选择。

对于新型器件特别是量子器件的原型开发，电子束曝光更是展现出极大的灵活性。由于目前人类对世界的认知进入到纳米尺度，大多数器件的研发也进入到纳米尺度，研究机构对于纳米加工的需求也非常旺盛。但普通研究机构对于模板制造复杂、价格昂贵的大面积加工设备如高分辨光学曝光设备的需求较小。电子束曝光具备的大面积加工设备所缺少的灵活性，大大缩短了新器件、新结构的研制周期，是科研人员常采用的主要纳米加工方法。

纳米尺度的基础研究领域包括纳米表面工程、纳米结构的新效应等。由于电子束可以直接在衬底表面规则而精确地加工得到 10nm 以下的图形，因此已成为纳米尺度基础研究不可或缺的手段。

### 3.3.3　聚焦离子束技术

聚焦离子束（Focused Ion Beam，FIB）技术是将电磁场加速的离子束聚焦到样品表面，在不同束流、不同气体的辅助作用下，进行材料微纳米尺度加工的技术。聚焦离子束技术在 20 世纪 70 年代开始受到关注，80 年代末期技术基本成熟，90 年代中期被广泛应用在各个领域。聚焦离子束技术可用于图形刻蚀、薄膜材料沉积、纳米尺度结构加工、扫描离子成像、离子注入、无掩膜光刻、微机械系统加工和微米/纳米三维微结构直接成型等领域。由于离子在固体材料中能量转移效率远远高于电子，常用的电子束曝光抗蚀剂对离子的灵敏度要比对电子束高 100 倍以上，因此聚焦离子束技术用于高分辨率无掩膜纳米加工远优于电子束曝光技术。此外，聚焦离子束技术在刻蚀过程中与气体注入系统结合，实现增强刻蚀，并拓展了该技术可加工材料的范围。在此，我们简要介绍聚焦离子束技术的原理及其在纳米加工中的应用。

聚焦离子束系统的基本结构是离子源、离子聚焦系统、样品台、真空腔及其他辅助设备。聚焦离子束系统的结构如图 3-13 所示。

液态金属离子源是聚焦离子束中最常用的离子源，具有高亮度、聚焦半径小等优势。几乎所有融化温度相对较低和反应活性低的金属都可以用作离子源，如 Ga、Ge、Al、As 等。Ga 是聚焦离子束中最常用的液态金属离子源。

聚焦离子束纳米加工主要有以下五种方法：铣削（milling）、插入（implantation）、离子诱导沉积（ion-induced deposition）、离子辅助刻蚀（ion-assisted etching of materials）和无掩膜曝光。

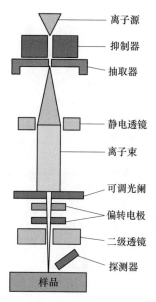

图 3-13 聚焦离子束系统的结构示意图

（图中标注从上到下：离子源、抑制器、抽取器、静电透镜、离子束、可调光阑、偏转电极、二级透镜、探测器、样品）

### 3.3.3.1 铣削

铣削是一个结合物理溅射、材料再沉淀和无定型化的过程。Li 等[50] 用 30keV 的镓离子 FIB，通过铣削在 n 型单晶硅（111）基底上得到一个规律排列的纳米洞图案。每个纳米洞的半峰宽半径是 10nm，具有 V 形横截面，深 10nm，且每个纳米洞的入口旁有约 50nm 的类似于火山口的环状结构。这个环状结构是由于 FIB 铣削基底产生无定型化得到的固有形状。Nagase 等采用 30keV 的镓离子 FIB 技术[51]，在二氧化硅基底上得到厚度为 70nm、具有 5nm 缺口的金电极。

### 3.3.3.2 插入

FIB 技术不仅能实现移除基底的功能，也能够在基底上增加一些结构。FIB 插入与湿法刻蚀相结合，能被用于构造悬空的纳米结构。Böttger 采用镓离子 FIB 技术和选择性的湿法刻蚀，得到了长度 20nm 的完全悬空的纳米线[52]。

### 3.3.3.3 FIB 诱导沉积

高能离子束诱导沉积金属膜和介质膜的基本原理是将金属有机物气体通过气体注入系统喷涂在样品上需要沉积薄膜的区域，当聚焦离子束的高能离子作用在该区域时会使有机物发生分解，分解后的固体物质被沉积下来。当离子束按一定的图形扫描时，即可形成特定的三维微结构图形，这个功能已被用于微机械系统的加工[53]。将聚焦离子束沉积和刻蚀技术结合起来，在微米/纳米三维结构的加工和修复中具有重要应用。在大规模集成电路的曝光掩膜版制作中，制作工艺复杂，周期长，成本高，对其中缺陷的修复是很有必要的。利用基于聚焦离子束的沉积和刻蚀技术，在曝光掩膜版上淀积必要的部分和去除多余的部分[54]，实现掩膜版的缺陷修复。Fujita 利用聚焦离子束辅助化学气相沉积技术（FIB-CVD）精确制备出了微米量级的三维立体结构，如酒杯、线圈等[55]。这些研究充分体现了聚焦离子束技术在纳米加工领域中的高精度和高分辨率的特点。

### 3.3.3.4　离子束刻蚀

聚焦离子束系统中用作离子源的金属元素的原子量一般较大，当荷能离子束轰击样品时，其能量会传递给样品中的原子/分子而发生溅射效应。用合适的离子束束流，可以对不同的材料实施高速微区刻蚀。配合离子束扫描，则可以在样品材料上刻蚀出不同的图形。这个技术的典型应用是电路板失效检测和三维纳米结构加工。聚焦离子束技术在微传感器等的直接刻蚀成型方面也很有发展前景，如微机械系统零部件的制备、有机生物样品的切割及高精密扫描探针显微镜的探针加工等。Miller 等将脉冲激光气相沉积技术和聚焦离子束刻蚀技术结合起来，在氧化铟锡（indium-tin-oxide，ITO）薄膜上成功地制备出 20～100mm 薄膜应力传感器[56]。

为了提高离子束刻蚀的速率和增加离子束刻蚀对不同材料的选择性，通常在刻蚀过程中用气体注入系统加入一定量的刻蚀气体以增强刻蚀。其基本原理是用高能离子束将不活泼的辅助刻蚀气体分子，如卤化物气体，变成活性原子、离子和自由基，这些活性基团与样品材料发生化学反应生成挥发性物质，脱离样品后被真空系统抽走，从而实现快速刻蚀。引入气体注入系统能大幅地提高刻蚀速率、增加刻蚀对材料的选择性和增加图形侧壁的垂直性等。表 3-3 是气体增强反应离子束刻蚀对不同材料的增强刻蚀因子。

**表 3-3　气体辅助反应离子束刻蚀对不同材料的增强刻蚀因子**

| 气体 | 铝 | 钨 | 硅 | $SiO_2$，$Si_3N_4$ | 聚酰亚胺抗蚀剂 |
|---|---|---|---|---|---|
| $Cl_2$ | 10~20 | | 10 | | |
| $Br_2$ | 10~20 | | 6~10 | | |
| ICl | 8~10 | 2~6 | 4~5 | | |
| $XeF_2$ | | 10 | 10~100 | 6~10 | 3~5 |

J. Taniguchi 等用聚焦离子束系统的离子束辅助刻蚀技术成功制备了单晶金刚石场发射针尖[57]，聚焦离子束辅助刻蚀技术对减小单晶金刚石场发射针尖的发射区域非常重要。Paraire 采用聚焦离子束刻蚀多层膜的方法加工出了二维光子晶

体[58]。这种直接的纳米加工技术在人工制备单电子器件、巨磁阻器件等领域非常重要。

### 3.3.3.5 无掩膜曝光

聚焦离子束曝光与其他曝光方式相比，具有高灵敏度、高分辨率和高稳定性的特点，且无需掩膜。这是由于离子质量大，在抗蚀剂中的射程小、能量淀积高、散射角小、邻近效应小、曝光时间短。但是由于离子束的偏转、消隐以及散射离子的噪声效应，很难在大面积曝光上应用，所以目前主要用于其他曝光方式无法或难以实现的区域，以及实验室中微区纳米结构加工过程中的曝光。聚焦离子束曝光的灵活性也格外引人注目。离子束的剂量、能量、束斑直径（几微米至10nm）可调，能满足在同一材料上加工不同线宽、不同尺度图形的要求，与其他工艺相比，工序大为简化。

## 3.3.4 基于 STM 和 AFM 的纳米加工技术

扫描探针显微镜（Scanning Probe Microscope，SPM）不仅让人们能够观察物质表面的原子及其结构，还提供了纳米尺度的针尖与样品接触，使得在微纳米尺度上对样品表面进行加工变得可行。目前用于纳米加工的 SPM 主要是扫描隧道显微镜（Scanning Tunneling Microscope，STM）和原子力显微镜（Atomic Force Microscope，AFM），主要原因是这两种显微镜易于控制针尖与样品表面的相互作用，从而达到改变表面结构的目的，实现纳米加工。

基于 STM 和 AFM 的纳米加工方法有以下几种：单原子操纵法、局域氧化法、机械刻蚀法和扫描探针点墨法。

### 3.3.4.1 单原子操纵法

利用 STM 进行单原子操纵的基本原理，当针尖的原子与表面的分子距离足够近（<0.4nm）时，针尖与样品表面的"电子云"部分重叠，使两者之间的相互作用大大增强，产生一种与化学键相似的力。在两者的作用下，针尖可以带动该原子在样品表面跟随针尖移动，从而实现表面原子的搬迁。目前，使用 STM 进行单原子操纵较为普遍的方法是在 STM 针尖和样品表面之间施加一定的能量，如电场蒸发、电流激励等。由于针尖与样品表面距离非常近，因此在电压脉冲的作用下，将会在针尖和样品之间形成强大的电场，表面上的吸附原子将会在强电场的蒸发下被移动或提取，实现去除原子形成空位；在有脉冲电压的情况下，也可以从针尖上发射原子，实现增添原子填补空位。由此可见，单原子操纵主要包括：移动、提取和放置三种形式。

单原子的移动：1990 年，美国 IBM 公司的 Eigler 等人[59]在超高真空和液氮温度（4.2K）的条件下，用 STM 成功地移动了吸附在 Ni（110）表面吸附的 Xe原子，并将 35 个 Xe 原子逐一搬迁，最终排成 IBM 三个字母，每个字母高 5nm，Xe 原子间最短距离约为 1nm。这一研究立刻引起了世界范围的高度关注，并开创了用 STM 进行单原子操作的先例。

单原子的提取：1991 年，日本中央研究所的 Hosoki 等用 STM 在 $MoS_2$ 表面用硫空位写成"PEACE'91 HCRL"的字样[60]，每个字母的尺寸仅为 2nm。提取硫原子得到硫空位的过程如下：首先将 STM 针尖对准某个硫原子，然后在针尖和试件间加脉冲电压，使硫原子电离，留下空位。

单原子的放置：根据被放置的原子的来源，单原子的放置可分为如下三种方式：铅笔法、蘸水笔法和钢笔法。

铅笔法单原子放置是指针尖所放置的原子直接来源于 STM 针尖的材料。这种方式很难控制针尖材料上单个原子的蒸发，通常只能用于较大的纳米点的放置。在 1991 年 Mamin 等采用在 Au 针尖和表面之间施加-3.5~-4.0V 的电压脉冲[61]，将针尖上的 Au 原子团源源不断的放置到 Au 表面上的预定位置，形成直径为 10~20nm，高为 1~2nm 的纳米点结构。这种方法也适用于加工表面得到与针尖异质原子结构，如把 Au 针尖上的 Au 原子放置到 Si 表面。

蘸水笔法单原子放置是指所放置的原子不是来源于 STM 针尖的材料，而是先用针尖从样品上的某处提取一些原子，然后再将这些吸附在针尖上的原子一个一个地放置到所需的特定位置。1990 年，Eigler 等利用蘸水笔法单原子放置法将吸附在 Cu(111) 表面上的 48 个铁原子围成一个 14.26nm 的圆圈，相邻两个铁原子间距离仅为 1nm[62]。这个结构是在超高真空和液氮温度的条件下，用 STM 移动铁原子放置于单晶铜表面三个等距排列的铜原子的中心位置而形成的。这个圆圈型结构可以看做人工的围栏，围栏中心是被圈住的电子。关在围栏中的电子的表面电子态密度受到围栏中铁原子的影响，形成美丽的"电子波浪"，如图 3-14所示，使人们能够直观地看到电子态密度的分布。通过 STM 单原子放置的纳米加工方法得到的人工电子围栏使人类能够观察到电子是如何与人造的原子尺寸结构相互作用的。这种方法适用于加工同类单原子结构。

钢笔法单原子放置是指用其他方法源源不断地将所需的原子提供给针尖，再源源不断地放置到样品表面。如在充有一定氢气的条件下，当针尖和表面之间存在一定电压偏压时，氢气分子会在强电场的作用下分离成氢原子，并随着针尖的移动沉积吸附在 Si 表面，形成纳米结构。

### 3.3.4.2  局域氧化法

局域氧化法是通过针尖与样品之间发生的化学反应来形成纳米尺度氧化结构

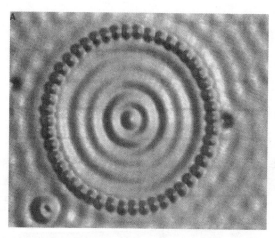

图 3-14　48 个铁原子在 Cu(111) 表面形成的电子围栏，电子围栏原子中心到原子中心的直径为 14.26nm[59]

的一种加工方法。局域氧化法在 1989 年由美国国家标准与技术研究院首次提出。AFM 在氧化过程中不受表面导电性局部变化的影响，且对导体、半导体样品均适用，因此局域氧化法多是采用 AFM。

在样品表面的氧化过程中，针尖是局域电化学反应的阴极，样品表面为阳极，吸附在样品表面上的水分子则充当了电化学反应中的电解液，提供氧化反应中所需的氢氧根离子。基于 AFM 的针尖诱导局域氧化法进行微加工具有易操作、结构可控、刻蚀出的结构性能稳定及与现有微电子工业工艺兼容性佳等优点。这种方法可提供硬度足够高的掩膜，可以在低压范围内操作，避免高精度电子束曝光所共有的临近效应影响。

Dai 等在硅的氢钝化表面上采用多壁碳纳米管针尖，用氧化方法加工出 $SiO_2$ 网状纳米结构[63]。加工得到的网状结构线宽 10nm，线间距 100nm。采用这种技术，已经加工出了场效应管、单电子晶体管和单电子存储器等纳米级的功能器件。因此，基于 AFM 的针尖诱导局域氧化法是目前最有可能应用在实际生产制造中的纳米加工技术。

### 3.3.4.3　机械刻蚀法

机械刻蚀法是指利用 AFM 针尖直接在样品表面刻画形成纳米图案和拨动颗粒至指定区域的纳米加工方法。这种方法需要选用针尖尖端是金刚石颗粒、悬臂梁是具有高弹性模量材料的特殊针尖。

机械刻蚀纳米加工方法首先用特殊针尖扫描样品的表面，得到样品表面刻画前的形貌；然后调节针尖在表面施加最大可达到 $10^{-6}$ N 的压力，此时关掉反馈控制系统，通过控制 X 轴、Y 轴的偏置让针尖在表面划过，材料表面将被划开一条尺度约在几十纳米范围的裂纹。陈海峰等[64]利用自行开发的 AFM 刻蚀系统在 Au-Pd 合金膜上成功地机械刻画出纳米尺度的孔洞、沟槽和复杂的图形，最小线宽达 25nm，该系统可以很方便地用来加工所需要的任意纳米图形。

### 3.3.4.4　扫描探针点墨法

1999 年 Mirkin 课题组首次提出扫描探针点墨法（"Dip-Pen" Nanolithography，DPN）的纳米加工方法[65]，该方法又被称为直接软刻"写"技术，即以 AFM 针尖为"笔尖"，固态基体为"纸"，与固态基体有化学亲和力的分子为"墨水"，通过表面张力将分子从针尖传送到基体上，直接操纵形成图案，DPN 的原理如图 3-15 所示。DPN 技术能在软或硬的材料上直接"写"，并能达到低于 50nm 的分辨率，具有操作简便，基底适用范围广和分辨率高的优点。Mirkin 课题组采用 DPN 技术以 16-巯基十六酸（MHA）为墨水在金表面加工图案，并在 MHA 构成图案上吸附蛋白质或单壁碳纳米管等材料，得到功能性的纳米器件[65]。

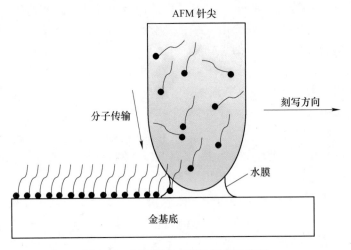

图 3-15　扫描探针点墨法原理示意图

## 3.3.5　纳米压印技术

纳米压印（Nano-imprint Lithography，NIL）技术是明尼苏达大学纳米结构实验室在 1995 年提出的[66]。纳米压印的原理如图 3-16 所示，首先通过外加机械力，使具有微纳米结构的模板与压印胶紧密贴合，处于黏流态或液态下的压印胶逐渐填充模板上的微纳米结构，然后将压印胶固化，分离模板与压印胶，就等比例地将模板结构图形复制到了压印胶上，最后可以通过刻蚀等图形转移技术将压印胶上的结构转移至衬底上。与其他光刻技术相比，NIL 的优势在于高分辨率

（可达几个纳米）、高效率（可以并行处理制备多个零件）、低成本（不需要结构复杂价格昂贵的聚焦系统、镜头）等优点[67]。

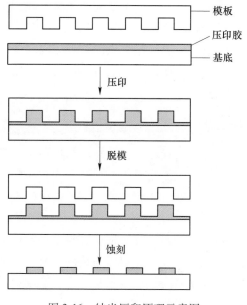

图 3-16　纳米压印原理示意图

### 3.3.5.1　纳米压印的基本工艺流程

纳米压印技术可以分为以下四步：模板制备，选择压印胶、涂胶方式，图形复制和图形转移。

### 3.3.5.2　模板的制备

纳米压印模板的制备有三个步骤：模板材料选择，模板的图案化和表面处理。

纳米压印的模板材料有硬质材料，如石英、硅衬底；也有柔性材料，如 PDMS（聚二甲基硅氧烷）、IPS（中间聚合物软模板）等，以及两类材料的复合模板。由于纳米压印用到的大面积、高分辨率模板制备成本高，模板材料需满足耐用度高、性能稳定、有良好抗黏性等条件。根据纳米压印方法的不同也需要选择不同的模板材料。例如，热塑压印需要选择硬度高、热膨胀系数小的模板材料；紫外固化压印模板则需要选择透光性好的模板材料；对不平整表面的压印，需要选择柔性模板材料。

纳米压印模板常用的制备方法有电子束曝光技术、聚焦离子束刻蚀技术、基于 X 射线的光刻技术等。这些模板制备方法的相同点在于分辨率都非常高，能达到数十纳米。纳米压印模板在涂有抗蚀剂的衬底上曝光后，经过显影、图形转移等步骤，才能得到具有纳米结构的模板。图形转移又分为直接刻蚀、沉积再刻蚀和电镀法三种方式，不同的图形转移方法得到的图案不同，直接刻蚀与沉积再刻蚀电镀法得到的图形互为反版。

纳米压印模板制备的最后一道工序是表面处理，以降低压印模板和压印胶之间的黏附性，延长模板寿命。表面处理方法有增加聚四氟乙烯涂层、生长含氟的有机硅烷自组装单分子层膜等。

### 3.3.5.3　选择压印胶和涂胶方式

压印胶通常是高分子聚合物材料。在纳米压印过程中，压印胶受力并发生形变，然后通过加热或紫外光辐照使其固化，从而实现模板图案的转移。压印胶需选择热膨胀系数小、固化前黏度低、固化后有足够机械强度、固化速度快、抗刻蚀性能好的材料。

压印胶涂胶方式主要有旋涂和滴胶两种。旋涂是最常用的涂胶方式。旋涂是将纳米压印胶均匀地滴在平面衬底上，随后高速旋转衬底，使压印胶均匀地涂在衬底表面。压印胶的厚度必须略高于模板图案结构的厚度，过厚会导致压印后留下很厚的残胶，对后期工艺的影响较大；太薄将使模板与衬底直接接触，很容易损坏模板。滴胶通常只在紫外固化纳米压印中使用。例如，在步进-闪光压印中，由于需要在不同区域分步进行纳米压印，需要对每一个待压印的区域涂胶，因此，滴胶是最方便可控的方法。

### 3.3.5.4　图形复制

压印模板置于涂好压印胶的衬底上，根据压印胶的性质选择不同的压力、温度和时间，使处于黏流态或液态下的压印胶逐渐填充模板上的微纳米结构。然后根据压印胶的种类通过降温或紫外光辐照等方式进行固化。压印胶固化完成后，需要进行脱模。脱模就是分离模板与压印胶，这个过程极易破坏压印胶上压印结构的完整性，形成结构缺陷，导致压印胶与衬底剥离等现象。为使脱模成功，保证聚合物与模板分离并留在衬底上，需要确保聚合物与衬底的附着力大于与模板的附着力。根据使用模板的不同，脱模方式分为平行脱模和揭开式脱模。平行脱模适用于模板和衬底都是硬质材料的情况，揭开式脱模则主要用于模板和衬底至少一个为软材料或薄膜的情况。

### 3.3.5.5　图形转移

图形转移是将刻蚀在压印胶上的结构转移至衬底上。在进行图形转移之前，需要通过 SEM 等进行界面观察，如果有残余的压印胶需要先将残胶除去。去除残胶的方法通常选择等离子体刻蚀。纳米压印图形的转移与光学曝光、电子束曝光后的图形转移相同，可以使用化学法、物理法或者两者相结合的方法将掩模上的结构复制到衬底上。

### 3.3.5.6　纳米压印的分类

根据压印胶的性质可分为热压印、紫外固化压印和软光刻。

热压印是指压印胶的固化是由降温导致的，是最早发展的工艺技术。热压印目前已经实现 10nm 左右的复制分辨率，但由于使用过程中需要在模板与压印胶和基底之间施加压力，热压印不能用于多层微纳米结构的构建。热压印的流程如下：（1）衬底上旋涂适度厚度的压印胶；（2）压印模板置于涂胶的衬底上，并对衬底加热使温度高于压印胶玻璃化温度；（3）保持温度并施加一定压力进行压印；（4）保持压力并降温至低于压印胶玻璃化温度，等待压印胶固化；（5）脱模分离；（6）去除残胶；（7）图形转移。

紫外固化压印是指压印胶的固化是由紫外光辐照，而非热导致的。因此，紫外固化压印不需要高温软化，压印胶在较低温度下具有黏度低、流动性好的特点，模板与衬底间不需要加高压就可以使压印胶填充整个模板上的微纳米结构间隙，然后通过紫外光辐照使压印胶固化再脱模。紫外固化压印目前被证实具有超高的复制图案分辨率，一般情况具有 20nm 的复制分辨率，甚至有可能实现 3nm 的分辨率[68]。紫外固化压印的流程与热压印相似。由于需要紫外光辐照，需要使用可透光的模板。

热压印和紫外固化压印是最常用到的两种纳米压印技术，这两种技术的比较见表 3-4[68]。

表3-4　热压印与紫外固化压印的比较

| 项　目 | 热压印 | 紫外固化压印 |
|---|---|---|
| 图形缺陷度 | 高，尤其是在非均匀结构中 | 低 |
| 压印胶黏度 | 高，低于玻璃化温度时 | 低，黏度范围 1~100mPa·s |
| 填充驱动力 | 压力 | 压力和/或毛细管力 |
| 涂胶方式 | 旋涂 | 旋涂或滴胶 |
| 固化时间 | 长 | 短 |
| 模板材料 | 多 | 少 |

软光刻技术是由哈佛大学 Whitesides 教授创立的[69]，其原理是用涂上一层自组装单分子膜的软性高分子材质做成模板，像印章一样在基板上微压，把纳米图形模板上面凸出部分的自组装单层膜像油墨一样的印在基底上。软光刻具有低成

本、高效率等优点，但软光刻方法加工的纳米图案的分辨率较低，在微米到亚微米之间。

　　根据模板使用方式的不同，纳米压印技术主要可分为整版纳米压印、步进压印和滚动式压印。最早出现的是整版压印技术，但研究人员在使用过程中发现整版纳米压印的模板加工成本太高。在加工大面积重复的表面结构时，为节约成本，Willson 等于 1999 年开发了步进压印技术[70]。

　　步进压印技术的原理如图 3-17（a）所示，在完成压印、固化、脱模的流程后，移动衬底和模板的相对位置，拼接对准继续进行压印。反复重复至整个区域完成压印，这样就实现了用一个小面积的模板在衬底上实现大面积微纳米结构复制的工艺。步进压印技术成本低，能进行大面积图形制备，但也面临图形均匀性差，图形拼接过程中难以对准等问题。

　　滚动式压印由 Tan 在 1998 年发明，原理是用滚轴式的微纳米结构模板，进行连续不间断的大面积压印[71]。滚动式压印得到的纳米构造连续、均匀，也没有步进压印的对准问题，是最具有产业化潜力的纳米压印技术。滚动式压印的原理如图 3-17（b）所示。

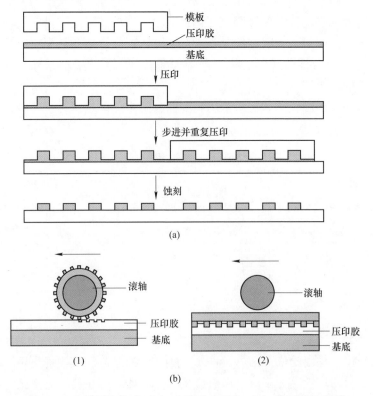

图 3-17　步进压印技术（a）和滚动式压印（b）的原理示意图

随着纳米压印技术的日趋成熟,在构筑纳米电路、微型燃料电池、LED制备、微流控芯片等领域都能见到纳米压印技术的身影。纳米压印技术也已经从实验室走向工业化生产。不论是发达国家,还是发展中国家,都已经有了商品化纳米压印加工设备。众多纳米压印加工设备品牌的出现也表明纳米压印技术的蓬勃发展。在各个领域研究人员和工业界的推动下,纳米压印技术不但可以用于大批量生产纳米尺度的数据存储器件,如光盘、磁盘之类,还有可能直接用于超大规模集成电路的生产,这将大大降低集成电路生产的成本。

## 3.3.6 纳米加工技术的应用

尽管纳米加工方法多种多样,但目的只有一个,这就是制作具有实际用途的纳米结构与器件。同一种纳米器件或结构可以用多种不同纳米加工技术实现。任何一种纳米结构的加工都需要不止一种纳米加工技术。脱离实际应用的纳米加工技术是没有意义的。例如,多种纳米加工技术在纳米电极的制备方面都凸显了各自的优势,如直写灵活的电子束曝光技术、可实现大面积制备的纳米压印技术、能在特定点上沉积的聚焦离子束技术和可实现任意分子直写的扫描探针点墨法等。如何在众多加工技术中针对某一特殊应用选择合适的加工方法,应参考以下原则。

### 3.3.6.1 满足最小结构尺寸要求

不同的加工技术有不同的可加工最小结构尺寸的能力。以光学曝光技术为例,接触式曝光的加工能力为 $1\mu m$ 左右。若要加工亚微米结构必须采用投影式曝光技术。投影式曝光技术又由于光源波长的不同和采用不同的分辨率增强技术而具有不同的最小加工尺寸。目前最先进的光学曝光技术可以达到 50nm 左右的加工能力。更小的结构则需要电子束曝光、纳米压印或离子束加工技术。

### 3.3.6.2 选择最经济的加工方法

纳米加工技术设备的投入通常是非常大的。建立一条先进的集成电路芯片加工生产线需要耗资 10 亿美元以上。购买一台先进的电子束曝光机需要数百万美元。除了设备投资之外,材料成本也必须考虑。单晶硅虽然是集成电路加工的基础材料,但并不是一种低成本材料。如果用硅材料制造一次性使用的微器件,会大大增加器件的单位成本。因此,医用与生物化学类微系统结构通常由塑料或玻璃材料加工制作。

### 3.3.6.3 满足批量加工的要求

微纳米平面制图技术分为平行和顺序两种方式。光学曝光、X 射线曝光和纳米压印为平行式，电子束曝光与聚焦离子束加工为顺序式。平行式加工适用于大批量生产。这就是为什么大规模集成电路的生产始终坚持使用光学曝光技术，尽管光学曝光技术并不具有最高的分辨能力。虽然集成电路生产线的投资极大，但由于采用了平行式加工与大尺寸硅片，单个集成电路芯片的成本仍然很低。

### 3.3.6.4   区别对待生产用途与科研用途

大规模生产对微纳米加工技术的要求与科研对微纳米加工技术的要求不同。大规模生产要求尽可能高的成品率，因此通常并不需要最先进的加工技术，而需要最稳定最能保证成品率的技术。尽管已经报道了大量新颖的纳米加工技术，但只有很少几种最终能被工业界在大规模生产中采用。而在纳米器件开发阶段或纳米科学研究中，对成品率没有特殊的要求，因此可以采用多种技术去实现所需要的纳米结构。

### 3.3.6.5   选择适合加工对象的方法

纳米器件的功能不但与器件结构有关，也与器件的材料有关。对不同的材料有不同的加工技术。例如，对硅材料的加工技术与Ⅲ-Ⅴ族半导体材料的微加工就有所不同。其他非硅材料如金属、玻璃、陶瓷以及塑料，都有其各自不同的加工技术。

---

## 参 考 文 献

[1] Bancroft J B, Hills G J, Markham R. A study of the self-assembly process in a small spherical virus. Formation of organized structures from protein subunits in vitro [J]. Virology, 1967, 31 (2): 354-379.

[2] Poglazov B F, Mesianzhinov V V, Kosourov G I. A study of the self-assembly of protein of the T2 phage head [J]. Biokhimiia (Moscow, Russia), 1967, 32 (4): 716-721.

[3] Bishop K J M, Wilmer C E, Soh S, et al. Nanoscale forces and their uses in self-assembly [J]. Small, 2009, 5 (14): 1600-1630.

[4] Sau T K, Murphy C J. Self-assembly patterns formed upon solvent evaporation of aqueous cetyltrimethylammonium bromide-coated gold nanoparticles of various shapes [J]. Langmuir, 2005, 21 (7): 2923-2929.

[5] Mayer C R, Neveu S, Secheresse F, et al. Supramolecular assemblies of gold nanoparticles induced by hydrogen bond interactions [J]. Journal of Colloid and Interface Science, 2004, 273 (2): 350-355.

[6] Zhang H, Wang D. Controlling the growth of charged-nanoparticle chains through interparticle electrostatic repulsion [J]. Angewandte Chemie-International Edition, 2008, 47 (21):

3984-3987.

[7] Dawson K A. The glass paradigm for colloidal glasses, gels, and other arrested states driven by attractive interactions [J]. Current Opinion in Colloid & Interface Science, 2002, 7 (3-4): 218-227.

[8] Butter K, Bomans P H H, Frederik P M, et al. Direct observation of dipolar chains in iron ferrofluids by cryogenic electron microscopy [J]. Nature Materials, 2003, 2 (2): 88-91.

[9] Murray C B, Kagan C R, Bawendi M G. Synthesis and characterization of monodisperse nanocrystals and close-packed nanocrystal assemblies [J]. Annual Review of Materials Science, 2000 (30): 545-610.

[10] Murray C B, Norris D J, Bawendi M G. Synthesis and characterization of nearly monodisperse CdE (E = S, Se, Te) semiconductor nanocrystallites [J]. J Am Chem Soc 1993, 115: 8706-8715.

[11] Yamaki M, Higo J, Nagayama K. Size-dependent separation of colloidal particles in two-dimensional convective self-assembly [J]. Langmuir, 1995 (11): 2975-2978.

[12] Israelachvili J N. Intermolecular and Surface Forces [M]. US: Academic Press, 2011.

[13] Kalsin A M, Fialkowski M, Paszewski M, et al. Electrostatic self-assembly of binary nanoparticle crystals with a diamond-like lattice [J]. Science, 2006, 312 (5772): 420-424.

[14] Sepelak V, Baabe D, Mienert D, et al. Evolution of structure and magnetic properties with annealing temperature in nanoscale high-energy-milled nickel ferrite [J]. Journal of Magnetism and Magnetic Materials, 2003, 257 (2-3): 377-386.

[15] Ahniyaz A, Sakamoto Y, Bergstrom L. Magnetic field-induced assembly of oriented superlattices from maghemite nanocubes [J]. Proceedings of the National Academy of Sciences of the United States of America, 2007, 104 (45): 17570-17574.

[16] Nonappa, Ikkala O. Hydrogen bonding directed colloidal self-assembly of nanoparticles into 2D crystals, capsids, and supracolloidal assemblies [J]. Advanced Functional Materials, 2018, 28 (27): 14.

[17] Thomas K G, Barazzouk S, Ipe B I, et al. Uniaxial plasmon coupling through longitudinal self-assembly of gold nanorods [J]. Journal of Physical Chemistry B, 2004, 108 (35): 13066-13068.

[18] Mirkin C A, Letsinger R L, Mucic R C, et al. A DNA-based method for rationally assembling nanoparticles into macroscopic materials [J]. Nature, 1996, 382 (6592): 607-609.

[19] Pruneanu S, Al-Said S A F, Dong L Q, et al. Self-assembly of DNA-templated polypyrrole nanowires: Spontaneous formation of conductive nanoropes [J]. Advanced Functional Materials, 2008, 18 (16): 2444-2454.

[20] Yan H, Park S H, Finkelstein G, et al. DNA-templated self-assembly of protein arrays and highly conductive nanowires [J]. Science, 2003, 301 (5641): 1882-1884.

[21] Sharma J, Chhabra R, Cheng A, et al. Control of self-assembly of DNA tubules through integration of gold nanoparticles [J]. Science, 2009, 323 (5910): 112-116.

[22] Puchner E M, Kufer S K, Strackharn M, et al. Nanoparticle self-assembly on a DNA-scaffold

written by single-molecule cut-and-paste [J]. Nano Letters, 2008, 8 (11): 3692-3695.

[23] Wei Y H, Bishop K J M, Kim J, et al. Making use of bond strength and steric hindrance in nanoscale "synthesis" [J]. Angewandte Chemie-International Edition, 2009, 48 (50): 9477-9480.

[24] Klajn R, Bishop K J M, Fialkowski M, et al. Plastic and moldable metals by self-assembly of sticky nanoparticle aggregates [J]. Science, 2007, 316 (5822): 261-264.

[25] Karsenti E. Self-organization in cell biology: A brief history [J]. Nature Reviews. Molecular Cell Biology, 2008, 9 (3): 255-262.

[26] Beck J S, Vartuli J C, Roth W J, et al. A new family of mesoporous molecular sieves prepared with liquid crystal templates [J]. J Am Chem Sot, 1992 (114): 10834-10843.

[27] Wan Y, Shi Y F, Zhao D Y. Designed synthesis of mesoporous solids via nonionic-surfactant-templating approach [J]. Chemical Communications, 2007 (9): 897-926.

[28] Zhao D Y, Feng J L, Huo Q S, et al. Triblock copolymer syntheses of mesoporous silica with periodic 50 to 300 angstrom pores [J]. Science, 1998 (279): 548-552.

[29] Sukhorukov G B, Donath E, Lichtenfeld H, et al. Layer-by-layer self assembly of polyelectro-lytes on colloidal particles [J]. Colloids and Surfaces, 1998 (137): 253-266.

[30] Wagner R W, Lindsey J S. A molecular photonic wire [J]. Journal of the American Chemical Society, 1994, 116 (21): 9759-9760.

[31] Attard G S, Glyde J C, Göltner C G. Liquid-crystalline phases as templates for the synthesis of mesoporous silica [J]. Nature, 1995, 378 (6555): 366-368.

[32] Schmid G. Large metal clusters and colloids—Metals in the embryonic state [C] //Rehage H, Peschel G. Structure, Dynamics and Properties of Disperse Colloidal Systems, 1998: 52-57.

[33] Poncharal P, Wang Z L, Ugarte D, et al. Electrostatic deflections and electrochemical reso-nances of carbon nanotubes [J]. Science, 1999 (283): 1513-1516.

[34] 李彦, 万景华, 顾镇南. 液晶模板法合 CdS 纳米线 (英文) [J]. 物理化学学报, 1999 (1): 1-4.

[35] Roy R, Roy R A, Roy D M. Alternative perspectives on "quasi-crystallinity": Non-uniformity and nanocomposites [J]. Materials Letters, 1986, 4 (8-9): 323-328.

[36] 刘忆, 刘卫华, 訾树燕, 等. 纳米材料的特殊性能及其应用 [J]. 沈阳工业大学学报, 2000 (1): 21-24, 72.

[37] 韦星船. 纳米材料技术发展及展望 [J]. 江苏化工, 2001 (4): 28-31.

[38] 王翠. 纳米科学技术与纳米材料概述 [J]. 延边大学学报 (自然科学版), 2001 (1): 66-70.

[39] 高家化, 沈志坚, 丁子上. 陶瓷基纳米复合材料 [J]. 复合材料学报, 1994 (1): 1-7.

[40] 宋崇林, 王军, 沈美庆, 等. 干燥条件对纳米晶体 $LaCoO_3$ 的结构与合成机理的影响 [J]. 应用化学, 1998 (5): 65-67.

[41] Gissibl B, Wilhelm D, Wurschum R, et al. Electron microscopy of nanocrystalline $BaTiO_3$[J]. Nanostructured Materials, 1997, 9 (1-8): 619-622.

[42] Zhang H, Tang L C, Zhang Z, et al. Wear-resistant and transparent acrylate-based coating with

highly filled nanosilica particles [J]. Tribology International, 2010, 43 (1-2): 83-91.

[43] 王胜杰, 李强, 漆宗能, 等. 硅橡胶/蒙脱土复合材料的制备、结构与性能 [J]. 高分子学报, 1998 (2): 22-26.

[44] Ganter M, Gronski W, Semke H, et al. Surface-compatibilized layered silicates-A novel class of nanofillers for rubbers with improved mechanical properties [J]. Kautschuk Gummi Kunststoffe, 2001, 54 (4): 166-171.

[45] 张中太, 林元华, 唐子龙, 等. 纳米材料及其技术的应用前景 [J]. 材料工程, 2000 (3): 42-48.

[46] 郭景坤, 徐跃萍. 纳米陶瓷及其进展 [J]. 硅酸盐学报, 1992 (3): 286-291.

[47] Ohji T, Nakahira A, Hirano T, et al. Tensile Creep Behavior of Alumina/Silicon Carbide Nano-composite [M]. Tokyo, Japan: J. Am. Ceram. Soc. , 1994.

[48] 崔铮. 微纳米加工技术及其应用 [M]. 北京: 高等教育出版社, 2005.

[49] 段辉高. 10 纳米以下图形电子束曝光的研究 [D]. 兰州: 兰州大学, 2010.

[50] Li H W, Kang D J, Blamire M G, et al. Focused ion beam fabrication of silicon print masters [J]. Nanotechnology, 2003, 14 (2): 220-223.

[51] Nagase T, Kubota T, Mashiko S. Fabrication of nano-gap electrodes for measuring electrical properties of organic molecules using a focused ion beam [J]. Thin Solid Films, 2003 (438): 374-377.

[52] Bottger R, Bischoff L, Schmidt B, et al. Characterization of Si nanowires fabricated by Ga+ FIB implantation and subsequent selective wet etching [J]. Journal of Micromechanics and Micro-engineering, 2011, 21 (9) .

[53] 张继成, 唐永建, 吴卫东. 聚焦离子束系统在微米/纳米加工技术中的应用 [J]. 材料导报, 2006 (S2): 40-43, 46.

[54] Ohki S, Ozawa A, Ohkubo T, et al. X-ray masks [J]. NTT Review, 1995 (7): 40-45.

[55] Fujita J, Ishida M, Ichihashi T, et al. Growth of three-dimensional nano-structures using FIB-CVD and its mechanical properties [J]. Nuclear Instruments & Methods in Physics Research Section B-Beam Interactions with Materials and Atoms, 2003 (206): 472-477.

[56] Miller T M, Fang H, Magruder R H, et al. Fabrication of a micro-scale, indium-tin-oxide thin film strain-sensor by pulsed laser deposition and focused ion beam machining [J]. Sensors and Actuators a-Physical, 2003, 104 (2): 162-170.

[57] Taniguchi J, Yokoyama J, Komuro M, et al. Beam-assisted-etching technique for fabrication of single crystal diamond field emitter tip [J]. Microelectronic Engineering, 2000, 53 (1-4): 415-418.

[58] Paraire N A, Filloux P G, Wang K. Patterning and characterization of 2D photonic crystals fab-ricated by focused ion beam etching of multilayer membranes [J]. Nanotechnology, 2004, 15 (3): 341-346.

[59] Eigler D M, Schweizer E K. Positioning single atoms with a scanning tunnelling microscope [J]. Nature, 1990 (344): 524-526.

[60] Hosoki S, Hosaka S, Hasegawa T. Surface modification of $MoS_2$ using an STM [J]. Applied

Surface Science, 1992（60-61）: 643-647.

［61］ Mamin H J, Chiang S, Birk H, et al. Gold deposition from a scanning tunneling microscope tip ［J］. Journal of Vacuum Science & Technology B, 1991（B9）: 1398-1402.

［62］ Crommie M F, Lutz C P, Eigler D M. Confinement of electrons to quantum corrals on a metal surface ［J］. Science, 1993（262）: 218-220.

［63］ Dai H, Franklin N, Han J. Exploiting the properties of carbon nanotubes for nanolithography ［J］. Applied Physics Letters, 1998, 73（11）: 1508-1510.

［64］ 陈海峰, 宋家庆, 李春增, 等. 利用原子力显微镜在 Au-Pd 合金膜上制备纳米结构 ［J］. 科学通报, 1998（18）: 1950-1953.

［65］ Salaita K, Wang Y, Mirkin C A. Applications of dip-pen nanolithography ［J］. Nature Nanotechnology, 2007, 2（3）: 145-155.

［66］ Chou S Y, Krauss P R, Renstrom P J. Imprint of sub-25nm vias and trenches in polymers ［J］. Applied Physics Letters, 1995, 67（21）: 3114-3116.

［67］ 崔铮, 陶佳瑞. 纳米压印加工技术发展综述 ［J］. 世界科技研究与发展, 2004（1）: 7-12.

［68］ Wiederrecht G. 纳米制造手册 Handbook of Nanofabrication ［M］. 北京: 科学出版社, 2011.

［69］ Xia Y, Whitesides G M. Soft lithography ［J］. Annu Rev Mater Sci, 1998（28）: 153-184.

［70］ Colburn M, Johnson S, Stewart M, et al. Step and flash imprint lithography: A new approach to high-resolution patterning ［C］//Vladimirsky Y. Emerging Lithographic Technologies Iii, Pts 1 and 2, 1999: 379-389.

［71］ Tan H, Gilbertson A, Chou S Y. Roller nanoimprint lithography ［J］. Journal of Vacuum Science & Technology B, 1998, 16（6）: 3926-3928.

# 4　纳米材料的分析与表征

纳米材料所具备的特殊性质与其尺寸、表面形貌、成分和结构有密切联系，研究纳米材料的尺寸、形貌、成分和结构的表征方法对纳米科技的发展有重要意义。可以说，过去几十年来，纳米材料的快速发展与各种纳米精度的材料分析表征工具的发展密不可分。纳米材料的表征主要目的是确定纳米材料的一些物理化学特性如形貌、尺寸、粒径、化学组成、晶型结构、禁带宽度和吸光特性等。

本章将从尺寸和表面形貌分析、成分分析、结构分析和性能分析四个方面来介绍纳米材料的分析表征方法。尺寸和表面形貌分析方法主要用在纳米材料制备和控制过程中、纳米材料的尺寸形貌与功能建立联系时，准确表征和分析纳米材料尺寸形貌。成分分析主要用于测定纳米材料成分组成、杂质类型和含量等，这些分析方法通常应具有检出限低、空间分辨率高的特点。结构分析方法主要用于纳米材料的晶粒尺寸、分布、晶界、缺陷、杂质等物相结构。性能分析将介绍磁性分析和太阳能电池光电性能的分析。

## 4.1　尺寸和形貌分析

在纳米材料的研究中，纳米材料的尺寸和形状对材料的性能起着决定性的作用，如零维纳米材料的粒径、一维纳米材料的长径比、二维纳米材料的膜厚、三维纳米材料的结构单元的大小。在纳米材料制备和控制过程中，纳米尺度的分析表征工具是纳米材料发展的关键。本节将介绍纳米材料分析表征中尺寸和形貌分析常用的表征方法，包括激光粒度仪、电子显微镜、扫描探针显微镜、消光光谱、椭圆偏振仪和BET氮吸附。需要注意的是，由于不同的尺寸分析仪器的测量原理不同，同一种纳米材料用不同的测试方法得到的尺寸会有差异。

### 4.1.1　激光粒度仪

激光粒度仪主要用于检测纳米颗粒的粒度分布、区间粒度分布和平均粒径等信息，有些激光粒度仪结合了Zeta电位检测，还可以检测胶体稳定性。下面将介绍激光粒度仪的原理、仪器构造、检测方法的特点、适用范围和样品制备。

#### 4.1.1.1　原理

根据Mie散射理论和Fraunhoff衍射理论，当激光照射到颗粒上时，散射和衍射光与入射光的夹角与散射中心颗粒粒径有关。颗粒越大，产生的散射光的夹角越小；颗粒越小，产生的散射光的夹角越大。因此，对于大量的悬浮颗粒，各个尺寸颗粒的多少决定了对应各特定角度获得的光的能量的大小。特定角度的光强占总光强的比例，反映了对应尺寸的颗粒数在总颗粒数中的比例。通过建立颗粒粒度、颗粒含量与散射光入射光夹角、散射光强的模型，可以根据不同角度上的散射光的强度与总散射光强的比值，就能得出样品的粒度分布。

### 4.1.1.2  仪器构造

激光粒度仪主要由激光发生器、检测窗口、信号光接收器和数据处理和显示系统组成。激光发生器提供一定强度、一定波长的激光光源；测量窗口是用于放置悬浮状态的样品，使得激光通过样品；信号光接收器是检测散射光强；数据处理和显示系统是根据接收器的光强信号，计算得到粒度的分布、粒度曲线、区间粒度分布和平均粒径等信息。

### 4.1.1.3  特点和适用范围

激光粒度仪可以分为静态光散射激光粒度仪和动态光散射激光粒度仪。静态光散射激光粒度仪主要用于具有稳定空间分布的颗粒的粒度检测，一般适用于微米级颗粒的测试。动态光散射激光粒度仪用于动态的小颗粒，根据颗粒布朗运动的快慢，通过检测不同散射角的动态光散射信号分析颗粒的大小，一般适用于纳米颗粒的粒度测试。目前功能全面的激光粒度仪能同时实现动态光散射粒度和静态光散射粒度测试，具有测量速度快、重复性较好、动态范围大、操作方便等优点，检测范围一般为几个纳米到几十微米。

有些激光粒度仪还结合了 Zeta 电位测量，能表征胶体分散系稳定性。Zeta 电位，又叫电动电位或电动电势，是基于电泳光散射原理，给悬浮液中的带电粒子施加一定的电场，粒子朝着与其表面电荷相反电荷的电极移动，通过检测电场中带电粒子的散射光频率偏移，得知粒子的电泳速度。根据粒子的电泳速度、外加电场强度、溶液黏度和介电常数，就可以计算出 Zeta 电位。Zeta 电位数值越大，胶体稳定性越好；数值越小，胶体稳定性越差，会发生快速凝结或凝聚。

### 4.1.1.4  样品制备

根据制样是否使用溶剂，可以分为干法和湿法。可溶于水的纳米颗粒如贵金属纳米颗粒常用湿法，溶于水中进行检测。对于难溶于水、遇水反应或遇水团聚的颗粒如磁性纳米颗粒（钕铁硼材料）一般使用干法。需要注意的是，由于胶体及超细的粉末容易吸附在液池或检测窗口，严重影响结果准确度，因此样品制备前和测试后需要仔细清洗液池和检测窗口。

### 4.1.2　电子显微镜

由于纳米材料的尺寸小于光学衍射极限，因此无法通过光学显微镜观察。要想看清纳米结构，必须选择波长更短的光源。电子显微镜是通过电子束代替光学显微镜的光束来成像，具体过程为电子枪发射的电子流通过磁透镜聚焦为具有一定能量、强度和直径的电子束，聚焦的电子束照射到样品特定位置，电子束与样品发生相互作用发出二次电子、反射电子、X 射线、透射电子、衍射电子等信号。通过检测样品表面发出的"二次电子""反射电子"得到样品表面形貌；通过检测"透射电子""衍射电子"，得到样品的吸收像、衍射像和相位相。根据电子显微镜的结构分为扫描电子显微镜（Scanning Electron Microscope，SEM）和透射电子显微镜（Transmission Electron Microscope，TEM），通常简称为扫描电镜和透射电镜。

#### 4.1.2.1　扫描电镜（SEM）

A　仪器构造

扫描电镜的构造包括电子枪、电磁透镜、扫描线圈、样品台、探测器及数据处理系统、真空系统和电源系统，光路示意图如图 4-1 所示。电子枪发射电子束，经过电磁聚光镜聚焦电子束后，通过一组同步电子束信号的扫描线圈，再通过物镜聚焦到样品上，在样品侧面有探测器接收二次电子或背散射电子信号，经过信号收集及数据处理系统成像显示样品的表面形貌。真空系统为电子束提供传输环境，电源系统为电子束的发生和系统的控制提供能量。装载能量色散 X 射线能谱仪（Energy Dispersive Spectrometer，EDS），能

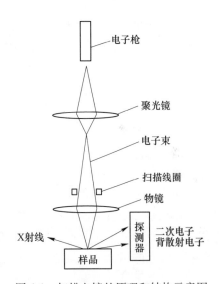

图 4-1　扫描电镜的原理和结构示意图

通过检测样品发射的 X 射线，分析样品表面的元素分布，配备了电子背散射衍射（Electron Backscatter Diffraction，EBSD）附件，还可以分析材料的微区结构、晶体取向等。

目前常用的电子枪包括钨灯丝、六硼化镧灯丝和场发射，扫描电镜通常根据电子枪的名字来命名，简称为钨灯丝扫描电镜、六硼化镧扫描电镜和场发射扫描电镜。

钨灯丝和六硼化镧灯丝电子枪是通过热游离方式发射电子，利用高温使电子

具有足够的能量去克服电子枪材料的功函数能障，发射电子流。钨的功函数约4.5eV，通电加热到 2700K 的高温下，发射电子的电流密度为 $1.75A/cm^2$。钨灯丝的直径随着钨的蒸发而不断变细，使用寿命一般为 40~80h。六硼化镧的功函数为 2.4eV，比钨低，只需要 1500K 就能达到跟钨灯丝同样的电流密度。六硼化镧灯丝的使用温度低，蒸发量比钨灯丝少，寿命较长。但六硼化镧在高温下活性较强，需要较高的真空环境来保护，因此六硼化镧扫描电镜设备的造价较高。场发射是指真空中高电场下从尖锐的金属阴极尖端发射电子的过程，场发射电子枪能得到直径小、电流密度高的电子束。场发射电子枪的阴极材料需要耐受高电场加载在阴极尖端的高机械应力，因此需要选择高强度的材料，一般为钨。场发射电子枪需要保持超高真空度，以防止钨阴极表面被其他原子污染，影响场发射的电子束电流密度。场发射电子枪比热游离式电子枪的电子束亮度高出几十倍到几百倍，因此场发射式扫描电镜的分辨率较高。常见的场发射电子枪包括冷场发射式和热场发射式。冷场发射式具有电子束直径小、亮度高等优点，分辨率更好。冷场发射电子枪需要高真空度下使用，且需要定时加热针尖，以去除针尖吸附的原子，保持阴极针尖的洁净度。热场发射式电子枪是在 1800K 的温度下产生电子束，减少原子在针尖的吸附，能在较低真空度下使用，但分辨率较差。

B　成像理论

扫描电镜主要是通过分析样品表面的二次电子信号来检测样品表面形貌。由于原子核外层电子与原子核的结合力能很小，当受到入射电子束的轰击时，核外层电子容易与原子脱离而离开样品表面，这种出射的电子被称为二次电子。二次电子是样品表面 10nm 深度以内原子的核外层电子，对于金属来说，通常在几个纳米；对于绝缘体来说，一般在几十个纳米。二次电子具有能量较小、空间分辨率高（小于 10nm）、表面敏感等特点，是一种对样品的表面形貌十分敏感的信号源。因此，通过分析样品表面二次电子的信号强度来获得样品的表面形貌。但二次电子的产额和原子序数没有明显的依赖关系，不能用于成分分析。因此，检测二次电子信号的扫描电镜只能分析样品的表面形貌。

背散射电子是入射电子入射到样品表面后被衍射并重新从样品表面逸出的电子，可分为弹性背散射电子和非弹性背散射电子，具有接近或等于入射电子的能量。背散射电子测试的是样品表面 XYZ 方向分辨率约 200~300nm 的样品原子，其信号强度与原子序数有关，因此被用于样品的表面形貌和成分分布分析。样品表面的原子受到入射电子照射时，原子轨道上的内层电子会被激发导致原子内层电子轨道出现空位。较外层的电子跃迁到内层电子轨道填补空位，放射出特征 X 射线。通过分析样品发出的元素特征 X 射线波长和强度，获得样品所含元素及其相对含量。背散射电子和 X 射线则与原子序数有关，因此装载了 EBSD 和 EDS 的扫描电镜不仅可以获得样品表面形貌，也能获得样品表面元素及其相对强度。

C 特点及适用范围

扫描电镜具有放大倍率高、景深大、分辨率高和制样简单等特点。

扫描电镜的放大倍数可从几十倍到几十万倍，且是连续可调，得到的图像结果景深大，立体感强，适合用于粗糙不平的样品的表征。扫描电镜的图像结果分辨率高，热场发射式扫描电镜的分辨率最高能达到 3nm，场发射扫描电镜的分辨率可达 0.4nm。需要注意的是，由于样品的限制、样品和导电胶挥发物导致的电子枪污染、使用环境中的振动等干扰因素，在一般的实验测试过程中，无法实现最高分辨率。一般来说，扫描电镜可以实现数十纳米的分辨率，适用于对几十纳米尺寸的样品进行表征。

不同类型扫描电镜的分辨率和适用范围不同。钨灯丝扫描电镜可以在 $133.322 \times 10^{-5}$ Pa（$10^{-5}$ Torr）真空度下使用，分辨率可达到 6nm，灯丝使用寿命较短，40～50h 需要更换。六硼化镧扫描电镜需要在 $133.322 \times 10^{-7}$ Pa（$10^{-7}$ Torr）真空度中使用，分辨率较高，可达 3nm，灯丝使用寿命约 500h。冷场发射扫描电镜需要在 $133.322 \times 10^{-7}$ Pa（$10^{-10}$ Torr）真空度下使用，分辨率可以达到 1nm 以下，超高分辨率场发射扫描电镜分辨率可达 0.4nm，灯丝使用寿命约 2000h。热场发射扫描电镜需要在 $133.322 \times 10^{-5}$ Pa（$10^{-5}$ Torr）真空度下使用，分辨率较差，连续工作时间长，灯丝使用寿命 1000～2000h。装载了 EDS 和 EBSD 的扫描电镜，还可以分析组分分布，通过扫描电镜的背散射电子成像，区分出平均原子序数相差 0.1 以下的两种相[1]。

对于导电样品，只需要固定在样品台就能直接观察；对于不导电样品，只需要蒸镀几个纳米厚的导电膜就能检测。环境扫描电镜还可以直接观察生物活体和含水试样。

D 样品制备和测试实例

由于不导电或导电性较差的样品在电子束的轰击下，表面负电荷会积累，产生放电。这种荷电现象会导致显示的图像扭曲、明暗变化无常等结果，严重干扰结果的准确度。因此对于需要进行扫描电镜测试的不导电样品，需要在样品表面准备一些导电的通路，使表面的电荷能够传输到其他区域，不在表面聚集。块状样品、纤维状通常可使用导电胶固定到样品台上，负电荷可以通过导电胶传输到样品台，保证样品表面不会积累负电荷。不导电的粉末状样品可以用溶剂分散成稀溶液后滴在导电良好的光滑基底上（银浆、锡箔等），然后固定在样品台上。对于表面有纳米结构的不导电样品，可以通过离子溅射镀膜和真空镀膜的方法，在样品表面镀上一层几个纳米厚的碳或金薄膜。对于制样方法无法改变的荷电现象，可通过调节扫描电镜参数减少到达表面的电子的量，如减小加速电压、减小入射电子束束流、加快扫描速度、增大试样倾斜角度等。

导电样品的制备比较简单，只需要将块状样品或粉末状样品清理干净就可以进行检测。需要检测一维纳米材料截面、二维纳米材料的厚度或三维纳米材料内部结构时，通常可以采用冷冻切片法或液氮脆断的方式获得纳米材料的截面，再利用扫描电镜对材料截面进行尺寸和形貌的表征。

图 4-2 为粒径约 2.5μm 的聚苯乙烯微球的扫描电镜结果。图 4-2（a）为粒径约 2.5μm 的聚苯乙烯微球，图 4-2（b）为粒径约 2.5μm 的聚苯乙烯微球上由于抗原抗体相互作用吸附了粒径约 70nm 的完整二氧化硅包裹的金纳米颗粒（$SiO_2$@AuNPs）。聚苯乙烯微球和 $SiO_2$@AuNPs 表面分别修饰了特异性识别肿瘤坏死因子的抗体。图 4-2（a）为没有肿瘤坏死因子时，$SiO_2$@AuNPs 不会特异性吸附到聚苯乙烯微球表面，表面只有数个非特异性吸附的 $SiO_2$@AuNPs。当存在一定量的肿瘤坏死因子时，$SiO_2$@AuNPs 特异性吸附到聚苯乙烯微球表面。从扫描电镜结果可以看到聚苯乙烯微球和 $SiO_2$@AuNPs 的表面形貌都能被清楚地观察到。

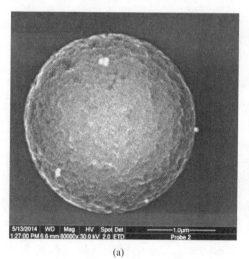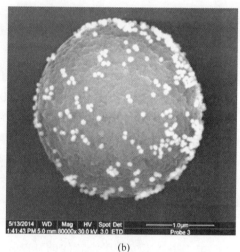

(a)　　　　　　　　　　　　　　　　(b)

图 4-2　粒径约 2.5μm 的聚苯乙烯微球上特异性吸附粒径约 70nm 的二氧化硅
包裹金核纳米颗粒的扫描电镜结果[2]

（a）没有特异性吸附时；（b）有特异性吸附时

#### 4.1.2.2　透射电镜（TEM）

A　仪器构造

透射电镜由电子枪、聚光镜、样品室、物镜、投影镜、探测器及数据处理系统、真空系统、电源系统组成，透射电镜光路示意图如图 4-3 所示。透射电镜通常采用热阴极电子枪来获得电子束，通过聚光镜对电子加速并聚焦到样品上。物镜放大电子像，最后经过投影镜到探测器上，经过信号收集及数据处理系统成像显示。真空系统为电子束的产生和传输提供环境，电源系统为电子束的发生和系统的控制提供能量。透射电镜的分辨率可以达到纳米级。为了进一步提高透射电镜的分辨率，发展了物镜球差校正器，不仅可以消除物镜球差，还可以附加轴向像差，将透射电镜的分辨率提高至亚埃级。

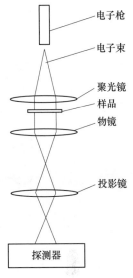

图 4-3　透射电镜的原理和结构示意图

B　成像理论

透射电镜是由入射电子与试样内部原子发生相互作用后得到的"透射电子"和"衍射电子"成像结果，因此，可以通过分析透射电子的图像来分析试样的内部结构。但由于电子与试样相互作用的复杂性，所获得的图像包含的信息也较为复杂，不如表面形貌直观。目前常用的透射电镜成像技术主要有质厚衬度成像技术、衍射衬度成像技术和相位衬度成像技术。

a　质厚衬度成像技术

由于透射电镜收集的是穿透样品的电子的信号，质量和厚度不同的样品，对透射电子产生的吸收和散射程度不同，从而使得透射电子束的强度分布不同。电子成像观察到的衬度直接反映了样品不同区域的质量密度和厚度差异，因此被称为质厚衬度。

厚度相等但密度不同的样品，穿过高密度区的电子受到较强的散射，到达探测器的电子数量较少；穿过低密度区的电子受到较弱的散射，到达探测器的电子数量较多，因而形成衬度。成像结果显示较暗的区域表示密度相对较大，较亮的区域表示密度相对较小。

密度均匀但厚度不等的样品，吸收和散射电子的差异只来源于厚度，较厚的地方电子受到较强烈的散射，到达探测器的电子数量较少，与样品其他地方的成像结果产生差异形成衬度。成像结果显示较暗的区域表示厚度相对较大，较亮的区域表示厚度较小。质厚衬度理论可以对非晶材料的成像进行较好的解释。

图 4-4 显示了二氧化硅包裹的金纳米颗粒的透射电镜结果。二氧化硅和金的元素密度不同，透射电镜的结果显示其衬度有明显差异，质量大的金纳米颗粒呈现深色，质量小的二氧化硅壳层呈浅色。仔细观察深色的金颗粒，可以看到金颗粒中心的颜色较暗，边缘较浅。这是因为金纳米颗粒是球形，在电子透过时，纳米颗粒的中心厚度较大，边缘厚度较小。因此，根据质厚衬度成像技术不仅可以区分不同重量的元素，也能区分厚度。一般来说，原子质量差异小、厚度差异小的情况下，透射电镜的衬度差异较小，不如质量差异大、厚度差异大的样品的分辨率好。

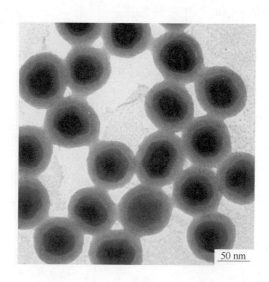

50 nm

图 4-4　10nm 厚的二氧化硅包裹的粒径 50nm 金颗粒的透射电镜结果

b　衍射衬度成像技术

衍射衬度主要是由于晶体试样满足布拉格反射条件程度的差异及结构振幅不同而形成电子图像反差。假设试样有两种晶粒，当入射电子束恰好与晶粒 A 的晶面交成精确的布拉格角时，会形成强烈衍射；而晶粒 B 则偏离布拉格反射，只形成透射束。利用物镜光阑阻挡衍射斑，只让透射束通过进行成像时，得到明场像；利用物镜光阑阻挡透射束，只让衍射束投过进行成像时，得到暗场像。衍射衬度成像技术被用于晶体位错成像和 fcc 结构晶体的层错成像。

c　相位衬度成像技术

当电子波穿过一个很薄的样品（厚度小于 100nm）时，能量损失可以忽略不计，只发生电子波相位的改变，把相位变化转换为像衬度，即相位衬度成像。相位成像技术可用于晶体结构、晶体缺陷及界面结构等的研究。

C　特点和适用范围

透射电镜的分辨率很高，点分辨率可达 0.14nm；放大倍数几十倍到几十万倍，且连续可调；观察面小，一般只有 3mm；且由于电子束的穿透能力较弱，一般要求透射电镜的样品制成超薄切片；此外电子束强烈照射会损伤样品，可能导致样品发生变形、升华等，产生假象。

透射电镜质厚衬度成像技术通常被用于非晶态样品包括零维纳米材料、一维纳米材料、二维纳米材料的成像，能够得到粒径、长径比、厚度等尺寸信息，也可以分辨不同质量密度（原子序数）有较大差异的组分等。分辨率能达到 2nm。

透射电镜衍射衬度成像技术常被用于晶体薄膜样品，可进行晶体位错成像和

fcc 结构晶体的层错成像，分辨率能达 2nm。

根据透射电镜相位衬度成像技术发展的高分辨电镜（High Resolution Transmission Electron Microscopy，HRTEM）要求试样厚度小于 100nm，甚至 30nm，能够直接"看到"晶体的原子结构，分辨率可达 0.14nm。

D 样品制备

透射电镜是在高真空度下进行，样品需要清除表面有机物等易升华的杂质，并将块体样品制成薄片进行观察。高分辨电镜样品厚度需小于 100nm。

透射电镜非常适合零维纳米材料、一维纳米材料的粒度大小和形貌分析，一般是将纳米材料粉体或溶液放置在承载样品的铜网上。二维纳米材料和三维纳米材料样品则需要通过切片制成薄片观测其截面。适用的检测范围为 0.1nm ~ 10μm。

由于磁性材料容易造成物镜部件的磁化，导致像散、图像畸变等误差，所以一般需要进行包埋处理或使用配备洛伦兹极靴的透射电镜进行观察。

## 4.1.3 扫描探针显微镜

1982 年，G. Binning 和 H. Rohner 发明了扫描隧道显微镜（Scanning Tunneling Microscope，STM），使人类第一次能够实时观察单个原子在物质表面的排列状态。1986 年，为了克服扫描隧道显微镜只能检测导体和半导体的不足，Binning、Quate 和 Gerber 用微悬臂（Cantilever）作为力信号的传播媒介，把微悬臂放在样品和扫描隧道显微镜的针尖之间，发明了原子力显微镜（Atomic Force Microscope，AFM）。随后，检测信号从隧道电流、原子作用力扩展到磁力，衍生出了磁力显微镜。扫描隧道显微镜、原子力显微镜和磁力显微镜统称为扫描探针显微镜（Scanning Probe Microscope，SPM）。扫描探针显微镜的发明大大扩展了人类对物质表面在显微量级上成像和分析的研究。

### 4.1.3.1 原理

扫描探针显微镜是通过测量探针与样品表面相互作用，包括隧道电流、相互作用力、磁力等，来探测样品的表面形貌。

扫描隧道显微镜是基于量子力学中的隧道效应来研究样品表面的形貌。隧道效应是指金属表面的电子密度不会突然变为零，而是形成按指数衰减的电子云分布。将极细的探针（通常只有 1~2 个原子）和样品表面作为两个电极，当样品与针尖距离非常接近（通常小于 1nm）时，探针表面的电子云和样品表面的电子云发生重叠，在外加电场的作用下，电子会穿过两个电极之间绝缘层的势垒流向另一电极，形成隧道电流。当电压确定时，隧道电流的大小和探针到样品表面的距离有关，针尖与样品表面之间的距离减小 0.1nm，隧道电流即增加约一个数量级。根据隧道电流的变化，可以得到样品表面微小的高低起伏变化信息。通过对样品表面各个点的扫描，就可以获得样品的表面形貌图。隧道探针一般采用直径小于 1mm 的金属丝，如钨丝、铂-铱丝等，样品应具有一定的导电性，通常为导体或半导体[3]。

原子力显微镜是通过探针和样品之间微弱的相互作用力（范德华力）来获得样品表面形貌信息。原子力显微镜的工作原理如图 4-5 所示。固定在微悬臂基座上的微悬臂上有一根很细的探针（尖端尺寸通常几个到几十个纳米）与样品表面相互作用。微悬臂能通过形变准确的反应探针针尖与样品的相互作用力，并通过激光将微悬臂的形变转换为激光的光斑移动。四位相光点通过光电转换器件将四个区域的激光光信号转换为电信号而获知微悬臂的形变量，微悬臂的形变量可转换为针尖与样品的相互作用力。探针针尖的原子和样品表面的原子之间的相互作用力与探针针尖和样品表面的距离有关，保持探针针尖与样品相互作用力恒定，微悬臂将随着样品表面原子分布的变化而在垂直于样品表面的方向上起伏变化。通过记录样品每一点的针尖高度和水平位置，就可以获得样品的表面形貌图[4]。

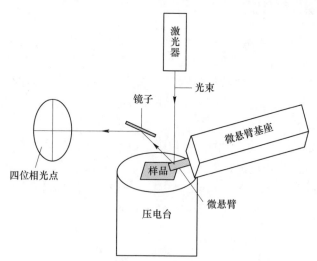

图 4-5　原子力显微镜的原理和结构示意图

磁力显微镜的原理与原子力显微镜类似，是通过有磁性的探针在磁性材料样品表面以恒定的高度扫描，根据样品对探针的磁力的变化获得样品表面的磁作用力分布，从而得知样品的表面磁畴结构，用于各种磁性材料的分析和测试。磁力显微镜的扫描方法一般分为两步，首先，在样品表面获得样品表面的形貌高度信息，这一步与原子力显微镜测量结果类似；其次，根据第一步获得的样品高度信息将磁性探针提高到离样品恒定的高度（通常为 10~200nm）按照样品表面起伏轨迹扫描，从中获得样品的磁性信息。

### 4.1.3.2 仪器构造

扫描探针显微镜主要由四个部分组成：位置检测系统、针尖-样品相互作用力检测系统、信号控制与反馈系统、成像和数据处理系统。位置检测系统是通过精密的压电陶瓷控制并记录探针的上、下以及横向扫描运动。针尖-样品相互作用检测系统根据扫描探针显微镜所检测相互作用的不同而不一样。扫描隧道显微镜是检测隧道电流的电学检测装置；原子力显微镜和磁力显微镜是利用光电转换器件检测激光照射在微悬臂末端的反射光位置改变，用来测量此悬臂的偏移量。信号控制及反馈系统根据隧道电流或反射光信号灯反馈信号作为内部调整信号，并驱使控制针尖的扫描器进行适当的移动，以保持探针和样品保持合适的相互作用。成像和数据处理系统将电学信号转换为相互作用信息，并最终转换为样品的表面形貌图。

### 4.1.3.3 特点及适用范围

扫描探针显微镜具有分辨率高，实时检测，可在大气、溶液、高温、低温等多种环境中使用，对样品无特殊要求，同时具备纳米操纵及加工功能等优点，但也面临着扫描速度较慢、影响因素多、对操作人员要求高等限制。

扫描隧道显微镜（STM）是通过检测隧道电流来检测样品的表面形貌，因此只能研究能够导电的样品，如导体和半导体，非导电的样品需要覆盖一层导电薄膜。空间分辨率最高，水平分辨率小于0.1nm，垂直分辨率小于0.01nm。一般用于导体和半导体纳米材料的检测。

原子力显微镜（AFM），是通过探针与被测样品之间微弱的相互作用力来获得物质表面形貌信息，不仅能够研究导电样品，也能够观测非导电样品，应用面更广。空间分辨率在水平方向可达2nm，垂直分辨率可达0.01nm。原子力显微镜不仅可以进行表面形貌观测、粗糙度分析，还能制作和加工纳米结构，进行纳米力学分析等。

磁力显微镜是通过检测磁性探针和样品间的磁力来获得样品表面的磁学信息，空间分辨率约10nm，可以用于检测三维纳米材料的磁畴结构。

### 4.1.3.4 样品制备和测试实例

零维纳米材料和一维纳米材料一般需要固定在平整干净的基底表面，如硅片、玻片上。粉末状的纳米材料可以固定在特殊胶带上，进行检测前需要清除未被固定的粉末，并进行充分静置以使胶带与粉末相互之间稳定不产生移动。二维纳米材料、三维纳米材料可以直接固定在基底上进行测试。原子力显微镜也可以在溶液中直接对样品进行检测。

　　图 4-6 所示为通过 AFM 来表征选择性沉积在亲水图案化的氧化石墨烯的厚度。亮色的图案是沉积在基底上的氧化石墨烯，其厚度通过测量沿图 4-6（a）中标记的两条白实线的点之间的平均垂直距离得到，黑线标记对应于图 4-6（b）中用三角形标记的两点之间的垂直距离。厚度 3.6nm 表明 GO 薄膜由几层 GO 片组成。

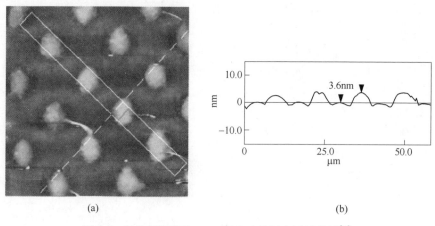

(a)　　　　　　　　　　　　　　　　(b)

图 4-6　氧化石墨烯的 AFM 图像及其厚度测量结果[5]

## 4.1.4　消光光谱

　　消光光谱通常被用于纳米材料的浓度大小、粒径变化、表面形貌变化、表面修饰等方面的定性检测。

### 4.1.4.1　原理

　　消光光谱（Extinction Spectroscopy）是指当一定波段范围内的入射光穿过样品时，样品对入射光发生吸收和散射，造成透过样品的出射光光强在不同波段范围内的变化。通常被用来表征具有局域表面等离子体共振（Local Surface Plasma Resonance，LSPR）现象的零维纳米材料粒径、浓度、表面性质以及一维纳米材料的粒径、长径比、表面性质等。局域表面等离子体共振是指金属纳米颗粒在入射光的激励下，光波与金属表面的自由电子发生集体共振，导致发生共振的光子被吸收的现象。粒径不同、成分相同的金属纳米颗粒的局域表面等离子体共振和对入射光的散射不同，消光光谱的最大吸收峰会发生红移或蓝移。纳米颗粒的组成、形状、结构、尺寸、局域传导率都会影响纳米颗粒溶液的消光光谱，因此可以根据消光光谱的结果来分析低维纳米材料的尺寸和结构。对常用的单峰及双峰 R-R 分布的紫外-可见消光光谱进行模拟，分析可见消光光谱随粒径和相对折射率变化的规律，可以预先确定被测颗粒系的分布状况[6]。

金属纳米材料的消光光谱通常通过紫外-可见分光光度计来检测。紫外-可见吸收光谱常用于分子对光吸收的表征，被吸收的不同波段的电磁波与分子振动的能级跃迁以及电子能级跃迁有关。

### 4.1.4.2 仪器构造

紫外-可见分光光度计的构造包括光源、单色器、样品室、检测器及数据处理显示系统。

紫外-可见分光光度计的光源在仪器操作所需的光谱区域内能够发射连续辐射、有足够的辐射强度、良好的稳定性，且辐射能量随波长的变化应尽可能小。常用的光源有热辐射光源和气体放电光源两类。热辐射光源通常为钨丝灯和卤钨灯，可使用的范围在 340~2500nm，须配备稳压装置；气体放电光源通常为氢灯和氙灯，用于近紫外光区，可使用范围在 160~375nm。

单色器是将光源发出的复合光分出所需单色光的光学装置，一般由入射狭缝、准直镜、色散元件、聚焦元件和出射狭缝等组成。玻璃色散元件适用于 350~3200nm 的波长范围，只能用于可见光区域；石英色散元件适用于 185~4000nm 的波长范围，即可用于紫外、可见、近红外三个区域。

样品室用于放置待分析的试样，液体样品一般用液池盛放，粉末样品或者膜样品在石英或玻璃基底上制成薄膜。

检测器是检测单色光透过溶液后光强度的变化，通过光电效应将照射到检测器上的光信号转变成电信号，常用检测器有光电管和光电倍增管。

### 4.1.4.3 特点及适用范围

消光光谱是一种检测迅速、制样简单的无损检测方法，常用于零维金属纳米材料和一维金属纳米材料合成过程中粒径变化、表面形貌变化、表面修饰等方面的表征。但消光光谱只能判断纳米材料粒径、表面形貌和表面修饰物的整体对光的散射和吸收的影响，不能判断纳米材料个体的变化，不是一种直接表征材料尺寸和形貌的方法。低维金属纳米材料的合成和修饰实验通常会同时进行消光光谱和电子显微镜（扫描电镜、透射电镜）表征，消光光谱观察纳米材料体系的整体变化，电子显微镜研究少量纳米材料的变化。

### 4.1.4.4 样品制备和检测实例

样品可以溶解到溶剂中制备成溶液也可以涂在石英或玻璃基底上制成薄膜，如果样品使用的稳定剂会产生紫外-可见吸收，可通过重复离心、溶解的步骤清除稳定剂再进行测试。

图 4-7 是经归一化处理的不同状态的粒径约 50nm 的金纳米颗粒的消光光谱。

曲线 1 是表面未进行修饰的金纳米颗粒,最大局域表面等离子体共振峰(LSPR)在 535nm 处。曲线 2 是表面修饰了一层 5,5′-二硫代双(2-硝基苯甲酸)(DTNB)单分子膜后的金纳米颗粒(AuNPs-DTNB)的消光光谱,明显看到最大 LSPR 峰与表面未修饰的金纳米粒子相比发生了红移,最大 LSPR 峰在 541nm。一些研究认为,消光光谱最大 LSPR 峰发生红移的原因是 DTNB 与金纳米粒子的结合引起的纳米粒子表面折射率的微小变化导致的。曲线 3 是经诱导发生部分聚集的 DTNB 修饰的金纳米粒子的消光光谱。可以看到最大 LSPR 峰的位置与曲线 2 相比未发生偏移,但在 700~800nm 有由于 AuNPs-DTNB 聚集体等离子体耦合(二聚体、三聚体)的 LSPR 峰。

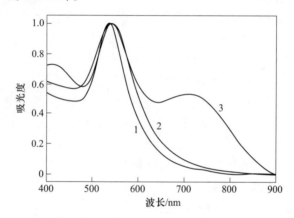

图 4-7  粒径约 50nm 的金纳米粒子的消光光谱

1—粒径 50nm 的金纳米粒子;2—修饰了 DTNB 单分子膜后的 50nm 金纳米粒子;
3—产生部分聚集的金纳米粒子的消光光谱

## 4.1.5  椭圆偏振仪

椭圆偏振仪,又称椭偏仪,是一种用于探测薄膜厚度、光学常数以及材料微结构的光学测量仪器,具有与样品非接触、对样品没有破坏且不需要真空、测量精度高等特点。

### 4.1.5.1  原理

一束光入射到物体上会发生反射、折射和多光束干涉。偏振光在界面和薄膜上反射或透射后会发生偏振态的变化,根据分析出射光偏振态的变化,计算或拟合出材料的性质。

椭圆偏振光由两个频率相同、偏振方向互相垂直、有一定相位差的线偏振光合成。椭圆偏振光光矢量的端点轨迹是一个椭圆。入射光在薄膜的上界面和下界面会发生多次的反射和折射,得到的反射光束是许多反射光束干涉的结果。利用多光束干涉的理论，可以得到 P 偏振和 S 偏振的总反射系数 $R_P$ 和 $R_S$，总反射系数比 $R_P/R_S$ 可通过椭偏参数来描述。在入射光波长、入射角、环境折射率、衬底折射率确定的条件下，椭偏参数是薄膜厚度 $d$ 和薄膜折射率 $n$ 的函数。因此，可以根据出射光片偏振态的变化确定薄膜的厚度。

### 4.1.5.2 仪器构造

椭偏仪的光路路径一般为光源→起偏器→样品→检偏器→探测器，主要由光源、偏振器件、检偏器、探测器和装卡机构组成。椭偏仪的光源在紫外到红外波段范围输出强度稳定近似常数的出射光，目前通常为氙灯或汞氙灯。偏振器件由步进电机、偏振片和 1/4 波片组成，偏振片将光源的出射光变成线偏振光，1/4 波片将线偏振光变成椭圆偏振光。检偏器由步进电机、偏振片等组成，通过检偏器测出检偏角。探测器主要通过光电倍增管检测偏振态的变化。装卡结构主要由样品架、调整架、光阑机构等组成。样品架用于夹持样品，调整架调节样品的角度、前后等，光阑机构的功能是限制其他杂散光的进入。

### 4.1.5.3 特点及适用范围

椭偏仪可用于薄膜膜厚及其光学常数，如折射率、消光系数、吸收系数、复介电函数、禁带宽度，特别适合超薄膜的厚度测定。由于可以通过非接触无损的方式检测薄膜，因此可用于研究气态、液态周围介质接触的表面分子或原子的物理、化学吸附，也可用于镀碳层的厚度、光学常数以及润滑层的厚度和表面粗糙度的检测[7]。

### 4.1.5.4 样品制备

椭偏仪的样品可以直接检测，并根据情况选择与参数匹配良好的光学函数理论模型。常用的理论模型包括 NK 模型、柯西模型、Sellmeier 模型、有效介质模型、Graded 模型、Drude 模型、Lorentz 振子模型和 Forouhi-Bloomer 模型。NK 模型用于抑制组分的同类多层膜，柯西模型用于透明材料，Sellmeier 模型适用于透明材料和吸收材料。有效介质模型适用于两种或两种以上的不同组分组成的混合介质体系，包括 Lorentz-Lorenz 有效介质模型、Maxwell-Garnett 有效介质模型（主介质为真空或已知主介质的介电函数）和 Bruggeman 有效介质模型（介质含量无法区分主次）。Graded 模型适用于两种已知层内不同深度的混合比的混合材料，Drude 模型主要用于载流子吸收的情况，Lorentz 振子模型适用于材料特性不清的晶态半导体材料，Forouhi-Bloomer 模型适用于分析铁电薄膜与半导体薄膜材料。

## 4.1.6   BET 氮吸附法

气体吸附是测量固体表面结构的重要方法，BET 氮吸附法常用于测量颗粒物比表面积和多孔物的吸附能力。

### 4.1.6.1   原理

固体表面附近的气体分子会由于范德华力被吸附到表面，这种吸附也被称为物理吸附。物理吸附吸附的气体量与温度有关：在一定压力下，温度越低，气体吸附量越大。相对压力较低时，固体表面主要是单分子层吸附。通过测量吸附于固体表面的气体量，包括吸附质覆盖于固体最外部和可到达的内部孔的表面而形成的单分子层的气体量，根据式（4-1）的 BET（Branauer-Emmett-Teller）公式计算出固体上单分子层气体的吸附体积，从而得出固体的比表面积。

$$\frac{p/p_0}{V(1-p/p_0)} = \frac{C-1}{V_m C} \times \frac{p}{p_0} + \frac{1}{V_m C} \tag{4-1}$$

式中，$p$ 为平衡吸附压力，Pa；$p_0$ 为吸附温度为 $t$ 时氮气的饱和蒸气压，Pa；$p/p_0$ 为相对压力；$V$ 为标准状态的吸附体积，mol/g；$C$ 为与吸附热和冷凝热有关的常数；$V_m$ 为标准状态的单分子层吸附体积，mol/g。

氮气沸点低，因而通常作为气体吸附质使用。在低温恒温环境中，测量处于某一压力 $p$ 时的气体吸附量，以气体吸附质的量 $\dfrac{p/p_0}{V(1-p/p_0)}$ 对相对压力 $p/p_0$ 作图，得到吸附等温线。气体吸附质的量可以通过容积法、重量法、载气法等测量。

### 4.1.6.2   仪器构造

BET 比表面积测试仪包括温控系统、真空发生系统、压力计、气体混合器、计算机系统等。通过温控系统和真空发生系统将样品表面吸附的气体和水脱附，以便准确测量吸附质的量。压力计用于测定管内压力，通常采用量程宽、精度高、感应快、稳定性好的电容式薄膜压力传感器。气体混合器用于载气法时的气体混合，如氮气（吸附质）和氦气（不被吸附气体）。

### 4.1.6.3   特点及适用范围

BET 氮吸附法常用于分析 0.35~400nm 的介孔、微孔孔径材料的比表面积以及各种尺寸材料的比表面积。对介孔、微孔孔径材料的吸附能力、孔隙率进行研究，具有设备简单、制样简单的特点，但测试时间较长。

### 4.1.6.4   样品制备

样品在测试前需要先进行脱附，使样品在空气中吸附的组分被清除。通常通过真空下加热实现，通过调节真空度、温度和时间来控制脱附的程度。

## 4.2 成分分析

纳米材料的成分与其声光电磁热等性能有密切的联系，测定纳米材料的成分组成、杂质类型和含量是纳米材料成分分析的重要内容。纳米材料的成分分析方法通常要求检出限低、在表面或者深度方向空间的分辨率高，常用的成分分析方法包括 X 射线光电子能谱仪、X 射线荧光光谱仪、ICP 电感耦合等离子体发射光谱仪和辉光放电光谱仪。

### 4.2.1 X 射线光电子能谱仪

X 射线光电子能谱（X-ray Photoelectron Spectroscopy，XPS）是重要的表面分析技术之一，能给出固体样品表面的组分、化学态、表面吸附、表面态、表面价电子结构、原子和分子的化学结构、化学键合情况等信息。

#### 4.2.1.1 原理

当一束特定能量的 X 射线辐照样品表面时，光子可以被样品中某一元素的原子轨道上的电子（价电子或内层轨道电子）吸收，吸收了光子的电子挣脱原子核的束缚，以一定的动能从原子内部发射出来，成为自由的光电子，原子则变成一个激发态的离子。出射光电子的能量与入射光子能量和原子轨道结合能有关。对于特定的单色光和特定的原子轨道，其光电子的能量是特征的。当固定激发源能量时，其光电子的能量仅与元素的种类和激发的原子轨道有关。以光电子的动能为横坐标，相对强度为纵坐标可做出光电子能谱图，对这些光电子的能量分布进行分析，便可以得知样品的组成。根据光电子的能量，可以确定样品表面的元素种类；根据光电子的强度可以获知元素在表面的含量；根据光电子峰位移动、峰型、峰间距的变化获得化学信息。

#### 4.2.1.2 仪器构造

X 射线光电子能谱仪主要由超高真空系统、快速进样室、X 射线激发源、能量分析器和计算机系统组成。

超高真空系统一般采用三级真空泵系统获得，可以保持样品表面的清洁，避免被仪器中的残余气体分子覆盖污染。此外，超高真空系统提供的环境使得光电子不会与真空中的残余气体分子发生碰撞作用而损失能量，确保光电子能够到达检测器。快速进样室的体积很小，可以在不破坏分析室超高真空的情况下快速进样和进行加热、蒸镀和刻蚀等样品处理。X 射线激发源是通过高能电子轰击金属阳极靶产生 X 射线，发射 X 射线的能量取决于阳极靶材料，X 射线的强度取决于轰击阳极靶的电子流强度和电子能量。X 射线激发源一般采用双阳极靶激发源，通常为铝和镁，其能量分别是 1486.6eV 和 1253.6eV。可以通过单色化来降低 X 射线的线宽，提高能量分辨率，但经过单色化的 X 射线强度大幅下降。X 射线光电子能谱仪的能量分析器通常采用对光电子传输效率高、能量分辨率好的球型能量分析器，用于光电子信号的收集。计算机系统主要用于仪器控制、数据采集和结果处理。

### 4.2.1.3　特点及适用范围

X 射线光电子能谱用于固体材料分析具有样品用量少、样品前处理简单、分析速度快、分析元素种类多（可对原子序数 3~92 的元素进行定性和定量分析）、可以给出元素化学态信息等优点，但分析环境需要高真空，限制了 X 射线光电子能谱在含液体样品和原位检测方面的应用。

X 射线光电子能谱主要被用于表面、界面成分分析、元素价态分析、成分深度分析等。

### 4.2.1.4　样品制备

X 射线光电子能谱的检测环境是高真空，样品表面需要清除挥发性物质和有机物污染，一般通过加热或溶剂清洗等方法实现。固体状态的纳米材料制成合适尺寸可以直接检测。粉末状的纳米材料可以通过双面胶带固定或压成薄片进行检测，但需要注意的是使用双面胶可能带来污染。磁性样品会导致光电子在磁场作用下发生偏转或磁化样品架和分析器，因此带有微弱磁性的样品可以进行退磁处理后进行检测，不能进行磁性样品的检测。绝缘样品和导电性不好的样品需进行样品的荷电校准。

## 4.2.2　X 射线荧光光谱仪

X 射线荧光光谱仪（X-ray Fluorescence Spectroscopy，XRF）是利用初级 X 射线光子激发待测样品中的原子，使之产生 X 射线荧光并检测的仪器，可进行样品的元素种类、元素含量和化学态等研究。

### 4.2.2.1　原理

X 射线荧光就是被分析样品在 X 射线照射下发出的 X 射线。当能量高于原子内层电子结合能的高能 X 射线与原子发生碰撞时，会激发原子轨道上的内层电子使其挣脱原子核的束缚成为光电子发射出来，原子内层电子轨道出现空位。较外层的电子跃迁到内层填补空位，同时放射出二次 X 射线，也被称为 X 射线荧光。由于外层电子跃迁放出的能量是量子化的，因此不同元素的 X 射线荧光是特征的。根据发射的 X 射线荧光的能量就可以确定样品中存在的元素，通过测定发射的 X 射线荧光的强度可以获得元素的含量，达到定性和定量分析的目的。根据分辨 X 射线的方式，X 射线光谱仪分为基于波长色散的 X 射线荧光光谱仪（EDXRF）和基于能量色散的 X 射线荧光能谱仪（WDXRF）。

#### 4.2.2.2 仪器构造

X 射线荧光光谱仪将分为基于波长色散的 X 射线荧光光谱仪（EDXRF）和基于能量色散的 X 射线荧光能谱仪（WDXRF）来介绍其仪器构造。

波长色散 X 射线荧光光谱仪主要由 X 射线源、分光晶体、探测器以及样品室、计数电路和计算机显示和数据处理系统组成。X 射线源的功能是提供 X 射线激发源，目前常用的激发源包括各种不同功率的 X 射线光管、放射性核素激发源和同步辐射光源等。根据所测元素，选择波长稍短于受激元素吸收限的初级 X 射线，以便能够最有效地激发待测元素的特征谱线。分光晶体，是利用分光晶体的衍射作用，使得不同波长的 X 射线荧光散射，分离待测元素的分析谱线。探测器是用来接收 X 射线，并将其转化为一定形状和数量的电脉冲，对这些量进行测量从而表征 X 射线荧光的能量和强度。波长色散 X 射线荧光光谱仪由于通过使用分光晶体分离了待测元素的分析谱线，因此通常使用分辨率较低的正比计数器和闪烁计数器。正比计数器通常被用来探测轻元素，闪烁计数器用来探测重元素。分光晶体和低分辨率探测器的结合，使得波长色散 X 射线荧光光谱仪的整体分辨率要优于使用常规半导体 Si(Li) 探测器的能量色散 X 射线荧光光谱仪。样品室需保证样品在内能保持良好的平面精度。探测器得到的信号输入计算机系统，并进行结果显示数据处理。

能量色散 X 射线荧光光谱仪由 X 射线源、样品室、探测器及计算机显示和数据处理系统组成。能量色散 X 射线荧光光谱仪没有分光晶体，是直接使用能量探测器来分辨特征谱线。能量探测器通常为以 Si(Li) 探测器为代表的半导体探测器，无需使用分光晶体就能获得足够的分辨率。能量色散 X 射线荧光光谱仪的仪器结构简单，性能更为稳定，因此常被用于现场分析和严苛环境中[8]。

#### 4.2.2.3 特点及适用范围

XRF 具有分析速度快、准确度高、重现性好、样品制备简单、可分析元素范围广、无损检测等特点。特别适合于各类固体样品中主、次、痕量多元素同时测定，检出限在 $\mu g/g$ 量级。元素分析时浓度范围最大可从 $10^{-4}\%$ 到 $100\%$，通常对重元素的检出限优于轻元素，检出限不属于低的。通常可以结合 XRF 浓度范围大和 ICP-AES 对低浓度元素检出限低的优点，利用 XRF 分析含量较高的元素，用 ICP-AES 分析低浓度的元素。XRF 分析范围包括原子序数大于 3 的所有元素。

除用于物质成分分析外，还可用于原子的基本性质如氧化数、离子电荷、电负性和化学键等的研究，还可通过元素含量分析二维纳米材料的厚度[9]。

### 4.2.2.4　样品制备

由于 XRF 是一种近表面分析方法，X 射线荧光信号能量较低，穿透深度只有几微米，且重元素的特征 X 射线波长短，穿透深度相对较大，轻元素的特征 X 射线波长较长，穿透深度相对较小。因此，样品制备的关键是保证样品被测的表面与体相性质的一致，也就是消除样品组成不均匀性、粒度分布不均匀性，使样品转变为适合 XRF 检测的形式，并满足测量精度的要求。固体样品可以通过研磨去除表面污染和排除表面粗糙度影响、粉碎后压片或溶解得到溶液来获得均匀的 XRF 样品。粉末样品可以通过直接测定、溶解、粉碎、压片等方式来获得 XRF 样品，注意根据样品的粒度、组分、偏析等选择合适的样品制备方法。液体样品则可以通过直接测定或滤纸点滴的方式制成 XRF 样品，需要排除气泡、沉淀造成的浓度变化等干扰。

## 4.2.3　电感耦合等离子体发射光谱仪

电感耦合等离子发射光谱（Inductively Coupled Plasma Atomic Emission Spectrometry，ICP-AES）通常被用于元素分析。ICP-AES 分析技术具有多元素同时测定的优点，又具有溶液进样的稳定性，已经在标准分析、冶金分析、非金属元素测定、高含量分析等方面应用。

### 4.2.3.1　原理

ICP-AES 是利用电感耦合等离子体作为激发源，激发待测样品中的不同元素原子到激发态，根据处于激发态的原子返回基态时发射的特征谱线进行元素的定性和定量分析，能够分析样品中的元素组成、含量等。

### 4.2.3.2　仪器构造

ICP-AES 由电感耦合等离子体（ICP）光源、样品引入系统、光学系统和检测系统等构成，并配有计算机控制及数据处理系统。

电感耦合等离子体（ICP）光源由高频电源和等离子体炬管、感应圈、供气系统和雾化系统构成。炬管由三层同心石英玻璃管组成，外管通入持续稳定的高纯氩气流作为等离子体工作气或冷却气；中管通入的氩气为辅助气；内管中的氩气为载气，将雾化的样品成气溶胶引入炬中。高频电源提供高频高强度的电磁场使工作气体电离，产生的带电粒子在高频交变电磁场的作用下与气体原子发生碰撞并迅速电离。样品在激发源中被加热到气态产生自由原子；部分原子经激发到激发态，受激原子回到基态同时发射光子得到原子发射线；部分原子被激发离子化成为离子，在此过程中发射光子得到离子线。样品引入系统主要由样品提升部件和雾化部件组成。样品提升部件一般为蠕动泵，使样品溶液匀速地泵入，废液顺畅地排出。雾化部件包括雾化器和雾化室，样品进入雾化器后，在载气作用下形成小雾滴并进入雾化室，大雾滴碰到雾化室壁后被排出，只有小雾滴可进入等离子体源。雾化器需满足雾化效率高、稳定性高、记忆效应小、耐腐蚀等条件；雾化室应能够保持稳定的低温环境，并经常清洗。常用的雾化器有气动雾化器、超声雾化器和电热蒸发型雾化器。光学系统通常是光栅或棱镜与光栅的组合，主要功能是将样品受激发射的复合光分解成按波长顺序排列的谱线，并通往检测系统。目前较常使用的是中阶梯光栅-棱镜双色散系统。检测系统是利用光电效应将不同波长光的辐射能转化成电信号，检测光谱中谱线的波长和强度。检测系统通常为固体检测器，具有多谱线同时检测能力，检测速度快，动态线性范围宽，灵敏度高等特点。光学分辨率达到 0.003nm，像素分辨率可达 0.002nm[10]。

### 4.2.3.3　特点及适用范围

ICP-AES 具有检测范围广、线性范围宽、检出限低、分辨率好、稳定性良好等特点。ICP-AES 不仅适合近 70 余种元素的分析，还具有很宽的线性范围，可达 4~6 个数量级，因此可对样品中的常量、微量、痕量元素成分同时测定。一般不用于测定含量超过 30%的成分，准确度无法达到要求。检出限低，一般元素可达 $10^{-7}$%，还能分辨一些化学性质极其相似的元素，如稀土元素。ICP-AES 更适合金属元素的检测，常见的非金属元素如氧、硫、氮、氟、氯等原子的谱线在远紫外区，目前一般的光谱仪无法检测，还有一些非金属元素磷、硒、碲、惰性气体等，激发电位高，检测灵敏度较低。

### 4.2.3.4　样品制备

液体样品需要经过处理使元素以离子状态存在溶液中。固体样品必须经过前处理使其溶液化，使待测元素完全进入溶液，同时不造成待测元素的损失，并不引入或尽可能少引入影响测定的成分。通常可采用稀释法、干式灰化分解法和湿式分解法。稀释法用纯水、稀酸、有机溶剂等直接稀释样品，稀释法只适用于均匀样品。干式灰化分解法是在马弗炉中加热样品，使之灰化，可以同时处理多个样品，但此方法可能会造成低沸点元素如汞、砷、硒、碲等的挥发。湿式分解法常用高压密封罐消解和微波消解。高压密封罐消解法样品消解效果好、酸消耗量小，试剂空白低，金属元素几乎不损失；微波消解法比高压密封罐消解法消耗更少样品，且速度快得多。

### 4.2.4    辉光放电光谱仪

辉光放电光谱仪（Glow Discharge Optical Emission Spectrometer, GDOES）又被称为辉光放电-原子发射光谱仪，是一种能够快速提供固体材料中各元素随深度的分布状况的成分分析方法，可应用于半导体、太阳能电池、锂电池等的镀层分析，观测各层及交界面存在的元素，检查元素随深度的分布，同时也可以为SEM 制备样品。

#### 4.2.4.1    原理

辉光放电光谱仪是在 500~1500Pa 的低压氩气环境中，当施加在放电两极的电压（500~1500V）超过激发氩气所需的能量即可形成辉光放电，放电气体离解为正电荷粒子和自由电子，在电场的作用下，产生的氩离子被加速轰击样品表面（阴极），使表面的样品原子以原子的形式被溅射出样品表面，进入等离子体中。等离子体内离子碰撞频繁，使样品原子处于受激状态，激发态原子返回基态时发射出特征光谱。不同元素的特征波长不同，因此可以通过特征光谱确定元素的种类。随着样品表面不断被剥离，获得样品不同层的某一或多种元素含量随时间的变化曲线。

#### 4.2.4.2    仪器构造

辉光放电光谱仪由辉光放电光源、分光系统、探测器和计算机系统组成。辉光放电光源的功能是剥蚀样品表面原子，并激发剥蚀下来的样品原子，发射样品组原子的特征光谱。分光系统将不同元素受激发射的光进行分光，由光电倍增管探测器检测各个单色光的光强，最后经过计算机系统的信号处理，获得各个元素随样品厚度的激发光光强变化。根据已知元素浓度和强度的标准曲线，得知样品各个元素的浓度和元素浓度随着样品深度的变化。

#### 4.2.4.3    特点及适用范围

辉光放电光谱仪是一种有损检测，具有所测元素范围广、无基体效应、深度分辨率高（平整样品可达 1nm）、检出限低（可达 ppm）、样品分析时间短和无需超高真空环境等特点，很适合分析二维纳米材料的厚度、元素分布。虽然辉光放电光谱仪在深度有很高的分辨率，但其在样品平面上的元素分布没有空间分辨能力。辉光放电光谱仪是少有的可以检测氢元素的检测方法之一。

辉光放电光谱仪适合研究二维纳米材料厚度、零维纳米材料的元素在深度方向的分布。除了可独立进行样品表征外，还可以为 SEM 制备样品。

#### 4.2.4.4　样品制备与测试实例

辉光放电光谱仪的样品需要制备成直径为 3mm～25cm ，表面平整、坚硬的固体。零维纳米材料的粉末样品需进行压片，脆性或柔软一维和二维纳米材料样品需使用铜胶带或导热胶将其黏合到刚性基材上进行分析。

图 4-8 为通过熔炼过程加氢的奥氏体不锈钢的辉光放电光谱结果，用于研究氢脆。由图中可以看到，检测了铁、镍、铬、氧和氢五种元素。检测时间 1800s，剥蚀深度约 180μm。由于样品是密度均匀的固体，可近似将剥蚀过程看成匀速剥离，因此每秒对应于 0.1μm 的深度，从而将横坐标的单位由时间转换为深度。随着剥离时间的增加，氢元素在极短的时间内浓度迅速下降，随后浓度有少量的升高达到一定的浓度之后逐渐下降，并持续下降，直至测试结束，说明氢的扩散过程是在距离表面几十纳米达到最大浓度。铁、镍元素在深度方向上浓度变化不大，在离表面几十纳米深度后浓度维持恒定，说明表面的氧化层在几十纳米厚度。铬的含量在离表面几十纳米时，浓度略有下降，这个浓度的下降可能是因为表面形成的铬氧化物钝化层造成的。

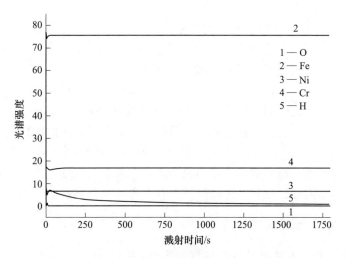

图 4-8　加氢的奥氏体不锈钢的辉光放电光谱结果

## 4.3　结构分析

除了纳米材料的尺寸、成分，其物相结构和晶体结构也对材料的性能有着重要的影响。因此，对纳米材料的晶粒尺寸、分布、晶界、缺陷、杂质等的物相结构分析非常有必要。由于纳米材料尺寸较小，结构分析手段需要具备较好的空间分辨率。常用的物相分析包括 X 射线衍射分析（X-ray diffraction，XRD）和拉曼光谱。

## 4.3.1　X 射线衍射

X 射线衍射技术是利用多晶样品对 X 射线的衍射效应进行晶体结构分析的技术。具有快速、准确、方便等优点，是晶体结构分析的常用工具。

### 4.3.1.1　原理

X 射线的波长和晶体内部的原子间距相近，因此晶体可以作为 X 射线的空间衍射光栅。X 射线被多晶或单晶试样中的原子散射，散射 X 射线之间互相干涉产生衍射。由于晶体中的原子呈周期性排列，在特定方向会产生强的 X 射线衍射。根据衍射线的空间分布，可以分析得知晶胞大小、形状和位向，根据衍射线强度可以分析得知原子种类以及其在晶胞中的位置。每一种晶体物质的衍射线不同，根据晶面的面间距、衍射峰相对强度和衍射峰数目，将实验所得的衍射谱与标准物质衍射谱对比，可以判断未知物相。

### 4.3.1.2　仪器构造

XRD 主要由 X 射线源、测角器、检测器及计算机系统组成。X 射线源提供入射 X 射线，一般由 X 射线管、高压发生器和控制电路组成。入射 X 射线越强，衍射线的强度也越强。同步辐射光源的 X 射线源具有强度高、能量连续可调、准直性好等特点，是最适合 XRD 的光源。测角器被用于精确测量衍射角，由光源臂、检测器臂、样品台和狭缝系统组成，可分为垂直式测角器和水平式测角器。垂直式测角器适合测量块状样品和粉末状样品，是目前常用的测角器。测角器的工作原理是入射 X 射线方向不变，试样绕着测角仪中心轴转动改变入射 X 射线与试样表面的夹角，检测器沿着测角仪圆运动检测衍射线强度。检测器被用于检测衍射谱，包括闪烁计数器、正比计数器和半导体探测器等。

### 4.3.1.3　特点及适用范围

XRD 适用于分析单晶或多晶试样各组分的结晶情况、晶相、晶体结构、晶粒度、元素在晶体中的价态和成键情况、应力测定、多层膜结构测定等。XRD进行物相分析的灵敏度和准确度较低，一般测定样品含量中 1% 的物相。样品使用量较大，至少需要几十到上百毫克试样才能得到较准确的结果。XRD 不仅可以对晶态物质进行定性分析，还能进行定量分析。通过与标准谱比对，可以定性的确定晶态物质的可能物相，再结合其他背景资料进行判断。可通过外标法、内标法、K 值法和决标法定量分析结晶完整、晶粒大小均匀的试样，但这些方法的相对误差较大，约 5% ~ 10%[7]。

#### 4.3.1.4 样品制备

粉末样品一般要求颗粒度大小在 $0.1 \sim 10 \mu m$ 范围内，采用压片、石蜡分散或粘在胶带上进行 XRD 分析。粉末样品需注意每次检测取样量一致，并分散均匀。选择参比物时，选择洁净完好、晶粒小于 $5 \mu m$、吸收系数小的样品，如 MgO、$Al_2O_3$、$SiO_2$ 等。因为 X 射线穿透能力很强，薄膜样品需要将厚度控制在几百微米以上，并尽可能使表面平整。表面粗糙的样品对入射光散射能力更强，会引起较大的背景噪声，因此应尽可能使用表面光洁度高的样品。

### 4.3.2 拉曼光谱

拉曼效应是入射光与分子发生散射的过程中产生能量交换，出射光频率发生变化的现象。拉曼光谱是基于拉曼散射效应对散射光进行分析得到分子振动、转动信息的分析方法，是一种散射光谱，通常被用于分子结构研究。

#### 4.3.2.1 原理

当光照射到介质上时，光与物质发生相互作用，发生反射、透射、吸收和散射等现象。当激光照射到分子上时，会使分子中的电子从基态跃迁到不稳定的虚态，立即发射光子返回基态。如果电子返回到基态，发射的光子波长与入射光波长相同，与分子之间没有能量传递，被称为瑞利散射。如果电子返回到较高的能级，发射的光子能量比入射光能量较小，波长变长，这被称为斯托克斯散射。如果电子从较高的能级被入射光子激发到虚态后返回基态，发射的光子能量比入射光能量增加，波长变短，这被称为反斯托克斯散射。由于不同能级上的分子数符合玻耳兹曼分布，通常情况下，处于基态的分子数量远大于处于较高能级的分子数，因此反斯托克斯散射比斯托克斯散射少得多。为了保证灵敏度，拉曼光谱仪通常研究的是斯托克斯散射。入射光与拉曼散射光的频率差被称为拉曼位移，与振动激发态和振动基态的能极差有关。根据分析拉曼散射光波长与入射光波长差，就可以分析得到分子的振动、转动能级差，从而判断分子的结构[11]。拉曼散射信号与极化率的变化有关，除了分子中的电子振动能产生极化率的变化，一些晶格振动也能产生的极化率的变化，即这些晶格振动（也被称为声子）是拉曼激活的。因此，通过拉曼光谱能研究碳、硅、锗、硫化锌等晶体的晶体结构、杂质、缺陷等。

#### 4.3.2.2 仪器构造

拉曼光谱通常由激光器、样品光路、分光光路和检测器组成。激光器提供单色、高亮度的光源用于照射到样品，目前常用的激光器有 325nm、488nm、

532nm、633nm、785nm 等。样品光路的主要功能是将入射光聚光到样品表面、收集散射光信号。传统的样品光路为用透镜、反射镜等组成的硬光路，近年来，光纤光路也从实验室走向商业化。样品光路通常还具备调节入射光光强和偏振性质的功能，以满足不同试验的需求。分光光路主要功能是将样品光路收集的散射光分解成按波长顺序排列的谱线，通常由狭缝、准直器、光栅和会聚透镜组成。狭缝只允许光谱中部分波段的光通过，准直器将入射狭缝的散射光转化为平行光束，光栅将散射光按波长在空间中分离。会聚透镜使分散在不同角度的散射光会聚在出射狭缝上，以便下一步检测。检测器被用于高效、灵敏地检测光信号，通常为光电倍增管（PMT）和电荷耦合探测器（CCD）。CCD 能同时在宽波长范围检测，还能在短时间内多次采样，大大提高了信噪比，是目前光谱检测最常用的检测器[12]。

### 4.3.2.3　特点及适用范围

与传统检测技术相比，拉曼光谱法具有检测速度快、能实现微量检测、空间分辨率高、带宽窄、非接触、无需样品制备、无损、水干扰小等优点。激光拉曼光谱的光斑较小，空间分辨率可达亚微米，能分辨微米级的成分差异，也适用于微区空间内需要分辨差异的样品。拉曼光谱适合聚合物材料、碳材料、半导体和陶瓷等材料的成分、晶体结构、界相结构、应力等研究。例如，根据石墨烯的特征峰来分析石墨烯的层数、应力、缺陷等信息，利用偏振的入射光可以测定半导体晶体取向，并可用于金属/硅界面的二硅化钛晶相、半导体材料硅在压力下的结晶相转变过程等研究。

纳米材料的局域表面等离子共振特性对其表面分子的拉曼光谱也有极大的增强，这种现象被称为表面增强拉曼散射（Surface-Enhanced Raman Scattering，SERS）。利用纳米材料的表面拉曼增强效应制备的 SERS 标签已被用于生物材料、农药、危险品等的微量检测，具有检测范围广、检出限低（可实现单分子检测）、可实现多元检测等特点[2,13]。

### 4.3.2.4　样品制备及测试实例

一般来说，拉曼光谱的样品清理污染物后可直接检测。如果需要进行液体样品的检测，一般需要选择长焦物镜以便聚焦到液体内部。

图 4-9 为 SERS 标签用于检测不同浓度的肿瘤坏死因子的表面增强拉曼光谱结果。利用 DTNB 为标记物的 SERS 标签的高拉曼灵敏度来检测低浓度的待测物。利用肿瘤坏死因子与抗体之间的特异性相互作用，检测了不同浓度的肿瘤坏死因子。检出限可达 1pg/mL。

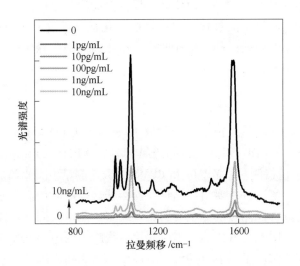

图 4-9  DTNB 标记的 SERS 标签用于不同浓度的肿瘤坏死因子的检测

## 4.4  性能分析

纳米材料的特性使其能在很多领域应用。在各种功能材料中，材料的磁学性能、光学性能受到很多关注。本节将以磁性分析和太阳能电池光电性能测试为例，简单介绍纳米材料的测试技术。

### 4.4.1  磁性分析

磁性材料的磁学性能具有明显的尺寸效应，磁性纳米材料具有普通磁性材料所不具备的特性，包括超顺磁性、矫顽力、居里温度、饱和磁化强度、磁化率等。矫顽力是指磁性材料到达磁饱和后，磁化强度重新回到零所需要的磁场强度，表示的是磁性材料抵抗退磁的能力。对于球形磁性纳米材料来说，晶粒尺寸减小会导致矫顽力增大，直到晶粒尺寸减小至单畴的尺寸时，晶粒进一步减小，矫顽力会减小。微粒的尺寸足够小时，颗粒内存在自发磁化，不存在磁滞现象，表现出超顺磁性。

#### 4.4.1.1  测试原理

将剩余磁化强度为 0 的磁性材料放在强度不断增大的磁场，磁性材料的磁化强度逐渐增强到饱和磁化强度。以磁化强度为纵轴，外磁场强度为横轴，做出的曲线为起始磁化曲线。逐渐减小外加磁化场，磁化强度从饱和磁化强度开始减小，并可能偏离起始磁化曲线。发生偏移的现象是因为磁滞。当外磁场强度降到零时，磁化强度不为零，需要施加反向磁场直到 $H_{cm}$ 时，磁化强度才为零。$H_{cm}$ 被称为矫顽力。继续增大反向磁场使样品在反方向的磁化强度达到饱和。随后重复降低磁场，增加反向磁场的过程，得到样品磁化强度随着外磁场强度变化曲线，这条曲线是一条闭合回线，称为磁滞回线。矫顽力、饱和磁化强度和顺磁性都能从磁滞回线结果中分析得到。

### 4.4.1.2　测试仪器

纳米材料的磁性测量通常采用美国量子设计公司（Quantum Design Inc.）的 MPMS（Magnetic Property Measurement System）或 PPMS（Physics Property Measurement System）进行测量。MPMS 和 PPMS 的磁性测量由交直流磁化率选件进行检测。交直流磁化率选件主要由样品杆、探测器、伺服电机、电子控制、精密电源和软件部分组成。探测器部分主要由感应线圈、测量线圈、可隔离射频干扰的射频变压器和高灵敏磁信号传感器组成。感应线圈由两组串联反接线圈组成，当样品在线圈中移动时产生感应电动势；射频变压器隔离周围环境的干扰，将样品的信号传输给信号线圈，再由信号线圈传递到高灵敏磁信号传感器，最后输出为电压信号，进而测量出样品的磁矩。

### 4.4.1.3　测试实例

图 4-10 给出了粒径为 10nm 的 $Fe_3O_4$ 和粒径为 17～30nm 的 $Fe_3O_4$@ Au（$HAuCl_4$：0.03mmol）纳米颗粒在室温下的磁滞回线。$Fe_3O_4$ 纳米颗粒的饱和磁化强度约为 80.0emu/g，而包覆 Au 壳层后约为 7.4emu/g。$Fe_3O_4$@ Au 样品的饱和磁化强度明显低于 $Fe_3O_4$ 样品，这是由于包覆 $Fe_3O_4$ 核的 Au 壳层为反磁性物

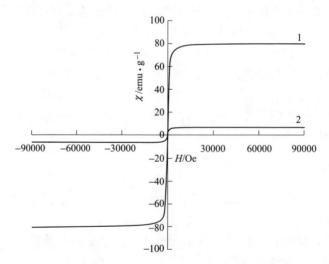

图 4-10　$Fe_3O_4$（1）和 $Fe_3O_4$@ Au（2）纳米颗粒在 300K 的磁滞回线[14]

质，厚 Au 壳层的存在大大降低了样品的饱和磁化强度。两个样品矫顽力均几乎为 0，表明 $Fe_3O_4$ 在包覆前后均为超顺磁性，当除去外加磁场后，纳米颗粒可以较好地重分散。

## 4.4.2　太阳能电池光电性能测试

太阳能电池是将太阳辐射能转换成电能的一种器件，主要由性能介于导体和绝缘体之间的半导体制成。太阳能电池受到光辐射后，吸收光能激发电子和空穴（正电荷），产生电流，称"光伏效应"。太阳能电池的光电性能测试主要包括两个方面：光谱响应度或量子效率测试，以及伏安特性（简称 I-V 特性）测试。对于新型纳米结构太阳能电池，光电转换效率是最受关注的技术指标，而选择合适的标准器和测试设备是获得准确效率结果的关键[15]。

### 4.4.2.1　测试原理

A　光谱响应度测试

采用比较法，在工作波长范围内，按一定的波长间隔先测量标准探测器的电信号，再在相同条件下测量被校太阳能电池的电信号；或者逐个波长对标准探测器和被测太阳电池进行比较测量，量值通过标准探测器溯源到国际单位制。

B　I-V 特性测试

采用比较法对太阳能电池的 I-V 特性进行测试，即使用标准太阳能电池标定或修正所用光源的辐照度至标准测试条件（STC）的标准辐照度，再在光源不变的状态下测量被测太阳能电池的 I-V 特性曲线，得到开路电压 $V_{oc}$，短路电流 $I_{sc}$，最大输出功率 $P_m$ 等参数；并根据被测太阳能电池的尺寸及有效受光面积 $S$ 等，计算短路电流密度 $J_{sc}$、填充因子 $FF$ 和光电转换效率 $\eta$，计算公式见式（4-2）~式（4-4）：

$$J_{sc} = I_{sc}/S \tag{4-2}$$

$$FF = P_m/(V_{oc}I_{sc}) \tag{4-3}$$

$$\eta = P_m/(SP_{in}) \tag{4-4}$$

测试方法根据光源可分为自然太阳光法和太阳模拟器法。尽管自然太阳光的光谱与标准光谱最为接近，但是其受天气影响不可控，目前实验室一般均采用太阳模拟器法。

### 4.4.2.2　测试仪器

A　光谱响应度测试

图 4-11 为太阳能电池光谱响应度测试装置示意图，主要由光源、单色仪、斩波器和锁相放大器等组成，根据实际需求，有些太阳电池还需要加载偏置光源和/或偏置电压。

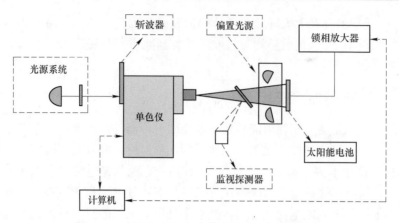

图 4-11  太阳能电池光谱响应度测试装置示意图

　　光源的波长范围需覆盖太阳能电池的工作波长范围（如 300～1200nm），通常采用氙灯和卤素灯双光源。直流稳压或稳流电源供电，连续可调，发光光源的最大变化小于 0.3%（5min 内）。可采用色温 3000K 的卤钨灯，并监测光源的不稳定性。单色仪工作波长范围需覆盖太阳能电池的工作波长范围（300～1200nm），波长最大允许偏差为±1nm。单色光光束通过斩波器后变成交变的低频信号，斩波频率建议为 5～200Hz。锁相放大器是光谱响应测量中的关键设备，用于从直流信号中提取交流信号，要求工作稳定、无漂移、线性好。

　　测试时，标准探测器是必要的。已知绝对光谱响应度的光电探测器或标准太阳电池，均可作为标准探测器，稳定性要求优于 0.2%。

　　B  I-V 特性测试

　　I-V 特性测试的仪器主要包括光源和电信号采集系统。由于自然太阳光受天气影响较大，不受人为控制，实验室一般选用太阳模拟器作为光源。图 4-12 为中国计量科学研究院光伏计量实验室的双光源稳态 AAA 级太阳模拟器和电信号采集系统。双光源太阳模拟器，通过调节其氙灯和卤素灯的输出，以及切换滤光片，可分别达到对 AM1.5G 和 AM0 标准光谱辐照的高匹配度，从而满足可适用地面用太阳能电池和航天用太阳能电池 I-V 特性测量的需求。

　　电信号采集系统需包括硬件和软件，硬件如源表 Keithley 2400 等可用于采集电流和电压信号，测试软件可以是适用的各类自编程序，可以通过设置扫描速度、方向及量程档位等，实现各类太阳电池的 I-V 特性测量，并实时得出 I-V 特性曲线及关键光电性能参数。

　　I-V 特性测试时，应尽量减小标准量值、光谱失配、温度及有效面积等各因素的影响，从而提高测量结果的准确可靠性[15,16]。另外，新型太阳能电池大部分均为透明太阳能电池，无掩模板光阑时，受杂散光和样品均匀性影响大，所以测量时必须用光阑，且光阑面积需准确标定，以便得出准确的效率结果。

图 4-12　稳态太阳模拟器实例照片（中国计量科学研究院光伏计量实验室）

### 4.4.2.3　测试实例

A　光谱响应度测试

不同太阳能电池其光谱响应度不同，图 4-13 为某有机太阳能电池的光谱响应度（SR）和量子效率（EQE）曲线，由此可知其响应范围在 300~1000nm，即只能在一定程度对此波段范围的太阳光进行利用。

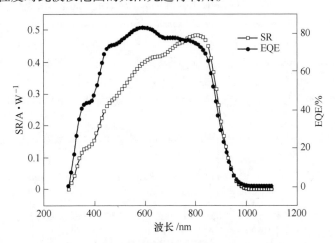

图 4-13　某有机太阳能电池的光谱响应度（SR）和量子效率（EQE）曲线
（中国科学院化学研究所侯剑辉课题组样品）

**B　I-V 特性测试**

以钙钛矿太阳能电池为例，以单晶硅标准太阳能电池标定双光源稳态太阳模拟器后，分别采用反扫和正扫的扫描方式，得到其 I-V 特性曲线。反扫所得 I-V 曲线和 P-V 曲线如图 4-14 所示。

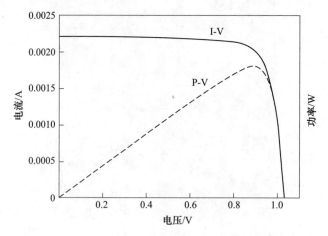

图 4-14　被测钙钛矿太阳能电池反扫 I-V 特性曲线
（北京大学朱瑞课题组样品）

## 参 考 文 献

［1］徐祖耀，黄本立，鄢国强. 材料表征与检测技术手册［M］. 北京：化学工业出版社，2009.

［2］Lai Y, Schluecker S, Wang Y. Rapid and sensitive SERS detection of the cytokine tumor necrosis factor alpha（tnf-alpha）in a magnetic bead pull-down assay with purified and highly Raman-active gold nanoparticle clusters［J］. Analytical and Bioanalytical Chemistry, 2018, 410（23）: 5993-6000.

［3］罗乐，刘东，廖本强. 扫描隧道显微镜和原子力显微镜［J］. 现代物理知识，2001（1）: 25-26.

［4］刘延辉，王弘，孙大亮，等. 原子力显微镜及其在各个研究领域的应用［J］. 科技导报，2003（3）: 9-12, 67.

［5］Wu C, Cheng Q, Sun S, et al. Templated patterning of graphene oxide using self-assembled monolayers［J］. Carbon, 2012, 50（3）: 1083-1089.

［6］孙晓刚，唐红，原桂彬. 颗粒系的可见消光光谱分析及最佳波长的选择［J］. 光谱学与光谱分析，2008（9）: 1968-1973.

［7］蓝闽波. 纳米材料测试技术［M］. 上海：华东理工大学出版社，2009.

［8］罗立强，詹秀春，李国会. X 射线荧光光谱分析［M］. 第 2 版. 北京：化学工业出版

社, 2015.

[9] 高雪艳, 凌程凤, 谈技, 宗俊. 冷冻干燥法制备纳米氧化镁条件的研究 [J]. 2005, 34
    (5): 10-11, 14.

[10] 郑国经. 电感耦合等离子体原子发射光谱分析仪器与方法的新进展 [J]. 冶金分析,
    2014, 34 (11): 1-10.

[11] 程光煦. 拉曼 布里渊散射——原理及应用 [M]. 第 2 版. 北京: 科学出版社, 2007.

[12] 张树霖. 拉曼光谱学及其在纳米结构中的应用 [M]. 北京: 北京大学出版社, 2017.

[13] Lai Y, Sun S, He T, et al. Raman-encoded microbeads for spectral multiplexing with SERS de-
    tection [J]. Rsc Advances, 2015, 5 (18): 13762-13767.

[14] Qu H, Lai Y, Niu D, et al. Surface-enhanced Raman scattering from magneto-metal
    nanoparticle assemblies [J]. Analytica Chimica Acta, 2013 (763): 38-42.

[15] Ye L, Zhou C, Meng H, et al. Toward reliable and accurate evaluation of polymer solar cells
    based on low band gap polymers [J]. Journal of Materials Chemistry C, 2015, 3 (3):
    564-569.

[16] Meng H, Xiong L, Zhang J, et al. Accurate measurement of new type non-silicon solar cells'
    photoelectric conversion efficiency [C] //GROBNER J. 13th International Conference on New
    Developments and Applications in Optical Radiometry, 2018.

# 5  纳米材料研究中的计量问题

作为科学技术的基础手段，计量已成为生物、医学、环保、信息技术、航天等技术的重要组成部分。同时，计量学作为专门研究测量的科学，又以基础科学为依托，不断采用最新的科技成果提升发展计量理论和测量手段，与其他学科相互交叉、相互促进。标准的定义从最初的基于人体某个部分的尺寸，到基于自然物体的尺度，再到基于量子现象，国际单位制 SI 的演变史也正是人类科技和文明进步史的一种印证。2018 年召开的第 26 届国际计量大会全票通过了关于"修订国际单位制 SI"的 1 号决议，这一修订是在测量新理论和新方法的研究基础上实现的。国际单位制的 7 个基本单位："千克""安培""开尔文""摩尔""秒""米""坎德拉"，全部改为由常数定义。新定义"运用自然法则建立测量规则"，将原子和量子尺度的测量与宏观层面的测量关联起来，实现了"米制"的共同夙愿——为全球测量提供普遍适用的基础。

纳米科学与技术（Nanoscience and Technology），主要研究 1~100nm 尺度的新材料合成、新结构制备、新的检测技术和加工技术，是 21 世纪新兴的涵盖物理、化学、材料、信息、生物等多个学科交叉型科技领域。因此，不同于成熟的传统领域的计量，纳米材料计量涉及多个学科领域，是交叉性、综合性计量，也是计量学中新兴的计量学科。研究对象微观非传统、计量参数多样化、测试设备新颖先进等，是纳米材料计量学的显著特点。另外，它不仅与其原材料和纳米产品相关，更涉及生产过程，范围覆盖基础科学研究到工业生产产业，为纳米材料领域健康有序发展提供全链条质量支持。

## 5.1  计量学的基本概念

### 5.1.1  计量学的定义

"计量"一词是由"度量衡"的概念逐步延伸而来，并逐渐扩展甚至替代了"度量衡"的概念，是在传统度量衡工作随着社会和工业经济不断发展的过程中出现的。"计量"内涵更为丰富，"度万物、量天地、衡公平"，更适用于近现代测量科学技术，或者说近现代测量科学技术和管理学不断发展和丰富了"计量"的概念及内涵。根据 JJF 1001—2011《通用计量术语和定义》，计量是实现测量单位统一和保障测量量值准确可靠的全部活动，计量源于测量高于测量。测量是人类探索世界的钥匙，而计量则是实现单位统一、保证量值准确可靠的基础。由定义可知,计量主要实现两大基本任务:一是要保证国家计量单位制度的统一;二是要保障测量领域里的量值准确可靠。定义中所指的活动,是指围绕上述两大基本任务所进行的各种实践活动,包括科学技术性的实践活动和由政府行政部门、社会组织进行的管理性实践活动[1]。

从科学的发展来看,计量曾经是物理学的一部分,后来随着领域和内容的扩展,形成了一门研究测量理论和实践的综合性科学,成为一门独立的学科——计量学。根据JJF1001—2011《通用计量术语和定义》中的定义,计量学(Metrology)是指"测量及其应用的科学",计量学涵盖有关测量的理论与实践的各个方面,而不论测量的不确定度如何,也不论测量是在科学技术的哪个领域中进行。计量学的研究对象涉及有关测量的各个方面,涵盖:可测的量;计量单位和单位制;计量基准、标准的建立、复现、保存和使用;测量理论及其测量方法;计量检测技术;测量仪器(计量器具)及其特性;量值传递和量值溯源,包括检定、校准、测试、检验和检测;测量人员及其进行测量的能力;测量结果及其测量不确定度的评定;基本物理常数、标准物质及材料特性的准确测量;计量法制和计量管理,以及有关测量的一切理论和实际问题。

计量学与测量学的不同之处,在于计量学最重要的任务是保证测量的统一和必要的准确度。计量学需要将计量工作中的大量实践加以总结,使规律性的东西不断上升为理论,以修正和丰富原有的计量理论。计量学作为一门学科,包括计量科技和计量管理两个方面,它同国家法律、法规和行政管理紧密结合的程度,在其他学科中是少有的。因此计量科学的研究不仅涉及有关计量科学技术,同时涉及有关法制计量和计量管理的内容。

## 5.1.2 计量学的范围

现代计量学已远超"度量衡"的范围,人们从不同角度,对计量学进行不同的划分。根据所属专业领域的不同,计量学可分为十大类,即几何量计量、热学计量、力学计量、电磁学计量、时间频率计量、光学计量、化学计量、电子学计量、电离辐射计量、声学计量,分述如下[2]。

### 5.1.2.1 几何量计量

几何量计量在习惯上又称为长度计量。其基本参量是长度和角度,包括:线纹、端度、线胀系数、大长度、角度、表面粗糙度、齿轮、螺纹、面积、体积等计量;也包括形位参数:直线度、平面度、圆度、垂直度、同轴度、平行度、对称度等计量;以及空间坐标计量等。纳米计量,在我国最初是被划分到几何量计量大类,随着纳米科学技术的迅速发展,以及纳米材料在光学、电学、声学等多方面不同于传统材料的特性,才独立成为一个分支。几何量计量的应用非常广泛，大部分物理量都是以几何量信息的形式进行定量描述的，几何量计量领域内单位"米"，是国际单位制 SI 七个基本单位之一。

#### 5.1.2.2　热学计量

热学计量主要包括温度计量及材料的热物性计量。按照国际实用温标划分可分为高温计量、中温计量和低温计量。热物性是重要的工程参量，热物性计量包括导热系数、热膨胀、热扩散率、比热容和热导特性等方面。在工业化自动生产过程中，温度、压力、流量是三个常用的热工量参数，为了与实际应用结合，通常把压力、真空和流量放入热学计量部分，而把这一部分称为"热工计量"。但按照专业划分，即按"量和单位"分类划分，压力、真空和流量应属于力学量。热学计量领域内单位"开尔文"，是国际单位制 SI 七个基本单位之一。

#### 5.1.2.3　力学计量

力学计量涉及的内容包括：质量计量、容量计量、力值计量、压力计量、真空计量、流量计量、密度计量、转速计量、扭矩计量、重力加速度计量等，也包括表征材料机械性能的硬度等参数计量。力学计量是计量学中发展最早的分支之一，古代"度量衡"中的"量"和"衡"就是现在所谓的容量计量和质量计量。力学计量领域内单位"千克"，是国际单位制 SI 七个基本单位之一。

#### 5.1.2.4　电磁学计量

电磁学计量的内容，按照学科分，可分为电学计量和磁学计量；按照工作频率分，可分为直流电计量和交流电计量。电磁计量所涉及范围包括：直流和 1MHz 以下交流的阻抗和电量、精密交直流测量仪器仪表、模数与数模技术转换技术、磁学量、磁性材料、磁测量仪表以及量子计量等。电学计量包括：交直流电压、交直流电流、电能、电阻、电容、电感、电功率等计量。磁学计量包括：磁通、磁矩、磁感应强度等计量。电磁计量具有较高的准确度和灵敏度，能够实现联系测量，便于记录和数据处理，并可实施远距离测量，因此人们常将各种非电量转换为电磁量进行测量，譬如"电替代"。电磁学计量领域内单位"安培"，是国际单位制 SI 七个基本单位之一。

#### 5.1.2.5　时间频率计量

时间频率计量所涉及的是时间和频率，时间是基本量，而频率是导出量。时间计量的内容包括：时刻计量和时间间隔计量。频率计量的主要对象是对各种频率标准（简称频标）、晶体振荡器和频率源的频率准确度、长期稳定度、短期稳定度以及相位噪声的计量，另外还包括对频率计数器等的检定或校准。时间频率计量领域内单位"秒",是国际单位制 SI 七个基本单位之一。

### 5.1.2.6 光学计量

光学计量涵盖 1nm 至 1 mm 电磁辐射能量的发射、传输、接收以及与物质相互作用的相关测量。根据研究参数,光学计量主要包括:光度计量(发光强度、发光亮度、光出射度、光照度、光量、曝光量等);辐射度计量(辐射能量、辐射强度、辐射亮度、辐射照度、曝辐量等);激光辐射度计量(激光辐射量、激光辐射时域参数、激光辐射空域参数等);材料光学参数计量(材料发射特性参数、材料投射特性参数等);色度计量;光纤参数计量;光辐射探测器参数计量和太阳能光伏计量等。此外,光学计量还包括:眼科光学计量、成像光学计量及几何光学计量等。光学计量领域内单位"坎德拉",是国际单位制 SI 七个基本单位之一。

### 5.1.2.7 化学计量

随着测量科学的不断发展,化学已从局限于定性描述一些化学现象逐步发展成为定量描述物质运动的内在联系的一门基础科学,而化学计量则是在不同空间和时间里测量同一量时为保证其量值统一的基本手段。由于物质和化学过程的多样性和复杂性,在大多数化学测量中,物质都要经历某些化学变化,而且产生消耗,所以广泛采用相对测量法进行测量。因此,化学计量中多采用标准物质来进行量值传递和溯源,同时通过有关部门颁布标准测量方法、标准参考数据,从而建立量值传递和溯源体系。标准物质的研制在化学计量中非常重要。标准物质按特性分类分为:化学成分标准物质、物理化学特性标准物质、工程技术特性标准物质。化学计量还包括建立生物技术可溯源的测量体系,开展生物量计量。化学计量领域内单位"摩尔",是国际单位制 SI 七个基本单位之一。

### 5.1.2.8 电子学计量

电子学计量俗称无线电计量,根据频率范围,包括超低频、低频、高频、微波、毫米波和亚毫米波整个无线电频段各种参量的计量。无线电计量的参数众多,大致分为两类:表征信号特征的参量,如电压、电流、场强、功率、电场强度、磁场强度、功率通量密度、频率、波长、频谱参量、噪声等;表征网络特性的参量,如集总参数电路参量(电阻、电导、电容等)、反射参量(阻抗、电压驻波比、反射系数、回波损失)、传输参量(衰减、相移、增益、时延)。电子学计量在电子、通信及智能型测量等领域发挥着越来越重要的作用。

### 5.1.2.9 电离辐射计量

电离辐射计量主要任务:一是测量放射性本身有多少量,即测量放射性核素的活动；二是测量辐射和被照介质相互作用的量；三是中子计量。根据参数主要包括放射性活度、辐射剂量、吸收剂量、剂量当量、空气比释动能、注量率等的计量。电离辐射计量广泛应用于科学技术研究、核动力、核燃料、医疗卫生、环境保护、军事国防等各个领域。

### 5.1.2.10　声学计量

声学计量包括超声、水声、空气声的各项参量的计量，声压、声强、声功率是其主要参量，还包括声阻、声能、传声损失、听力等计量。具体包括：空气声声压计量、超声声强和声功率计量、水声声压计量、听觉计量和机械噪声声功率及噪声声强计量等。声学计量对研究和利用海洋，探测、导航、通讯，以及国防和经济建设意义重大。

### 5.1.3　计量学的意义

自然界的一切现象或物质，都是通过一定的"量"来描述和体现的。人类要认识和利用自然界，就必须对各种"量"进行分析和确认，而计量就是对"量"的定性分析和定量确认的过程。计量学则是研究测量及相关事物的科学，几乎所有社会领域每时每刻都发生并进行着大量的测量活动，因此计量也必然关系到整个社会的方方面面。计量涉及国防建设、科学技术、工农业生产、医疗卫生、商贸、安全防护、环境保护及人民日常生活等各个领域。接下来将一一从其在科学技术、生产、人民生活、贸易、国防等方面的意义展开叙述[2]。

### 5.1.3.1　科学技术

科学技术是人类生存和发展的一个重要基础。没有科学技术，便不可能有人类的今天。而计量本身就是科学技术的一个重要的组成部分。任何科学技术，都是为了探讨、分析、研究、掌握和利用事物的客观规律；所有的事物都是由一定的"量"组成，并通过"量"来体现的。为了认识量并确切地获得其量值，只有通过计量。计量是认识客观世界的眼睛、手段和工具，科学研究工作要取得新的发现、新的成就和新的进步，首先要重视计量工作。只有准确有效的先进测量仪器、设备及测量技术，才能不断改善科学研究的条件，提高科研水平，改进科学实践的方法。

从经典的牛顿力学到现代的量子力学，各种定律、定理，都是经过观察、分析、研究、推理和实际验证才被揭示、承认和确立，而计量正是上述过程的重要技术基础。正如俄国科学家门捷列夫所说"没有测量，就没有科学"。1983年，我国原中央军委副主席聂荣臻也指出"科学要发展，计量须先行"，"没有计量，寸步难行"。曾任中国科学院院长的卢嘉锡于1985年11月为《计量法》的颁布题词："为面向四化、面向世界、面向未来，计量必须成为开创科学研究新局面的先导！"

历史上三次大的技术革命，也都充分地依靠了计量，同时也促进了计量的发展。总之，科学技术的发展，特别是物理学的成就，为计量的发展创造了非常重要的前提，同时也对计量提出了更高的要求，推动了计量的发展；反过来，计量的成就，又促进了科技的发展。

### 5.1.3.2 生产

计量对工业生产的作用和意义是很明显的。社会化大生产的本身就要求有高度的计量保证。生产的发展，大体上可分为三个阶段，即以经验为主的阶段，半经验、半科学阶段和科学阶段。计量则是科学生产的技术基础。从原材料的筛选到定额投料，从工艺流程监控到产品的品质检验，都离不开计量。例如，一辆普通的载重汽车有9000多个零件，由上百个工厂生产，若没有一定的计量保证，就无法装配成功。近几年，国外经济发达国家，把优质的原材料、先进的工艺装备和现代的计量检测手段，视为现代化工业生产的三大支柱。而优质原材料的制取与筛选、先进工艺装备的配备与流程的监控，也都离不开计量测试。

至于农业生产，特别是现代化的农业生产，也必须有计量保证。例如，为了科学种田，就必须通过计量来掌握土壤的酸碱度、盐分、水分、有机质和氮、磷、钾的含量以及温度等。在盐水选种、温汤或药剂浸种、适温催芽和离心脱水等过程中，也都要靠一定的计量保证。电离辐射育种，是近几年发展起来的一项重要增产措施。我国已用该法培育出了许多农作物新品种，其中鲁棉一号可使棉花大面积地成倍增产。另外，在田间管理上，也离不开计量。例如，既要合理密植，又要间作套种，这就需要对植株光合作用的照度等进行必要的计量。所有这些，都需要相应的计量保证，否则不仅达不到预期的效果，而且会造成不必要的社会经济损失。

生产的发展、经营管理的改善、产品质量和经济效益的提升，都与计量息息相关。计量是工业生产的"眼睛"，是农业生产的"参谋"。科学生产和技术革新，都离不开计量测试。

### 5.1.3.3 人民生活

生产过程的计量不容忽视，生活中的计量则更应关注。它直接触动人们的切身利益，而且有时非常敏感。例如，日常买卖中的计量器具是否准确，家用电表、煤气表和水表是否合格，以至公共交通的时刻是否准确等，都会对人们的生活产生一定的影响。

民以食为天，粮食是生活的必需品，任何人都离不开它。粮食的品质直接关系到人们的健康。食品的保鲜，是人们越来越关注的一个问题。在医疗卫生方面，计量测试的作用亦越来越明显。现代医学对疾病的预防、诊断和治疗，都离不开计量测试。例如，测量体温、血压，做心电图、脑电图以及各种化验等，都是常见的计量测试。

### 5.1.3.4　贸易

　　计量在商业流通和贸易领域里的作用是最为大众所熟悉的，凡是涉及供需双方、买卖双方的利益公平都与计量工作终结相关，只有准确的计量才能真正体现贸易的公平。计量是贸易赖以正常进行的重要条件，贸易中商品一般都是根据商品的量来结算的，而商品的量必须借助计量器具来确定。计量器具量值是否准确将直接影响买卖双方的经济利益，同时也是把好贸易中商品质量关的重要保证。从古代的度量衡到现代的电子秤、出租车里程计价表、燃油加油机、电度表、煤气表、水表等用于贸易结算的计量器具，都肩负着保障贸易公平和社会公平的职责。计量是维系贸易公平和社会秩序的不可或缺的保证。

　　随着贸易的全球化，国际贸易的迅速发展，计量显得更为重要。全球市场贸易要求测量必须可溯源至国家计量基准，并且量值取得国际互认。如测量技术和方法不完善，量值缺乏可比性、有效溯源性，将影响国际贸易的顺利进行。国际贸易中，计量中国际单位制的统一、国际互认协议等，更是消除贸易冲突和贸易技术壁垒的重要手段。

### 5.1.3.5　国防

　　国防科研、国防现代化武器装备的科研和生产，都离不开计量。特别是尖端技术的重要性，尤为突出。国防尖端系统庞大复杂，战术技术性能和质量可靠性要求高，涉及的科技领域广，技术难度高，要求计量的参数多、精度高、量程大、频带宽。比如，由于飞行器与地面的距离不断增大，对通信、跟踪、测轨、定位等都相应地提出了更高的要求。另外，对国防尖端技术系统来说，工作环境比较特殊，往往要在现场进行有效的计量测试，难度较大。例如，飞行器在运输、发射、运行、回收等过程中，要经历一系列诸如振动、冲击、高温、低温、高湿、强辐射等恶劣环境。当弹头进入大气层时，要经受几千度以上的超高温；提高接收机灵敏度的关键部件一般要在液氢的超低温下工作；主发动机推力可达几十兆牛，而姿态控制发动机的推力则只有几厘牛。所有诸如此类需求，都依靠计量为其提供技术保障。而且，计量测试提供所需的数据，可保证各部件、分系统和整个系统的可靠性；同时还可以缩短研制周期，节约人力、物力和时间。1991 年海湾战争中，"爱国者"导弹成功地拦截到"飞毛腿"导弹，准确的计量测试技术是其必不可少的重要保障。可见，在国防建设中，计量是极其重要的技术基础，具有明显的技术保障作用，不仅可以提高作战能力、争取时间、节约资金，还能为指挥员的判断与决策提供可靠的依据。

总而言之，任何科学、任何部门、任何行业以至任何活动，都直接或间接地、有意或无意地需要计量。计量已然成为提高科学创新能力、发展高新技术产业、推动经济发展和社会进步、提高综合国力、保护国家和人民利益的重要技术手段和基础保障。如今，可以毫不夸张地说，计量水平的高低，是衡量一个国家的科技、经济和社会发展程度的重要标志之一。

## 5.2　计量学的发展历史和新机遇

### 5.2.1　计量学的发展历史

计量的历史源远流长，计量的发展和社会与科学进步紧密相关，它是人类文明的重要组成部分。计量史与社会经济发展史、科学技术发展史一样，也可分为古代、近代（经典）和现代（量子）三个历史阶段[1-3]。

#### 5.2.1.1　古代计量学

有关文字记载和器物遗存证明，早在数千年前，出于生产、贸易和征收赋税等方面的需要，古埃及、古罗马、古希腊、印度和中国等国家和地区开始进行长度、面积、容积和质量的计量。计量在古代称为"度量衡"，起源于用人体建立度量衡标准。例如：古埃及的肘尺，即从中指指尖到肘的前臂长度；英王亨利一世以其手臂为准则（鼻尖到手臂中指指尖的距离）；德国以最先走出教堂的16名男子脚的1/16定为一个长度单位等。我国古代也常采用人体的某一部分或其他的天然物、植物的果实等作为计量标准，如"布手知尺""掬手为升""取权为重""迈步定亩"和"滴水计时"等，如图5-1所示"布手知尺，布指知寸"和"举足为跬，迈步定亩"。另外还将度量衡与乐律联系在一起，汉代黄钟律管就是用共鸣声频率相对应的管腔长度作为长度基准，律管的频率确定下来，它的长度和管径也就确定下来了。

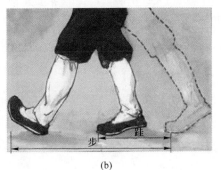

(a)　　　　　　　　　　　　　　(b)

图 5-1　"布手知尺，布指知寸"（a）和"举足为跬，迈步定亩"（b）示意图

公元前 221 年，秦始皇统一全国后，颁发诏书，以最高法令形式将度量衡法制推行于天下，正如《史记》所记载"一法度衡石丈尺，车同轨，书同文字"。秦朝还监制了许多度量衡标准器，并实行定期的检定制度。历经奴隶社会、封建社会长达数千年的历史，各国在度量衡器具的制造水平上涌现出许多精美制品，流传至今，譬如我国著名的商鞅方升（图 5-2（a））和新莽嘉量（图 5-2（b））。另外，新莽卡尺，既可测量长度，也可测量直径和深度，是现代游标卡尺的原型，比西方的游标卡尺早了 1600 多年，是我国古代人民的一项伟大发明。古代的计量发展史，也从另一个侧面展示出了各个民族的文化和智慧。

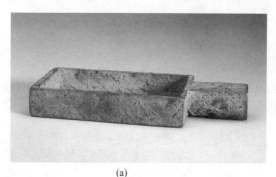 

(a)　　　　　　　　　　　　　　　　(b)

图 5-2　商鞅方升（a）和新莽嘉量（b）

（图片来源：网络）

　　然而，尽管度量衡器具制作技术不断提高，但标志计量科学技术水平的量值单位标准的定义，却都无一例外地建立在主观认为的意念上。它始终是王权意志的象征，具有很大的主观随意性，其不稳定性、各国家和地区的差异性、不一致性都随王权意志而转移。这也阻碍了社会进步，阻碍了经济与科学技术的发展。

　　我国封建社会存在时间较欧美工业发达国家要长，古代度量衡制度一直延续至清朝（1911 年），即使到了民国时期，结束了封建统治，开始有一些民族工业但未形成近代工业体系。经济仍处于以农业经济为主导的社会中，计量工作也长期停留在传统的"度量衡"范畴内。虽曾两次立法以期推动度量衡由"旧制"向"新制"（国际米制）改革，但也未能使基于物理学的近代计量工作起步。

### 5.2.1.2　近代计量学

　　计量学是一门基础性、综合性的实验科学，与物理、化学、天文学、数学密切相关，它们互相依存，互相推动。随着科学技术的发展，物理学中计量单位的数量急剧扩展，测量广泛介入工业经济各个领域，促成了新的单位制度的形成和发展。1687 年，英国物理学家牛顿完成万有引力定律和机械运动三定律，建立完整的经典力学体系，开始推动第一次工业革命。它突破了传统的度量衡测量领域，促使如质量、力、长度、速度、时间、功率、压力、温度等所需测量的物理量得到扩展。同时，也越来越受物理量计量单位制度杂乱无序的影响。人们开始更广泛地研究新的物理量计量单位制度，物理量的测量方法、仪器和标准等。1873 年，英国物理学家麦克斯韦发表了《论电和磁》，确立了电磁波理论。由经典力学、热学和电磁学的综合发展构成了近代物理学更完整的体系，进一步推动了工业经济的发展，促进了德国的以电力广泛使用为标志的第二次工业革命。同期，国际知名的计量科学研究机构相继在一些工业发达国家成立，并成为各个国家的计量科学研究中心。

从世界范围看，17 个国家代表于 1875 年 5 月 20 日在法国巴黎签署了政府间协议《米制公约》，成立米制公约组织，标志着近代计量的开始。《米制公约》为全球一致的测量系统奠定了基础，支撑了科学发现和创新、工业制造和国际贸易，以及民生改善和全球环境保护。为了纪念这一伟大时刻，第二十一届国际计量大会（1999 年）把每年的 5 月 20 日确定为"世界计量日"。每年的这一天，国际计量局（BIPM）和国际法制计量组织（OIML）联合组织举办世界计量日庆祝活动，各国计量机构参与其中，以增强公众对计量的认识。

近代计量学的主要特征是计量摆脱了利用人体、自然物体作为"计量基准"的原始状态，进入以科学技术为基础的发展时期。不过由于科技水平的限制，这个时期的计量基准大都是经典理论指导下的宏观实物基准，例如，根据地球子午线长度的四千万分之一的长度，用铂铱合金制成了长度米基准原器（见图 5-3）；根据一立方分米体积的纯水在其密度最大时的质量，用铂铱合金制成了质量基准千克原器（见图 5-4）；根据地球围绕太阳转动的周期来定义时间的单位秒；根据两根无限长平行通电导线之间产生的力来定义电流的单位安培等，建立一种所有国家都能使用的计量单位制。但随着时间的推移，由于腐蚀、磨损或自然现象的变化，这种实物基准器的量值难免发生微小变化。并且，随着工业生产的迅速发展，被测的量更为广泛，计量的范围也大大扩展。

图 5-3　国际米基准原器实物图

（图片来源：国际计量局 BIPM 和维基百科）

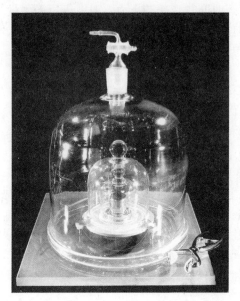

图 5-4　国际千克原器实物图

（图片来源：国际计量局 BIPM）

　　我国在民国时期，计量开始向近代计量过渡，但是没有确立相应的计量基准和标准。到 1959 年，国务院发布《关于统一计量制度的命令》，米制为中国基本计量制度，标志着近代计量的确立。国务院设立了国家计量局，进一步统一我国的计量单位，全国推广米制、改革市制、限制英制和废除旧杂制，制定了统一计量制度的条例法规，组织计量器具的检定。

### 5.2.1.3　现代计量学

　　现代计量学的发展则始于 20 世纪 60 年代。现代计量学的发展也是基于现代物理学的迅速发展，建立在相对论和量子物理理论基础上的物理学取得了突破性的进展。自 1905 年爱因斯坦相对论的提出，以及 1913 年丹麦物理学家尼尔斯·玻尔对量子论的开拓，把物理学推进到了一个崭新的世纪。此后，物理学的新成就开始深刻地影响着计量学的发展和计量单位制度的变革。自 1960 年第 11 届国际计量大会以来，首先确立并完善了包括七个基本计量单位（米、千克、秒、安培、开尔文、坎德拉和摩尔）的国际单位制 SI，为统一现代计量单位制确立了科学基础。同时，以量子物理学为基础、以基本物理常数为依据的计量单位新定义不断涌现，为准确、可靠的测量及测量结果的评估提供了更可靠、更稳定的溯源源头。

　　现代计量学形成和发展的显著标志如下：（1）建立覆盖面更广泛、可适用于现代各科学技术领域的计量单位制度，即国际单位制 SI；（2）以最新科学原理和方法使基本计量单位得以用自然基准（自然物理常数）复现，也可为更多的计量单位基准的重新定义和复现提供选择的可能性；（3）建立世界各国可兼容的科学、简捷、有效的量值溯源体系，使高水平的具有计量学准确度的计量基准体系服务于本国的社会和经济发展。

我国近现代计量起步较晚，历史也比较短，经历了多次飞跃。1977 年，我国加入国际米制公约组织。1985 年颁布了《中华人民共和国计量法》，逐步建立我国的法制计量体系，使计量全面进入现代社会领域并展现了其公正、公平和权威的形象。同年，我国正式加入了国际法制计量组织（OIML）。另外，通过参加国际比对和同行评审，积极展开国际计量交流与合作，我国的计量基准和计量校准测试能力得到了国际上的普遍承认，并作为成员国签署了《国家计量基（标）准互认和国家计量院签发的校准和测量证书互认协议（MRA）》，使校准结果可溯源至国际单位制 SI，实现了全球互认。

## 5.2.2 计量学的新机遇

国际单位制（SI）是被世界各国普遍采用的单位制，适用于所有的测量应用，也是计量学的根本。SI 的目标一直是一个既注重实际又不断发展的动态体系，不断运用最新科技成果完成自身的变革。自 1960 年被世界共同采纳，至今已先后经历了多次修订。随着科学技术的发展，尤其是量子物理理论的发展，基本单位的定义被逐个量子化。

### 5.2.2.1 国际单位制基本单位重新定义

2018 年 11 月 16 日，第 26 届国际计量大会在法国凡尔赛召开。会上，包括中国在内 53 个成员国的集体表决，全票通过关于"修订国际单位制 SI"的 1 号决议，国际单位制的 7 个基本单位：质量单位"千克"，电流单位"安培"，热力学温度单位"开尔文"，物质的量单位"摩尔"，时间单位"秒"，长度单位"米"，发光强度单位"坎德拉"全部改为由常数定义（图 5-5），此决议自 2019 年 5 月 20 日（世界计量日）起生效。这些新定义使得 SI 重新构建在我们当前对自然法则的最高认

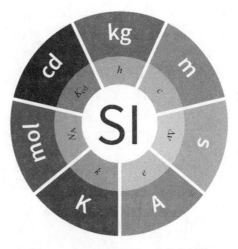

图 5-5　国际单位制的 7 个基本单位

知上，"运用自然法则建立测量规则"，将原子和量子尺度测量与宏观层面的测量关联起来，实现了"米制"的共同夙愿——为全球测量提供普遍适用的基础，同时消除了 SI 与基于实物原器的定义之间的关联[4]。

新的国际单位制 SI，将是满足以下条件的单位制：

——铯 133 原子基态的超精细能级跃迁频率 $\Delta\nu_{Cs}$ 为 919 263 177 0Hz；

——真空中光的速度 $c$ 为 299 792 458m · s$^{-1}$；

——普朗克常数 $h$ 为 6. 626 070 15×10$^{-34}$J · s；

——基本电荷 $e$ 为 1. 602 176 634×10$^{-19}$C；

——玻耳兹曼常数 $k$ 为 1. 380 649×10$^{-23}$ J · K$^{-1}$；

——阿伏加德罗常数 $N_A$ 为 6. 022 140 76×10$^{23}$mol$^{-1}$；

——频率为 540×10$^{12}$ Hz 的单色辐射的发光效率 $K_{cd}$ 为 683lm · W$^{-1}$。

七个 SI 基本单位定义如下：

秒，国际单位制中的时间单位，符号 s。当铯频率 $\Delta\nu_{Cs}$，也就是铯 133 原子不受干扰的基态超精细跃迁频率，以单位 Hz 即 s$^{-1}$ 表示时，取其固定数值为 9 192 631 770 来定义秒。

米，国际单位制中的长度单位，符号 m。当真空中光速 $c$ 以单位 m/s 表示时，取其固定数值为 299 792 458 来定义米，其中秒用 $\Delta\nu_{Cs}$ 定义。

千克，国际单位制中的质量单位，符号 kg。当普朗克常数 $h$ 以单位 J · s 即 kg · m$^2$ · s$^{-1}$ 表示时，取其固定数值为 6. 626 070 15×10$^{-34}$ 来定义千克，其中米和秒用 $c$ 和 $\Delta\nu_{Cs}$ 定义。

安培，国际单位制中的电流单位，符号 A。当基本电荷 $e$ 以单位 C 即 A · s 表示时，取其固定数值为 1. 602 176 634×10$^{-19}$ 来定义安培，其中秒用 $\Delta\nu_{Cs}$ 定义。

开尔文，国际单位制中的热力学温度单位，符号 K。当玻耳兹曼常数 $k$ 以单位 J · K$^{-1}$ 即 kg · m$^2$ · s$^{-2}$ · K$^{-1}$ 表示时，将其固定数值取为 1. 380 649×10$^{-23}$ 来定义开尔文，其中千克、米和秒用 $h$、$c$ 和 $\Delta\nu_{Cs}$ 定义。

摩尔，国际单位制中物质的量单位，符号 mol。1 摩尔精确包含 6. 022 140 76×10$^{23}$ 个基本单元。该数称为阿伏加德罗常数，为以单位 mol$^{-1}$ 表示的阿伏加德罗常数 $N_A$ 的固定数值。

坎德拉，国际单位制中的沿指定方向发光强度单位，符号 cd。当频率为 540×10$^{12}$Hz 的单色辐射的发光效率 $K_{cd}$ 以单位 lm · W$^{-1}$ 即 cd · sr · W$^{-1}$ 或 cd · sr · kg$^{-1}$ · m$^{-2}$ · s$^{-3}$ 表示时，取其固定数值为 683 来定义坎德拉，其中千克、米、秒分别用 $h$、$c$ 和 $\Delta\nu_{Cs}$ 定义。

中国计量科学研究院在玻耳兹曼常数、普朗克常数和阿伏加德罗常数等物理常数测量以及量子基准研究和建立方面取得了系列突破。特别是用声学气体温度计法和噪声温度计法两种方法测得的玻耳兹曼常数，均被国际科学技术数据委员会（CODATA）国际基本物理常数推荐值收录，是全球唯一采用两种独立方法满足重新定义的成果，使得我国首次对国际单位制（SI）基本单位的定义做出重要贡献（图5-6）。正因如此，2018年度国家科学技术奖励大会上，由中国计量科学研究院牵头完成的"温度单位重大变革关键技术研究"项目获得国家科技进步一等奖。基于该项目发展的创新技术为国家重大工程第四代核反应堆堆芯温度的直接测量提供了解决方案，提升了我国温度量值传递的水平，为国防和航空航天等重要领域提供了温度溯源支持。对于实现多种技术途径、零溯源链、原级法测量温度等热物理量具有重要意义[5-7]。

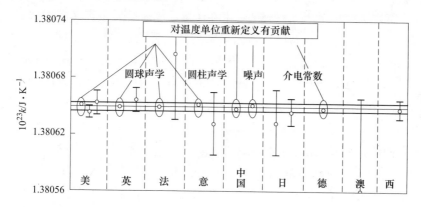

图5-6　全球唯一用两种独立原理方法对玻耳兹曼常数定值做出贡献的成果

（图片来源：www.nim.ac.cn）

另外，我国还独立建立了基于新定义的千克复现和传递装置，量子电阻和量子电压装置，可以适应国际单位制变革的需求，保障未来我国SI基本单位的国际等效一致。

#### 5.2.2.2　国际单位制基本单位新定义的特点

国际单位制SI基本单位新定义的显著特点主要体现在如下四个方面：

（1）新定义用自然界恒定不变的"常数"替代了实物原器，保障了国际单位制的长期稳定性。由这些自然常数组成的寰宇通用的测量基础，将使科学界、工业界和人类社会拥有一个更加可靠、一致、全范围（大到很大，小到很小）的测量体系。国际单位制将通过两种方式创造一个更加稳定的、经得住未来考验的测量体系：公式中将不再出现物理实物。以千克的未修订前定义为例，1千克精确等于国际计量局保存的国际千克原器（IPK）的质量。据国际计量局数据显示，国际千克原器服役近130年来，它的质量与各国保存的质量基准、国际计量局官方认证基准的一致性出现了约50微克的偏差，但国际千克原器的质量是否发生了变化，具体变化了多少至今仍是一个谜。用基本自然常数——普朗克常数重新定义千克后，质量单位将更加稳定，我们不必担心国际千克原器质量漂移可能给全球质量量值统一带来的问题。

测量基础的长期稳定，对于人类面临的重大挑战，特别是环境与气候变化、地球运动监测等非常重要。我们必须有一个能在很长时间内保持稳定的参考标准，才能获得可靠的测量数据，而可靠的数据一直是科学研究和政府决策的基础。

（2）"定义常数"不受时空和人为因素的限制，保证了国际单位制的客观通用性。物理定律是放之宇宙而皆准的，但测量中却有不少人为因素。最早的千克是用1个标准大气压下1立方分米纯水在4摄氏度时的质量定义的，这实际上受到了温度、气压、水和容器等环境因素和测量过程的限制。人们在19世纪末采用最先进的材料和工艺打造了国际千克原器，目的也是为了规避这些限制。但是，国际千克原器有且只有一个，无论它的质量是否发生漂移，各国计量院仍须以它为准，并定期到国际计量局校准自己的千克原器。新定义生效后，理论上任何地方的任何人，都可以根据定义复现1千克，而且，我们今天在北京复现的量值，和我们的子孙后代未来在任何一个地方复现的量值将是一致的。

（3）新定义可在任意范围复现，保障了国际单位制的全范围准确性。修订前的开尔文定义仅仅建立在水三相点一个固定点上，要测量比它更高或更低的温度，我们需要根据其他的固定点来延伸温标。而未来我们仅通过玻耳兹曼常数，就可以根据热力学温度与能量的关系，在整个温标范围实现同样准确的温度测量。千克也是同样，以前最准确的千克只有1千克一种，要对一个大于1千克的物体称重，我们需要将1千克进行重复累加；要对一个小于1千克的物体进行称重，则需要将1千克进行分割。累加和分割的过程都会给量值的准确性带来损失。新的定义则不受此限制。

（4）基本单位的定义首次独立于它们的复现方式：以前当我们有了更好的复现单位的方法后，这些单位的定义将随之改变。而现在，单位的定义不会随复现方法的改变而变化，相反会一直保持恒定。新定义不受复现方法限制，保障了国际单位制的未来适用性。在修订后的国际单位制中，测量的两个重要概念，即单位定义和测量（或复现）方法是分离的。也就是说，1米有多长和用尺子量还是用激光测无关。另外以安培为例，未修订前的定义是"两条间隔一定距离的导线间的电磁作用力"，这是采用复现方式来定义的。然而，随着约瑟夫森效应和量子化霍尔效应的引入，安培可以通过更好的方式复现。新定义生效后，千克可以通过任何适当的方法复现，比如基布尔天平法和X射线晶体密度法——这两种方法是目前世界上测量准确度最高的复现方法，即使未来有更好的实验方案出现，单位的定义也不会因此受到影响。

### 5.2.2.3 新定义带来的新机遇

新定义可以随时迎接测量科学与技术的新发展，满足未来用户的长远需求。并且，为未来的测量创新奠定了基础，使秒、米、安培和开尔文定义利用原子和量子现象不断提高准确度水平，达到人类观测能力的极限。此次变革是改变国际单位制采用实物基准的历史性变革，是人类科学发展进步中的一座里程碑。

国际单位制 SI 基本单位重新定义，对于大多数科研人员及产业发展，以及人们日常生活来说，不会造成大的改变，原有的测量结果仍将是连续的、稳定的。但是，"计量单位量子化"和"量值传递扁平化"，给建立在传统量值传递体系上的国际计量院和各级计量机构带来了冲击和机遇。它将改变国际计量体系和现有计量格局，给计量学带来新机遇。主要如下所列：

（1）新的计量体系不再依赖于通过实物基准向各国传递量值，打破了由国际计量局作为全球测量系统量值传递源头的单极中心局面，将形成一部分先进国家为主体的多级全球中心或区域中心。如何抢占技术制高点，主动布局，在激烈的竞争中脱颖而出，形成区域甚至全球计量体系的重要一极，抓住发展主导权和控制权，是各个国家计量院面临的新机遇新挑战。

（2）新定义将实现量值传递溯源链路不唯一和扁平化，使得量值溯源链条更短、速度更快、测量结果更准更稳。我们目前依靠的实物基准逐级传递的费时费力的计量模式将有望得到解决。国际单位制的全范围准确性，为科学发现和技术创新提供了新的机遇。譬如，得益于更高的测量准确度，我们将可以测量极高、极低温度的微小变化，从而更加准确地监测核反应堆内、航天器表面的温度变化；在生物医药领域，我们可以准确测量单个细胞内某种物质的含量，并根据病人的实际需要，制定更加精确的药物剂量。

（3）新定义将催生新的测量原理、测量方法和测量仪器。集多参量、高精度为一体的芯片级综合测量，不受环境干扰无需校准的实时在线测量等将成为可能。更好的测量原理、测量方法和实验仪器意味着人们可以在国际单位制框架下实现更佳的测量——这将引发仪器仪表产业的颠覆性创新。集多参量、高准确度传感器为一体的综合测量，不受环境干扰无需送检的实时测量，众多物理量、化学量和生物量的极限测量等也成为了可能。

（4）新定义和量子测量技术发展开启了任意时刻、任意地点、任意主体根据定义实现单位量值的大门。最精准的"标尺"可以被直接应用在我们的科研实践、生产生活中，进行最佳测量和原地实时校准，由此可能触发重大科技创新和颠覆性技术的诞生。另外，无处不在的精准测量，将直接促进市场公平交易、精准医疗、环保节能等。国际单位制的客观通用性不仅意味着国际测量界多年的夙愿正在逐渐成为现实，更意味着全球量值统一有了更广阔而便捷的途径：芯片级的传感器将可以在工业产品流水线上实现对国际单位制的溯源，物联网各个终端采集的数据由此可以实现无时无处不在的最佳测量，将推动计量管理模式的改革创新，释放计量量子化变革效能，有助于提高智能制造、物联网等新技术产业的质量水平，有利于实现公平贸易、安全医疗等，从而促进诚信建设，降低社会成本，保障和改善民生。

## 5.3　计量的内容、分类和特点

### 5.3.1　计量的内容

计量的内容随着科技、经济和社会的发展，不断地扩展和充实，通常可概括为六个方面：计量单位与单位制；计量器具（或测量仪器），包括实现或复现计量单位的计量基准、计量标准与工作计量器具；量值传递与溯源，包括检定、校准、测试、检验与检测；物理常量、材料与物质特性的测定；测量不确定度、数据处理与测量理论及其方法；计量管理，包括计量保证与计量监督等[2]。

#### 5.3.1.1　计量单位与单位制

计量单位又称测量单位，简称单位，是指"根据约定定义和采用的标量，任何其他同类量可与其比较使两个量之比用一个数表示"。计量单位用预定赋予的名称和符号表示。同量纲量的计量单位可用相同的名称和符号表示，即使这些量不是同类量，如焦耳每开尔文（J/K）既是热容量的也是熵的单位名称和符号，但它们并非同类量。某些情况下，具有专门名称的计量单位仅限于特定种类的量。量纲为一的量的计量单位是数。

每个计量单位都是规定名称和符号，以便世界各国统一使用，目前国际通用的是国际单位制规定的计量单位。国际单位制，International System of Units，缩写为 SI，是指"由国际计量大会（CGPM）批准采用的基于国际量制的单位制，包括单位名称和符号、词头名称和符号及其使用规则"。目前国际单位制共有七个基本单位，另有 SI 导出单位，及 SI 单位的倍数单位和分数单位。国际单位制的主要特点：统一性、简明性、实用性、合理性、科学性、精确性和继承性。它在科技技术发展中产生，也随着科学技术的发展而不断发展和完善，如上文所述国际单位制重新定义[4]。

除了国际单位制，国际上大多数国家也会结合国情对本国的法定计量单位作出规定。我国《计量法》规定："国家实行法定计量单位制度。""国际单位制计量单位和国家选定的其他计量单位为国家法定计量单位。"我国的法定计量单位既完整系统地包含了国际单位制，与国际上采用的计量单位协调一致，又包含符合国情的 16 个非国际单位制单位如分、[小]时、天（日）等，使用方便，易于广大人民群众掌握和进行推广[8]。

### 5.3.1.2 计量器具

计量器具又称测量仪器，是指"单独或与一个或多个辅助设备组合，用于测量的装置"。它是用来测量并能得到被测对象量值的一种技术工具或装置。为了达到测量的预定要求，测量仪器必须具有符合规范要求的计量学特性，特别是其准确度，必须符合规定要求。计量器具可以是实物量具，也可以是测量仪器仪表或一种测量系统。它可以单独地或连同辅助设备一起使用，如体温计、直尺等可以单独使用，而砝码、标准电阻等，则需与其他测量仪器和（或）辅助设备一起使用才能完成测量。

测量是为了获得被测量值的大小，而它是通过计量器具来实现的。计量器具是人们从事测量获得量值的工具，是测量的基础，也是从事测量的重要条件。计量器具又是复现测量单位、实现量值传递和量值溯源的重要手段。为实现计量单位统一和量值的准确可靠，必须建立相应的计量基准和计量标准计量器具，并通过检定和校准来实现各级计量器具测量单位的统一，以及测量的准确性和一致性。

计量器具还是实施计量法制管理的重要工具和手段，又是开展科学研究、从事生产活动不可缺少的重要工具和手段。如果没有计量器具，就无法获得量值，科研就无法进行，生产过程就无法控制，产品质量就无从保证。正如我国著名科学家、原国际计量委员会王大珩院士指出的："仪器不是机器，仪器是认识和改造物质世界的工具，而机器只能改造却不能认识物质世界；仪器仪表是工业生产的'倍增器'，科学研究的'先行者'，军事上的'战斗力'和社会生活中的'物化法官'。"

### 5.3.1.3 量值传递与溯源

量值传递是指"通过对测量仪器的校准或检定，将国家测量标准所实现的单位量值通过各等级的测量标准传递到工作测量仪器的活动，以保证测量所得的量值准确一致"。而溯源是指"通过文件规定的不间断的校准链，将测量结果与参照对象联系起来，校准链中的每项校准均会引入测量不确定度"。量值传递和量值溯源是同一过程的两种不同的表述，其含义就是把每一种可测量的量从国际计量基准或国家计量基准复现的量值通过检定或校准，准确度从高到低地向下一级计量标准传递，直到工作计量器具。作为某一个量的定值依据的国际计量基准或国家计量基准就是这个量的源头。

量值传递和量值溯源互为逆过程，量值传递是自上而下逐级传递，每一种量的量值传递关系中，国家计量基准只允许有一个，我国大部分国家计量基准保存在中国计量科学研究院；量值溯源是自下而上的自愿行为，溯源的起点是计量器具测量的量值即测得值，通过工作计量器具、各级计量标准直至国家基准，量值溯源可以通过送检或送校准来实现。

《计量法》第一条规定了计量立法宗旨，要保障国家计量单位的统一和量值的准确可靠，为达到这一宗旨而进行的活动中，最基础、最核心的过程就是量值传递和量值溯源。它既涉及科学技术问题，也涉及管理问题和法制问题[8]。

### 5.3.1.4　物理常量、材料与物质特性的测定

物理常量是物理学领域中具有普适性的一些常量，材料与物质特性则是化学领域中具有普适性的一些特性。一些重大物理现象的发现和物理理论的发现，以及材料与物质特性，常常同基本物理常量的发现和准确测定密切相关。由于应用高稳定激光等新方法，很多常量的准确度可达 $10^{-8} \sim 10^{-10}$ 量级，基本物理常量的重要性还表现在定义计量单位从而确立计量标准。计量基准的发展趋势是通过有关的基本物理常量来定义其他的基本或导出单位，国际单位制七个基本单位的重新定义就是基于常量。未来的基本单位的定义和准确度在一定程度上依赖于基本物理常量的测定值和准确度。在 CODATA 的官方网站上，可以找到 CODATA 推荐的最新基本物理常量值和其他各个学科的常量值。

### 5.3.1.5　测量不确定度、数据处理与测量理论及其方法

由测量得到的并赋予被测量的量值仅是测量的估计值，其可信程度由测量不确定度定量表示。测量不确定度简称不确定度，是指"根据所用到的信息，表征赋予被测量量值分散性的非负参数"。因此，测量结果通常表示为单个测得的量值和一个测量不确定度。对某些用途，如果认为测量不确定度可忽略，则测量结果可表示为单个测得的量值。测量不确定度是说明被测量的测得值分散性的参数，它不说明测得值是否接近真值。它一般包含若干分量，评定方法可分为 A 类（统计方法）和 B 类（非统计方法）。评定依据校准规范 JJF 1059 进行，该规范分两部分：JJF 1059.1—2012《测量不确定度评定与表示》，又简称 GUM 评定方法或 GUM 法；JJF 1059.2—2012《用蒙特卡洛法评定测量不确定度》，又简称 MCM。

测量数据处理是对测量所得数据结果的分析和判断，主要包括发现和减小系统误差，计算实验标准偏差，异常值的判别和剔除，测量重复性和复现性，以及不确定度评定等。通过数据处理，可采用修正的方法来消除或减小系统误差，通过重复测量来消除或减小随机误差，通过不确定度评定来确定数据结果的置信区间等，最终得到完整可靠的测量结果。

测量理论也可以理解为测量原理，是指"用作测量基础的现象"。它是指测量所依据的自然科学中的定律、定理和得到充分理论解释的自然效应等科学原

理。例如，在力的测量中应用的牛顿第二定律，电学测量中应用的欧姆定律，质量测量中的杠杆原理等。正确地运用测量原理，是保证测量准确可靠的科学基础。实际上，测量结果能否达到预期的目的，主要取决于所应用的原理。测量方法是指"对测量过程中使用的操作所给出的逻辑性安排的一般描述"。换句话说就是根据给定测量原理实施测量时，概括说明的一组合乎逻辑的操作顺序，测量方法就是测量原理的实际应用。例如，根据欧姆定律测量电阻时，可采用伏安法、电桥法及补偿法等测量方法，在采用电桥法时，又可分为替代法、微差法及零位法等。测量方法多种多样，常用的有直接测量法和间接测量法，基本测量法和定义测量法，微差测量法和符合测量法等。

### 5.3.1.6 计量管理

计量管理包括计量保证和计量监督等。计量技术机构是一个实体，所建立的管理体系应覆盖机构所进行的全部计量检定、校准和检测工作，包括在固定的设施内、离开固定设施的场所或在相关的临时或移动的设施中进行的工作。计量管理应满足如下基本要求：有相应的管理人员和技术人员，有相应的措施，有文件化的政策和程序，有技术负责人和质量负责人，指定关键管理人员的代理人等。管理体系文件是计量管理文件化的载体，通常包括：质量方针和总体目标、质量手册、程序文件、作业指导书、表格、质量计划、规范及记录控制等。

## 5.3.2 计量的分类

计量活动涉及社会的各个方面，按照功能区分，计量大致可分为三类，即法制计量、科学计量、工业计量（又称工程计量），分别代表以政府为主导的计量社会事业、计量的基础和计量应用三个方面。其中，科学计量是研制和建立计量基标准装置，提供量值传递和溯源的依据；法制计量是对关系国计民生的重要计量器具和商品计量行为依法进行监管，确保相关量值准确；工程计量是为全社会的其他测量活动进行量值溯源提供计量校准和检测服务。现分述如下。

### 5.3.2.1 法制计量

法制计量是指"为满足法定要求，由有资格的机构进行的涉及测量、测量单位、测量仪器、测量方法和测量结果的计量活动，它是计量学的一部分"。法制计量是政府及法定计量检定机构的工作重点。为了加强计量监督管理，保障国家计量单位的统一和量值的准确可靠，有利于生产、贸易和科学技术的发展，适应社会主义现代化建设的需要，维护国家、人民的利益，我国于1985年制定了《中华人民共和国计量法》，并发布了相关的实施细则。法制计量的内容主要包括：计量立法、统一计量单位、测量方法、计量器具和测量结果的控制、法定计量检定机构及测量实验管理等。计量立法包括：国家计量法的制定、计量法规和规章的制定以及各种计量技术法规的制定。统一计量单位要求强制推行法定计量单位。测量方法和计量器具的控制包括：计量检定、校准和检测的实施，计量器具的型式评价、许可制度、强制检定（首次检定和后续检定）、计量器具的检查等。测量结果和有关计量技术机构的管理包括：定量包装商品量的管理、对校准和检测实验室的要求。法制计量是政府行为，也是政府的职责。

### 5.3.2.2　科学计量

科学计量是指基础性、探索性、先行性的计量科学研究，通常是指用最新的科技成果来精确定义与实现计量单位，并为最新的科技发展提供可靠的测量方法和技术。科学计量是科技和经济发展的基础，也是计量本身的基础。科学计量是计量技术机构的主要任务，包括计量单位与单位制的研究、量值比对方法与测量不确定度的研究。同时也包括对测量原理、测量方法、测量仪器的研究，以解决有关领域准确测量的问题，开展动态、在线、自动、综合测量技术的研究，开展新的科学领域中量值溯源方法的研究，联系生产实际开展与提高工业竞争能力有关的计量课题研究，以及涉及法制计量和计量管理的研究等。科学计量是实现单位统一量值准确可靠的重要保障。

### 5.3.2.3　工业计量

工业计量也叫工程计量，是涉及应用领域的计量测试活动的统称。一般指工业、工程，也包括农业和第三产业在内的生产企业中的实用计量。有关能源或材料的消耗、监测和控制，生产工艺流程的监控，生产环境的监测以及产品质量和性能的检测、企业的质量管理体系和测量管理体系的建立和完善，安全保障等，均需要计量。工业计量涉及建立企业计量检测体系，开展计量测试活动，建立校准、服务市场，发展仪器仪表产业等方面。工业计量测试能力是一个国家工业竞争力的重要组成部分，在国民经济中发挥着关键的作用。

## 5.3.3　计量的特点

计量的特点主要体现在以下四个方面：准确性、一致性、溯源性和法制性[2]。

### 5.3.3.1　准确性

准确性是指测量结果与被测量真值的接近程度。它是开展计量活动的基础，只有在准确的基础上才能达到量值的一致。由于实际上不存在完全准确无误的测量，因此完整的测量结果除了给出量值，还必须给出测量不确定度（或误差范围）。所谓量值的"准确度"，是指在一定的不确定度或允许误差范围内的准确度。准确的测量结果，才能为社会提供计量保证。

### 5.3.3.2 一致性

计量的基本任务是保证单位的统一与量值的一致。单位统一是量值一致的前提，量值一致是指在一定不确定度范围内的一致，是在统一计量单位的基础上，无论何时何地，采用何种方法，使用何种测量仪器，以及由何人测量，只要符合有关的要求，其测量结果就应在不确定度范围内一致。通俗而言，即测量结果应可重复、可复现、可比较，计量的实质是对测量结果及其有效性、可靠性的确认。国际计量组织非常关注各国计量的一致性，采取例如国际关键比对和辅助比对的方式，验证各国的测量结果在等效区间或协议区间内的一致性。

### 5.3.3.3 溯源性

为了实现量值一致，计量强调"溯源性"。溯源性指任何一个测量结果，都能通过一条不间断的溯源链，与计量基标准联系起来。量值溯源，是指自下而上通过不间断的比较链，使测量结果与国家基准或国际基准联系起来，通过校准而构成溯源体系；量值传递，则是指自上而下通过逐级检定或校准而构成检定系统，将国家基准所复现的量值通过各级测量标准传递到工作测量仪器的活动。量值溯源和量值传递，是确保测量结果的准确性和一致性的重要途径。各国的国家计量院通过可溯源至 SI 的溯源链向各认证认可实验室和工业界传递量值，从而保证各国测量量值对 SI 的溯源性。

### 5.3.3.4 法制性

古今中外，计量都是由政府纳入法制管理，以确保计量单位的统一。计量的社会性也要求其具有一定的法制性，计量单位的统一，计量基标准的建立、进口和销售等的管理，量值传递和检定等活动，不仅依赖于科学技术手段，还要有相应的法律法规，依法实施监督管理。特别是对国民经济有明显影响、涉及公众利益和可持续发展或需要特殊信任的领域，必须由政府建立起法制保障。计量的法制性也是实现其一致性的有力保障。

## 5.4 纳米材料计量

### 5.4.1 材料计量

材料科学是研究材料的组织结构、性质、生产流程和使用效能，以及它们之间相互关系的科学。材料科学是多学科交叉与结合的结晶，是一门与工程技术密不可分的应用科学。材料计量是关于材料原材料、产品及生产工艺测量及其应用的学科,是在材料领域内研究计量单位统一和量值准确可靠的活动。

### 5.4.1.1　材料计量的内容

材料计量与传统计量存在着较大的区别。传统计量通常是以单一的 SI 单位(如长度单位米,时间单位秒,电学单位安培等)的量值复现、溯源和传递为研究内容,如图 5-7 所示,传统计量以实现目标的设备为研究对象。而材料计量的研究对象为千差万别、种类纷繁的材料,包括材料研发、生产质控所涉及的关键参数以及生产工艺控制所涉及的参数。例如完整、准确描述一种材料,其微观结构、组成、化学性能和物理性能是关键计量参数,而这些参数的准确测量与测量设备、测量方法密切相关,因此材料研发、质控的计量技术研究内容包括测量设备溯源和标准方法建立、量值传递和方法验证所需的标准物质研制,以及使测量结果国际等效的国际比对;而材料生产制造中的过程控制计量技术研究包括生产制造工艺流程中各种参数三维布控和测量。随着科学技术的进步,对新材料研发提出更高要求,其中压缩研发周期、提升研发效率成为材料研发的重要课题,因此材料计量研究内容得到进一步延伸,基于材料组织结构与性能准确测量量值而建立材料数据库成为各国计量院材料计量新的研究内容。由此可见材料计量是多参数的计量技术研究。

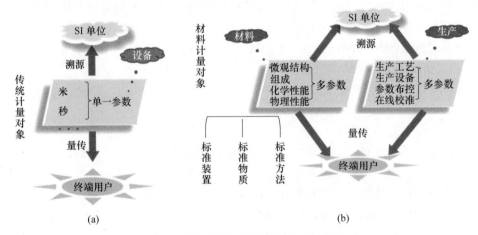

图 5-7　传统计量与材料计量内容示意图
(a) 传统计量内容;(b) 材料计量内容

材料计量各要素的具体解释如下:测量原理通常指具有普遍意义的基本规律,是材料计量的理论基础。从科学的原理出发指导材料计量整个过程。测量设备通常指基于测量原理、满足材料特性参数精确度测量需求的设备,并满足不间断溯源至国际单位制(SI)基本单位的要求。测量方法通常包括得到满足测量需求待测样品的前处理方法,以及确保测量结果一致性的最佳测量条件和操作过程。数据处理是指依据测量原理对非直接显示测量数值的测量结果进行迭代、拟合、分峰等处理过程。不确定度评定是指依据测量原理对包括测量设备、测量方法及数据处理过程所有不确定度来源分量进行计算和确定的过程。材料计量标准物质是指用于材料特定参数测量设备检定校准和保证材料特定参数测量方法有效性和一致性的标准物质。国际（计量）比对是指在国际组织平台上，在规定条件下，在相同量的计量基准、计量标准所复现或所保持的量值之间进行比较、分析和评价的过程。而材料生产制造过程中的材料计量要素是指材料生产制造工艺流程中各种参数如温度、湿度、流量、厚度等，测量设备在生产线上的布控和校准以及对这些参数的测量。材料数据库是材料组织结构与其性能关系的基础参数，是新材料设计、仿真研究的基础，只有基于国际公认的准确数据基础上的新材料设计和仿真研究，才能得到期望的新材料设计和仿真方案，才会正确指导新材料的制备实验去验证新材料设计和仿真结果，才会真正缩短新材料的研发周期。

### 5.4.1.2　材料计量的思路

材料计量有一个核心和两个目的。一个核心就是以量值准确为核心，而两个目的是确保量值国际等效支撑国际贸易的目的和支持国内产业质量保证和提升的目的。材料计量思路如图 5-8 所示，确保一个核心的途径如图 5-8 中间部分，通过溯源性研究而建立、发布材料测量参数相关的计量标准设备和标准物质及有效测量方法（标准方法），是科学计量的主要研究内容。而两个目的是通过如图 5-8 两侧部分的国际互认和计量成果应用来实现。实现量值国际等效的途径是在国际计量组织内主导或参加国际比对，使比对结果在有效区间从而达到国际等效。

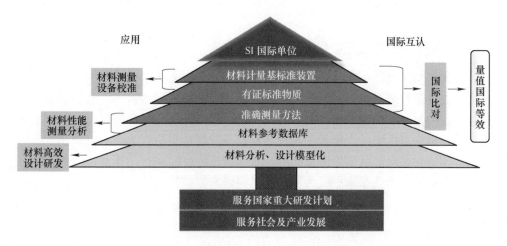

图 5-8　材料计量支撑产业发展示意图

实现材料计量支持国内产业质量保证和提升的目的通过校准规范和计量标准、标准物质开展校准服务；通过准确测量结果建立材料数据库；通过有效材料方法提供材料结构-性能一体化分析解决方案；甚至开展材料设计、建模和仿真工作，为材料高效研发和成果转化提供技术支持，最终打造材料产业国家质量基础，完成服务社会及产业发展和国家重大研发计划的公益责任。因此材料计量是一个产业需求引导发展的量值传递扁平化的计量门类。

材料计量过程中，怎样实现测量结果的准确性和可靠性呢？图 5-9 给出了生产实践过程中所涉及的测量设备和测量方法准确、可靠的路径。所涉及的测量设备通过标准物质和校准规范溯源至 SI 单位，从而达到量值一致的目的；所涉及的测量方法通过标准物质和国家/团体标准溯源至 SI 单位，从而达到量值一致的目的。

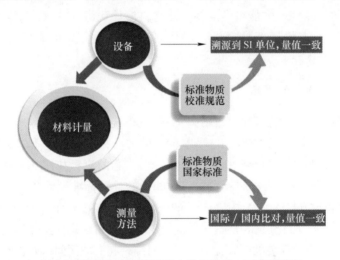

图 5-9　材料生产实践过程中实现准确、可靠的路径

### 5.4.1.3　材料计量的应用和发展

材料是和信息、生物被认为是当前世界新技术革命的三大支柱之一。材料计量未来发展是基于对已知材料结构、组成、性能的准确测量，建立其每种材料结构与性能的关系，大量数据存放在数据库中。当设计新的一种材料时，利用数据库中材料结构与性能的大量数据进行新材料设计建模和仿真，减少材料研发过程中的实验室尝试次数，缩短研发周期。对新研发的材料进行结构与性能的准确测量，并将数据存于数据库中，为进一步材料研发提供技术储备。

随着工业生产和先进制造的发展，各国对材料计量都愈加重视。德国提出的第四次工业革命（工业 4.0）和美国先进制造业伙伴计划（AMP2.0）都对材料计量有重点的描述和支持。2013 年 4 月，德国在汉诺威工业博览会上正式推出工业 4.0 的概念，即以"智能制造、智能生产"为核心，以互联为手段，以计量测试为重要的核心技术体系。美国正在执行的先进制造计划 AMP2.0 的子计划-材料基因组计划由美国标准与技术研究院（NIST）承担，提供了未来材料计量在创新领域应用的一个很好案例。明确提出制造业中的先进传感、先进控制和平台系统，虚拟化、信息化和数字制造以及先进材料三个制造技术优先领域，主要内容为建立标准的基础设施、建立准确测量方法、建立参考数据库和材料设计建模和仿真。我国对材料发展亦非常重视，2015 年 5 月 8 日，国务院正式印发《中国制造 2025》提出，坚持"创新驱动、质量为先、绿色发展、结构优化、人才为本"的基本方针，新材料是其中十个重点领域之一。2017 年 1 月 23 日，工信部、发改委、科技部、财政部联合制定的《新材料产业发展指南》已正式印发，提出到 2020 年，关键战略材料综合保障能力超过 70%，并明确了"完善新材料产业标准体系"作为材料九大发展重点方向之一。随着新材料创新步伐持续加快，国际市场竞争将日趋激烈，对材料产业质量保证和提升的要求越来越高，加强国家质量技术基础（NQI，National Quality Infrastructure）建设尤为关键。国家质量技术基础是指一个国家建立和执行计量、标准、认证认可、检验检测等所需的质量体制框架的统称，包括法规体系、管理体系、技术体系等。

## 5.4.2 纳米材料计量

纳米材料计量是材料计量领域的一部分，其计量研究思路与材料计量完全一样，都是保证某一参数测量量值准确可靠、等效一致，而实现的手段是通过将测量设备溯源至 SI 单位保证准确可靠，测量方法是通过比对实现测量结果等效一致。举例说明，比如晶体结构这一参数，常规材料和纳米材料晶体结构的测量设备都是 X 射线衍射仪（XRD），因此设备溯源研究是一样的，比较大的区别是测量方法中的测量条件如步进大小、衍射角范围等，但是这种差别不是常规材料与纳米材料本质的区别，因此在描述纳米材料计量中也是遵循材料计量的思路，按其被测参数测量设备和测量方法的准确保证阐述。

石墨烯材料是近年来热门的、具有战略意义的新兴纳米材料，学术界和产业界都非常关注，由于其分类、命名及测试技术要求等都极其复杂，因此本节将选择石墨烯基类材料作为纳米材料的代表展开论述。

### 5.4.2.1 石墨烯计量

石墨烯作为一种最为典型的纳米材料，在我国目前已进入基础研发与产业应用同步的快车道。在质量强国的指导思想下，计量从石墨烯产业研发阶段开始介入，开展准确测量技术的研究，支持国家标准、团体标准和国际标准的制定和发布，根据国家标准委、工信部发布的《国家工业基础标准体系建设指南》，开展石墨烯及制品等产品性能与检验方法标准研制。

2018 年，Advanced Materials 发表了一篇关于石墨烯材料真伪的文章"The Worldwide Graphene Flake Productions"，分别对来自 60 余家的石墨烯材料参数指标进行测量分析，得出结论大部分产品不是石墨烯产品[9]。这篇文章很好地提出了关于怎么定义石墨烯及石墨烯类产品命名的问题。Angew. Chem. Int. Ed. 对以单层石墨烯为基础衍生出来的材料做了一个三维分类图见图 5-10[10]，分别是 $x$ 轴方向以功能基团，例如 C：O 比，$y$ 轴方向以横向片层尺寸大小，以及 $z$ 轴方向以纵向层数（厚度）多少为基础的分类图。根据目前 ISO 80004 石墨烯术语标准，只有单层石墨烯才能称之为石墨烯，在单层石墨烯基础上将衍生出因为横向、纵向尺寸以及官能团不同而不同的产品，适用于导热、导电、润滑等不同应用领域，这些产品的统称要如何命名从而满足市场贸易的需求目前在 ISO 80004 标准中还没有定义。这就造成文献所声称的 60 余家石墨烯企业产品大部分不是石墨烯的结论，与我国企业所声称的石墨烯产品相矛盾。因为在我国产业界把 10 层以内的各种横向纵向尺寸、各种官能团的石墨烯基产品统称为石墨烯材料，但是这一命名因为 ISO 标准没有定义，所以不被国际接受，导致了前面提到的文章中给出的都是假石墨烯的结论。因此，怎样在国际上界定一个科学界和产业界都接受的石墨烯基产品统称的定义对于市场信心、产业发展至关重要。只有其清晰、明确、简单的完整定义，才有利于科学普及该类材料，才会使市场更好更明确地进行产品贸易。其他更多问题比如目前企业声称生产或使用的是石墨烯材料，根据什么声称？怎样检测？检测结果是否准确？这些问题都是研发设计和工程生产阶段急需解决的计量问题。

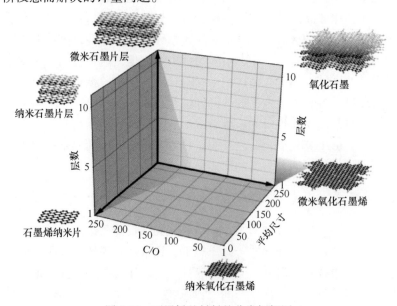

图 5-10　石墨烯基材料的分类框架图

石墨烯材料的计量技术研究包括设备的校准溯源和对不同测量参数有效测量方法的建立，如图 5-11 所示。如上所述，通过将测量设备溯源至 SI 单位、通过测量方法国际/国内比对实现某一参数测量量值准确可靠、等效一致的思路，无论对于粉体还是薄膜类石墨烯材料，都首先需要对所采用设备如拉曼光谱、透射电镜（TEM）、扫描电镜（SEM）、原子力显微镜（AFM）、X 射线衍射仪（XRD）、光学显微镜、X 射线光电子能谱（XPS）、等离子耦合-质谱联用（ICP-MS）、傅里叶红外光谱（FTIR）、氮气吸附比表面积仪（BET）、热重分析仪（TGA）以及热/电/光等性能测量设备的校准或溯源等计量技术研究。（注：根据溯源定义，终端用户将测量结果通过不间断链条与 SI 单位链接起来的过程称之为溯源）。在此过程中，国家计量院（在中国，国家计量院是中国计量科学研究院，简称 NIM；美国国家计量院是美国标准技术国家研究院，简称 NIST，英国国家计量院是国家物理实验室，简称 NPL）是中间桥梁，国家计量院通过科学研究，将某一参数溯源至 SI 单位，并将这一准确量值附加在标准装置和标准物质上，通过标准方法量传到社会各方面的终端用户。对于终端用户来说，利用标准方法，将标准装置或标准物质负载的量值转移到终端用户的设备上称之为校准，这样终端用户将所使用的测量设备的测量结果与 SI 单位链接起来，保证了测量结果的准确可靠。在完成设备校准工作后开展各参数有效测量方法研究。

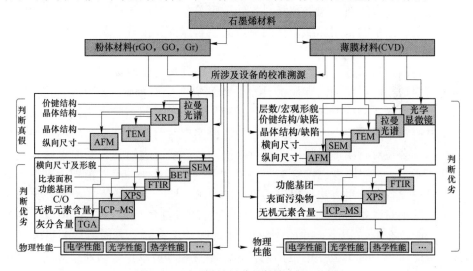

图 5-11　石墨烯材料计量技术顶层设计图

在测量方法学研究过程中对于石墨烯薄膜材料，被测样品结构性能的相关参数是产品质量证明的必测参数，因此在测量方法学研究过程中建立光学显微镜测量其宏观形貌及层数、拉曼光谱测量化学结构及缺陷、透射电镜（TEM）测量晶体结构/微观缺陷/微观形貌、扫描电镜（SEM）测量横向尺寸/宏观缺陷及原子力显微镜（AFM）测量纵向尺寸/表面粗糙度等测量方法，并通过国际比对，使测量方法等效一致、可操作，从而建立相关的有效测量方法是石墨烯薄膜材料计量技术研究的首要任务。被测样品化学性能及物理性能的相关参数是产品质量证明的选择性参数，根据产品的应用领域和方向进行选择。只有结构性能参数和选择的化学及物理性能参数结合在一起，才能对一个产品的质量下结论。由此可见，对于某一种产品，有些参数是可以选择测量，但是作为质量基础技术研究，所涉及的所有参数测量技术都是必须开展的计量技术研究。

在测量方法学研究过程中对于石墨烯粉体材料，被测样品结构性能的相关参数是产品真假的必测参数，并且由于石墨烯粉体材料的复杂性，结构性能参数测量需要按照测量顺序进行，即先采用拉曼光谱仪进行化学价键结构表征，证明其具有基本 $sp^2$ 杂化的 C＝C 蜂窝状结构基础上进行 XRD 测量，证明其拥有类石墨或氧化石墨晶体结构，在此基础上进一步进行 TEM 和 AFM 的测量，从微观可视方面进一步确认被测样品形貌、层数、厚度，与前述拉曼光谱、XRD 结果结合判断，给出是否是 10 层以内的各类石墨烯材料。上述计量技术给出真假判断的依据，确保市场交易的信心。

由此可见，石墨烯材料质量基础的计量技术顶层设计中，依据需求导向不仅就石墨烯材料从市场分类导出计量所需校准溯源的测量设备，而且设计测量参数，并梳理出各参数对不同类被测对象的逻辑关系。有助于后续制定系统化的标准，有助于成体系的采用标准，从而对产品质量保证和提升以及贸易的有序进行起到质量基础作用。

根据石墨烯材料计量技术顶层设计图，中国计量科学研究院首先开展了市场急需的石墨烯粉体材料判断真假的计量技术研究。以石墨烯术语国家标准 GB/T 30544.13—2018（采标 ISO/TS 80004：2017）对石墨烯材料定义为例，要认定为石墨烯材料其中最重要一个参数就是层数。要实现对石墨烯材料产品的客户信任度传达，就必须对石墨烯材料层数进行准确测量。众所周知，石墨烯单层理论厚度为 0.334nm，三层厚度也仅有 1nm 左右。如何在如此小的尺寸范围内进行准确测量对测量设备和测量方法都提出了更高的要求，原子力显微镜（AFM）方法是目前公认的绝对测量方法之一。一方面从设备测量准确性考虑，AFM 设备的测量下限范围要在 1nm 以下，并能溯源至 SI 国际单位；另一方面，从测量方法准确性上考虑，在 1nm 如此小的范围内，材料本身和环境以及数据处理对测量结果引入的不确定度远远大于设备溯源性引入的不确定度。图 5-12 是氧化石墨烯样品厚度 AFM 测量结果图[11]，从右图可以看出圈内台阶基线由于污染物和仪器噪声造成的误差已经达到 1nm，怎样确保 1nm 厚度测量结果准确是石墨烯材料计量面临的最大挑战，也是石墨烯产业发展的瓶颈问题，涉及产品是否是石墨烯产品的技术信心。因此，解决石墨烯材料结构、组成、性能准确测量是石墨烯材料产业最迫切的计量需求。

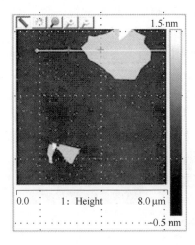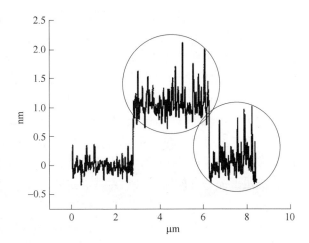

图 5-12　氧化石墨烯 AFM 测量结果图[11]

　　制定标准的思想已经在产业界和基础研发领域得到认识和推广，但是如何制定高质量的石墨烯及制品等产品性能与检验方法标准的理念和措施仍不足。在纳米技术标准化过程中，发现了我国技术标准制定过程中存在的一些共性问题：一是标准的可操作性和测量结果一致性需要提高。主要原因是技术标准制定过程中缺少实验室比对结果来支持和确认标准技术条款，从而保证技术标准的普适性和可操作性。比对是一个计量术语，中华人民共和国国家计量技术规范 JJF 1001—2011 通用计量术语及定义 4.9 比对的定义是：在规定条件下，对相同准确度等级或制定不确定度范围的同种测量仪器复现的量值之间比较的过程。二是我国纳米技术标准在国际标准化组织中需要高质量提案。在 ISO/IEC 等国际标准提案需要召集更多国家参与以及基于国际平台的国际多家实验室比对的结果支持提案。我们参加的国际标准提案的经验是：参加国际组织 VAMAS（新材料与标准化凡尔赛组织）的比对，依据比对结果在 ISO 或 IEC 技术委员会 TC 提案，能够高效立项，并推进标准在各个阶段的实施。计量是主导组织国际和国内比对的主体，能够提供比对要求的技术方案、样品以及比对结果的数据处理和评价专业能力，不仅能够为技术标准条款中参数确认、数据一致提供技术支持，而且通过权威的比对平台召集更多国家参与国际比对，能够使标准测量结果国际等效，为国际标准提案提供技术基础。国际上通行是依托国家计量院在该专业领域的丰富经验、权威平台。这充分反映了计量对标准的技术基础地位，对高质量标准编制计量技术的支撑作用，充分体现了计量在国家质量基础设施中的主导地位。

　　另外，在我国质量基础设施协同作用方面还存在参数匹配性不高的问题。标准是检验检测及产品认证的依据，因此标准中各参数设置应该与认证认可的参数要求一致；计量需要以标准中各参数的需求开展溯源量传、测量方法比对研究，通过溯源、不确定度评定、比对等计量技术的支持验证测量结果准确性，满足测量结果一致性需要，最终达到计量与标准及检验检测、认证认可的参数一致。全国纳米技术标准化技术委员会（SAC/TC279）充分认识到计量对测量方法结果准确性和一致性的决定作用，将纳米检测技术工作组（SAC/TC279/WG5）的秘书处设立在中国计量科学研究院，以促进纳米技术高质量标准的编制和发布。

根据石墨烯材料计量技术研究结果，石墨烯材料标准体系顶层设计见图5-13。图中①和②两部分互相结合，在计量技术支持下，5个标准同时编制，同时发布，可以及时为企业产品质控提供服务；依据系列标准开展第三方测试服务，满足产品认证的需求（已经为企业提供了合格评定服务）。

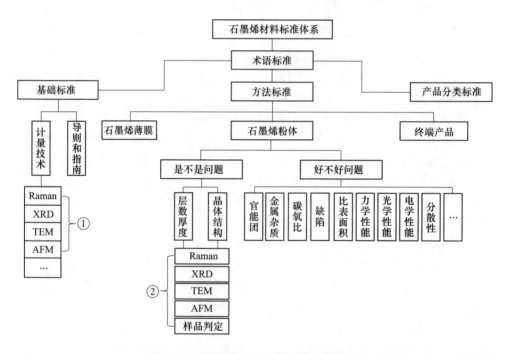

图 5-13　石墨烯材料标准体系顶层设计图

纳米技术领域基础研究与产业发展几乎同步，这就需要在纳米技术向产业转化过程中标准能够同步提供支持，促进转化的进程。而同步标准的提供需要在计量技术支持下，推进基础研究成果的标准化，使测量技术标准测量结果国际国内等效一致，使测量技术标准普适和可操作，充分发挥质量基础设施中计量对标准的支撑作用。

从图5-13中可以看出，石墨烯基材料的各种参数涉及多种测量技术，在此不一一描述，主要以 X 射线衍射技术为例，阐述石墨烯材料晶体结构计量技术的全过程。X 射线技术是石墨烯材料晶体结构特性表征的重要方法之一，包括 X 射线衍射技术和 X 射线反射技术两种。如何可靠、有效地表征石墨烯材料的晶体结构是获得高质量石墨烯的关键步骤之一。我国目前已建立了 X 射线衍射和 X 射线反射技术的量值溯源和传递体系，该计量体系的建立，保证了石墨烯的 X 射线衍射和反射表征结果的准确可靠。

### 5.4.2.2 X 射线衍射技术

X 射线衍射技术（XRD）是基本的材料表征方法，目前应用最广泛的一项技术，具有样品用量少、制备容易、非破坏性等特点，在化学、物理学、地质学、材料科学、生物学等学科及石油、化工、冶金、信息工业、航空航天等产业部门及司法、商品鉴定等领域都有广泛而重要的应用。X 射线衍射技术可以利用 X 射线在晶体、非晶体中衍射与散射效应，表征材料的晶体结构、晶面间距、晶格参数和结晶度等。

A 原理及理论

X 射线衍射是利用晶体对 X 射线的衍射效应，根据 X 射线穿过物质的晶格时所产生的衍射特征，鉴定晶体的内部结构，原理示意图如图 5-14 所示。该方法基于布拉格方程，方程可由式（5-1）给出[12]：

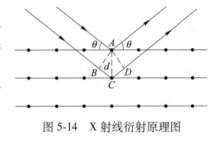

图 5-14 X 射线衍射原理图

$$2d_{(hkl)}\sin\theta = n\lambda \qquad (5-1)$$

式中  $d_{(hkl)}$——晶面间距，nm；

$\theta$——衍射角，(°)；

$n$——衍射级数；

$\lambda$——X 射线波长，nm。

其中，$h$、$k$、$l$ 表示晶面指数；$\lambda$ 取决于 X 射线管所用的对阴极（靶）金属材料。

X 射线能量较高，对于常规无机材料，通过常规对称衍射方式，X 射线的穿透深度在几个微米到几十个微米之间。对于纳米级厚度的薄膜样品，X 射线射到薄膜样品上会透过薄膜材料透入衬底（基底）内部，因此常规对称衍射得到的衍射信号是衬底（基底）的衍射信号和薄膜材料衍射信息的叠加，且衍射信号的强度与衍射体积直接有关，故谱图中大部分信息将来自于薄膜样品的衬底（基底）材料，薄膜材料本身的信息只占到很少一部分；而使用掠入射（以极低的角度入射且在测量过程中保持入射角不变）方式，可使得 X 射线在薄膜材料中经历很长光路但实际纵向深度却很小，从而达成提高薄膜材料的信息在谱图中的比例甚至完全是薄膜材料的信息的目的（见图 5-15）。所以，针对石墨烯粉体和石墨烯薄膜，需要选择不同的 X 射线衍射方式。

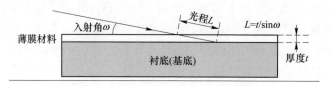

图 5-15　掠入射 X 射线衍射示意图

B　X 射线衍射技术在石墨烯材料测量的应用

　　X 射线衍射技术作为一种石墨烯材料晶体结构测量方法，可测量不同石墨烯材料的衍射峰，或通过布拉格方程计算层间距，与其他方法结合可作为石墨烯材料晶体结构的测试依据，其准确测量可以为石墨烯材料的生产和研究提供技术指导。

　　通过石墨烯材料的衍射峰数据，或者由衍射峰数据通过布拉格方程计算得到层间距，可以反映氧化石墨烯、还原氧化石墨的氧化、还原程度。图 5-16 为不同氧化方法制备的氧化石墨烯，IGO、HGO+和 HGO 的衍射峰对应的层间距分别为 0.95nm、0.90nm 和 0.80nm，说明 IGO 氧化程度最高，HGO+次之，HGO 氧化程度最低。此外，HGO 在层间距 0.37nm 处的衍射峰值表明样品中存在起始原料（石墨）。层间距从 8.0nm 到 9.5nm 相对应的衍射角 $2\theta$ 差别很小，只有在仪器设备校准的情况下才能进行可靠的比较后续的推断，因此需要进行校准溯源[13]。

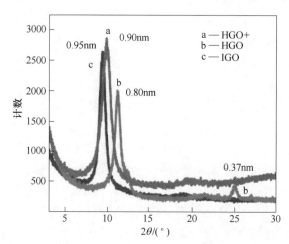

图 5-16　IGO、HGO 和 HGO+（波长为 0.154059nmCu $K_{\alpha1}$）的 X 射线衍射谱图[10]

IGO——一种改进的氧化方法；HGO——Hummers 法；HGO+——添加 $KMnO_4$ 的 Hummers 法

　　X 射线衍射仪测量石墨烯基材料的晶体结构案例有很多，图 5-17 是在室温到 1000℃范围内测量的氧化石墨烯/石墨烯薄膜的 X 射线衍射谱图。从图中可以看出，温度不断升高，氧化石墨烯薄膜（左侧）的（002）晶面衍射峰随着强度和 FWHM 的变化不断向右移动。这体现了氧化石墨烯的热还原过程，即随着嵌入的水分子和含氧官能团的去除，薄膜缺陷形成、晶格收缩，层的折叠和展开，及自下而上的趋向大块石墨的层堆积[14]。

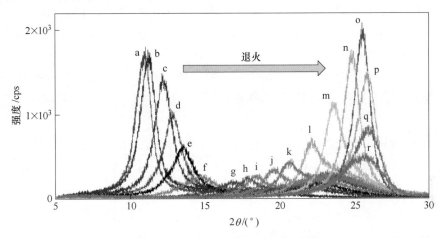

图 5-17　室温到 1000℃ 原位测量的氧化石墨烯/石墨烯薄膜的 X 射线衍射谱图[11]
a—室温；b—50℃；c—140℃；d—150℃；e—160℃；f—170℃；g—180℃；h—190℃；i—200℃；
j—250℃；k—300℃；l—400℃；m—500℃；n—600℃；o—700℃；p—800℃；q—900℃；r—1000℃

这些都说明 X 射线衍射技术在表征石墨烯晶体结构方面具有独特的优势，不同石墨烯材料具有不同的 X 射线衍射峰，衍射峰可作为石墨烯材料晶体结构判断的测试依据之一，所以其准确测量可以为石墨烯材料的生产和研究提供技术指导。

C　X 射线衍射计量

为了全流程说明材料计量中终端设备溯源至 SI 单位的全过程，在后续将分为设备溯源和设备校准两部分来进行描述。

D　设备溯源

X 射线衍射仪的溯源，根据式（5-1）布拉格方程建立的数学模型可知，需要对角度 $\theta$ 和波长 $\lambda$ 进行溯源。

a　角度溯源

X 射线衍射仪角度溯源方法：采用溯源至 SI 国际单位的激光干涉仪和自准直仪分别对 $\theta$ 角、$2\theta$ 角进行校准，精度为 $2''$。测量范围为 0° ~ 10°，步进为 0.03°；每次测量 0.60° 后，进行回零观测，等稳定后返回刚才的点；如果零点漂移超过 ±0.30″，清零重新测量。

角度溯源过程中引入的不确定度主要包括以下八个方面：圆周分度引入的不确定度 $u_1$；中心相位偏离零位线引入的不确定度 $u_2$；制造工艺引入的不确定度

$u_3$；回转台测量精度引入的不确定度 $u_4$；激光干涉仪测量精度引入的不确定度 $u_5$；安装不同轴引入的不确定度 $u_6$；环境温度引入的不确定度 $u_7$；地面震动引入的不确定度 $u_8$。下面分别讨论每个不确定度来源的分析。

（1）圆周分度引入的不确定度 $u_1$：

X 射线衍射仪测量过程中是 $2\theta$ 角相对于 $\theta$ 角的转动测量得到的结果。角度溯源即将 $2\theta$ 角相对于 $\theta$ 角的转动带来的不确定进行分析。而在溯源过程中以转台为参照对象分别对 $2\theta$ 角和 $\theta$ 角相对于转台的误差进行测量。

图 5-18 是以转台为参考位置，$\theta$ 角相对于转台，围绕不动的轴心运动进行测量，测量得到 $\theta$ 角相对于转台的角度偏差曲线。

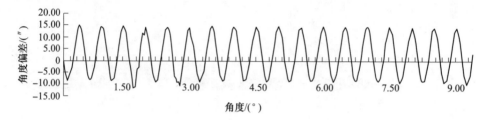

图 5-18　测量 $\theta$ 角的角度偏差曲线

从图 5-18 中可以看出角度偏差曲线基本符合正弦曲线，最大偏差：$+15''$和$-10''$，但是中心相位不在零点相位上。通过运算对其相位进行调整，得到该偏差曲线中心相位在零位线的校准方程式（5-2），可以看出，随角度增大，零位偏移越大，带来测量误差越大。

$$y = 0.00037x + 2.55706 \qquad (5-2)$$

图 5-19 是以转台为参考位置，$2\theta$ 角相对于转台，围绕不动的轴心运动进行测量，测量得到 $2\theta$ 角相对于转台的角度偏差曲线。从图 5-19 中可以看出角度偏差曲线基本符合正弦曲线，最大偏差：$\pm15''$，并且中心相位不在零点相位上。负偏差最大的绝对值比 $\theta$ 角的负偏差最大的绝对值稍大一些，这也与实际操作相符合，在实际操作中，$2\theta$ 的校准是在先完成 $\theta$ 角度校准后进行的。通过运算对其相位进行调整，得到该偏差曲线中心相位在零位线的校准方程式（5-3），可以看出，随角度增大，零位偏移越大，带来测量误差越大。

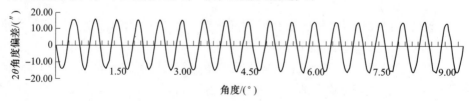

图 5-19　测量 $2\theta$ 角的角度偏差曲线

$$y = -0.00398x - 0.37246 \tag{5-3}$$

X射线衍射仪测量过程中是 $2\theta$ 角相对于 $\theta$ 角的转动测量得到的结果，因此在测量误差分析过程中，要将 $2\theta$、$\theta$ 以转台为参考位置的测量结果转化为 $2\theta$ 相对于 $\theta$ 的测量结果，$2\theta$ 角相对于 $\theta$ 角的偏差曲线如图5-20所示。

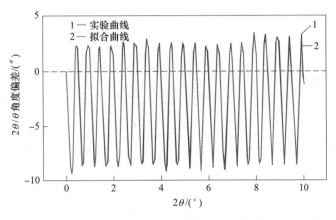

图 5-20　测量 $2\theta/\theta$ 角的角度偏差曲线

从图5-20中可以看出，角度偏差曲线基本符合正弦曲线，最大偏差：$+5''$ 和 $-9.2''$，绝对值比 $\theta$、$2\theta$ 角相对于转台的最大偏差都小，说明系统误差得以抵消。由图5-20结果可知，圆周分度最大标准偏差为 $u_1 = 9.2''$。

（2）中心相位偏离零位线引入的不确定度 $u_2$：

从图5-20中可以看出，角度偏差曲线不在零相位，因此需要分析中心相位偏离零位引入的不确定度。偏差曲线中心相位在零位线的校准方程为方程式（5-3）- 方程式（5-2）：

$$y = -0.00435x - 2.92952 \tag{5-4}$$

虽然中心相位仍不在零点相位上，但是中位线相对于零位线几乎是平移，在 $0° \sim 8°$ 范围内，随角度增大，中位线偏移保持不变，说明在此角度范围内，测量过程中系统误差相对较小。根据中心相位在零位线的校准方程式（5-4）求导得到零位引入的不确定度 $u_2 = 0.004° = 1.4''$。

（3）制造工艺引入的不确定度 $u_3$：

为了分析 XRR 设备制造工艺引入的误差，分别对 $\theta$、$2\theta$ 角相对于转台的校准数据进行正弦曲线拟合，采用最小二乘法进行拟合计算，拟合的理论值与实际测量值如图5-21和图5-22所示。将实际测量值与拟合的理论值进行比较，所得差值曲线如图5-23和图5-24所示。校准数据与拟合数据的差值曲线，是有规律的三角波形周期曲线，这是由于光栅码盘刻线加工的制造工艺引起的。根据图5-23和图5-24结果进行综合分析，光栅码盘刻线加工的制造工艺引入不确定度为 $u_3 = 2''$。

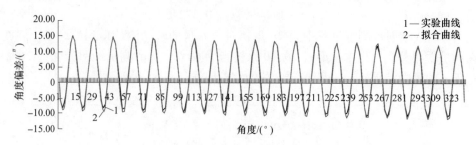

图 5-21　实际校准 $\theta$ 角的角度偏差曲线与拟合曲线

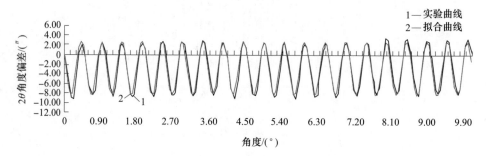

图 5-22　实际校准 $2\theta$ 角的角度偏差曲线与拟合曲线

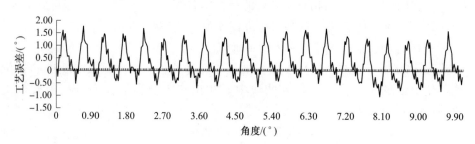

图 5-23　$\theta$ 角的校准数据与拟合数据的差值曲线

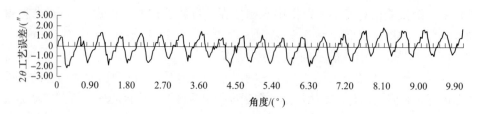

图 5-24　$2\theta$ 角的校准数据与拟合数据的差值曲线

（4）回转台测量精度引入的不确定度 $u_4$：

由回转台校准结果可知，其测量精度为 $U_4 = 2.0''$。根据输入量估计值标准不确定度的 B 类评定原则，测量精度的分布为矩形分布，则 $k = \sqrt{3}$，因此回转台测量精度引入的不确定度 $u_4 = \dfrac{U_4}{k} = \dfrac{2.0}{\sqrt{3}} = 1.2''$。

（5）激光干涉仪测量精度引入的不确定度 $u_5$：

由激光干涉仪校准结果可知，其测量精度为 $U_5 = 2.0''$。根据输入量估计值标准不确定度的 B 类评定原则，测量精度的分布为矩形分布，则 $k = \sqrt{3}$，因此激光干涉仪测量精度引入的不确定度 $u_5 = \dfrac{U_5}{k} = \dfrac{2.0}{\sqrt{3}} = 1.2''$。

（6）安装不同轴引入的不确定度 $u_6$：

在 XRR 设备的角度校准中，回转台安装的同轴性、轴编码器的同轴性（水平垂直）采用数显千分尺判定。数显千分尺的测量精度为 $U_6 = 2.0''$。根据输入量估计值标准不确定度的 B 类评定原则，测量精度的分布为矩形分布，则 $k = \sqrt{3}$，因此数千分尺引入的不确定度 $u_6 = \dfrac{U_6}{k} = \dfrac{2.0}{\sqrt{3}} = 1.2''$。

（7）环境温度引入的不确定度 $u_7$：

由于仪器配有循环水控温系统，因此环境温漂引入的不确定度较小，在此设定为 $u_7 = 0.1''$。

（8）地面震动引入的不确定度 $u_8$：

测量过程中，发现由于交通引起的地面震动对测量结果影响较大，因此设定地面震动引入的不确定度为 $u_8 = 1.0''$。

因此，角度引入的合成标准不确定度为 $u_\theta = \sqrt{\sum_{i=1}^{8} u_i^2} = 9.8''$。

b　波长溯源

由于 X 射线波长短、能量高，不易直接将 X 射线波长溯源至 SI 国际单位。根据 X 射线衍射仪的测量原理，X 射线不是直接到达样品表面，而是通过单色器将 X 射线单色化再到达样品表面进行样品测量。因此，布拉格方程中的 $\lambda$ 是指单色化后的 X 射线波长，在溯源研究中只对这段波长进行研究。X 射线衍射仪常用的单色器有 Mirror、Hybrid+Mirror 和四晶单色器。各种单色器具有不同的单色化特色，适用于不同的测量目的。采用不同单色器单色化入射 X 射线，通过测量单晶硅 Si(220) 晶格参数，来表征不同单色器特性，并通过已知 Si(220) 晶格参数，计算得到入射 X 射线的波长 $K_{a1}$，与已知 X 射线波长进行比较，将入射光源溯源至自然晶格参数。

实验方法：X 射线衍射仪在光管与探测器水平（表面反射）状态下，卸下平板准直器，采用光谱仪模式，通过不同单色器对样品单晶硅 Si(220) 测量。在仪器各参数清零的状态下，通过扫描 $2\theta$ 角调整光束、扫描 $Z$ 轴和角度 $\omega$ 调整样品高度，把扫描得到的参数设为 offset。在此种状态下，再对仪器进行耦合扫描，确保仪器在最好的条件下进行测量。采用 Mirror 单色器，在调整参数时要在单色器前加 Mask 和衰减片；采用 Hybrid+Mirror 单色器，在调整参数时要在单色器前加衰减片；而采用四晶单色器，在调整参数时不需要在单色器前加 Mask 和衰减片。

　　用单晶硅 Si(220) 标准物质（SRM2000）对经过不同单色器过滤后的 X 射线进行校准。图 5-25 是经过不同单色器单色化后的 X 射线经 Si(220) 衍射后的波长分布图，右上角小图是 X 射线经过四晶单色器和 Hybrid+Mirror 单色器单色化波长分布图的放大图。如图 5-25 曲线 a 所示，X 射线经过四晶单色器单色化后只有 $K_{\alpha 1}$ 线，其 $K_{\alpha 1}$ 线波长值为 $\lambda_a$ = 0.15403nm，半峰宽（FWHM）为 $2.9\times10^{-4}$nm。如图 5-25 曲线 b 所示，X 射线经过 Hybrid+Mirror 单色器单色化后也只有 $K_{\alpha 1}$ 线，说明 Hybrid+Mirror 单色器对 X 射线也有很好的过滤作用，X 射线的强度损失相对较小，其 $K_{\alpha 1}$ 线波长值为 $\lambda_b$ = 0.15411nm，半峰宽 FWHM 增加为 $8.6\times10^{-4}$nm，比四晶单色器稍微增大。当单色器为 Mirror 时，如图 5-25 曲线 c 所示，X 射线经过 Mirror 单色器单色化后有 $K_{\alpha 1}$ 和 $K_{\alpha 2}$ 线，其 $K_{\alpha 1}$ 线波长值为 $\lambda_{\alpha 1}$ = 0.15409nm，$K_{\alpha 2}$ 线波长值为 $\lambda_{\alpha 2}$ = 0.15442nm，到达样品表面的 X 射线是这两条线的综合结果，因此，X 射线经过 Mirror 单色器过滤后得到 X 射线波长通过两条 $K$ 线强度的贡献合并计算 $\lambda_c$ = $2/3\lambda_{\alpha 1}+1/3\lambda_{\alpha 2}$ = 0.15420nm。根据对两条 $K$ 线的拟合曲线如图 5-26 所示，得到半峰宽为 $4.4\times10^{-3}$nm。

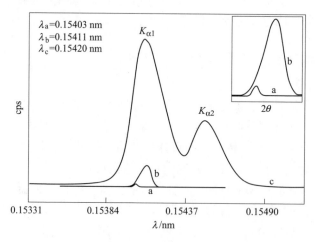

图 5-25　不同单色器过滤后的 X 射线经 Si(220) 衍射后的波长分布图
a—四晶单色器；b—Hybrid+Mirror 单色器；c—Mirror 单色器

从图 5-25 中可以看出，四晶单色器单色化 X 射线后半峰宽最小，说明其对

X 射线单色化纯度最高，其次为 Hybrid+Mirror 单色器，但是损失了 X 射线的强度，四晶单色器单色化 X 射线后的强度最小。这种单色器适用于对入射线纯度要求高但强度相对要求低的样品测量。反之，Mirror 单色器对 X 射线单色化纯度较低，但是强度得到很好的保留，强度是 Hybrid+Mirror 单色器的 7 倍，是四晶单色器的 53 倍，因此 Mirror 单色器适用于对入射线强度要求高的样品测量，比如样品薄膜厚度的测量。

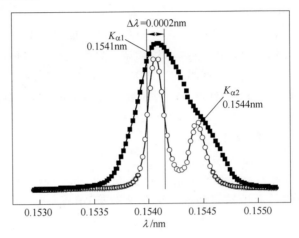

图 5-26　X 射线经过 Mirror 单色器过滤后 $K_{\alpha1}$ 和 $K_{\alpha2}$ 线及其拟合曲线

对 X 射线衍射仪波长的不确定度评定根据 $\lambda$ 理论值与布拉格方程式实测 Si（220）单晶得到的 $\lambda$ 测量值的差值来确定。$K_{\alpha1}$ 线的 $\lambda$ 理论值为 0.140598nm，因此，对于 X 射线衍射仪，采用四晶单色器的波长不确定度是 $u_{\lambda a}$ = 0.00003nm，采用 Hybrid+Mirror 单色器的波长不确定度是 $u_{\lambda b}$ = 0.00005nm，采用 Mirror 的波长不确定度是 $u_{\lambda c}$ = 0.00014nm。

通过溯源研究建立 X 射线衍射仪计量标准设备。在该设备基础上对晶体结构标准物质准确定值，将层间距与衍射角的定量关系量值负载在标准物质上，如粉末 $\alpha$-SiO$_2$ 标准物质（平均粒径不大于 20μm，晶格常数的标准不确定度不大于 0.00001nm）。终端用户可以采用该标准物质对设备进行校准，以确保量值溯源链条的连续性。下面将介绍终端用户利用标准物质对用户 X 射线衍射仪进行校准。

E　设备校准

为保证 X 射线衍射仪测量结果的准确可靠，需要定期对其主要性能指标进行校准。校准需要参照国家计量检定规程 JJG 629—2014《多晶 X 射线衍射仪》进行。该规程对仪器的主要性能指标和测试方法给出了规定。校准项目主要包括了仪器 $2\theta$ 角示值误差和重复性、仪器分辨力、探测器能谱分辨力和衍射强度稳定性。校准项目需要选用不同的标准物质进行校准，其中，仪器 $2\theta$ 角和仪器分辨力校准用的标准物质为粉末 $\alpha\text{-SiO}_2$ 标准物质（平均粒径不大于 $20\mu m$，晶格常数的标准不确定度不大于 $0.00001nm$）；探测器能谱分辨力和衍射强度稳定性校准用的标准物质为粉末 Si 标准物质（平均粒径在 $10\mu m$ 左右，晶格常数的标准不确定度不大于 $0.00002nm$）[15]。

a　仪器 $2\theta$ 角示值误差

测量粉末 $\alpha\text{-SiO}_2$ 标准物质，测量条件为：$\text{Cu}K_\alpha$ 辐射，Ni 滤波片，发散狭缝和散射狭缝设为 $1°$，接收狭缝 $0.1\sim0.3mm$，连续扫描速度不大于 $2°/min$，步进扫描速度不大于 $0.01°/$ 步，在 $15°\sim125°$（$2\theta$）之间进行单向扫描，记录 $\alpha\text{-SiO}_2$ 标准物质的（100）、（101）、（110）、（200）、（211）、（312）、（314）晶面衍射线的衍射角，根据式（5-5）计算各衍射角示值与其标准值的误差。

$$\Delta(2\theta) = 2\theta - 2\theta_s \tag{5-5}$$

式中　$\Delta(2\theta)$ —— $2\theta$ 角示值误差，（°）；

　　　　$2\theta$ —— $2\theta$ 角的仪器示值，（°）；

　　　　$2\theta_s$ —— 标准物质各晶面对应的 $2\theta$ 角，（°）。

各衍射角示值误差中绝对值最大的值为仪器 $2\theta$ 角示值误差结果，要求在 $\pm0.02°$ 以内。

b　仪器 $2\theta$ 角重复性

参照上述实验条件，对粉末 $\alpha\text{-SiO}_2$ 标准物质（101）晶面的 $2\theta$ 角进行单向扫描，重复 7 次，根据式（5-6）计算标准偏差：

$$s(2\theta) = \sqrt{\frac{\sum_{i=1}^{n}(2\theta_i - \overline{2\theta})^2}{n-1}} \tag{5-6}$$

式中　$s(2\theta)$ —— $2\theta$ 角单次测量值的标准偏差，（°）；

　　　　$2\theta$ —— $2\theta$ 角的单次测量值，（°）；

　　　　$\overline{2\theta}$ —— $2\theta$ 角的平均值测量值，（°）；

　　　　$n$ —— 测定次数。

仪器 $2\theta$ 角重复性要求不超过 $0.002°$。

c　仪器分辨力

参照上述实验条件，接收狭缝 $0.1\sim0.15mm$，连续扫描速度不大于 $2°/min$，步进扫描速度不大于 $0.01°/$ 步，在 $67°\sim69°$ 范围之间扫描 $2\theta$ 角并记录，得图 5-27 所示的衍射图。

根据式（5-7），计算仪器分辨力：

$$D = \frac{h}{H} \times 100\% \tag{5-7}$$

式中  $D$——仪器分辨力;

$h$——（212）晶面的 $K_{\alpha 1}$ 衍射峰和（212）$K_{\alpha 2}$ 衍射峰之间的峰谷位置所对应的衍射强度;

$H$——（212）晶面的 $K_{\alpha 2}$ 衍射峰峰高位置所对应的衍射强度。

仪器分辨力要求不大于 60%。

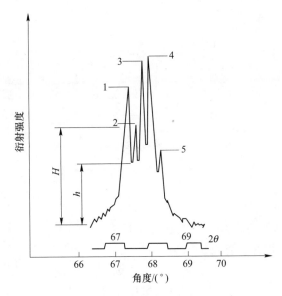

图 5-27  α-SiO$_2$ 衍射图

1—（212）晶面 $K_{\alpha 1}$ 衍射峰;2—（212）晶面 $K_{\alpha 2}$ 衍射峰;3—（203）晶面 $K_{\alpha 1}$ 衍射峰;

4—（203）晶面 $K_{\alpha 2}$ 衍射峰和（301）晶面 $K_{\alpha 1}$ 衍射峰;5—（301）晶面 $K_{\alpha 2}$ 衍射峰

d  探测器能谱分辨力

测量粉末 Si 标准物质,测量条件为:CuK$_{\alpha}$ 辐射,Ni 滤波片,发散狭缝和散射狭缝 1°,接收狭缝 0.1~0.3mm,调整 Si(111) 晶面 $K_{\alpha 1}$ 衍射强度为满度值的 80% 左右,将放大器的道宽固定不变,启动能谱分辨力扫描,得到图 5-28 所示的能谱分辨力扫描图。

根据式（5-8）计算探测器能谱分辨力。

$$E_{\mathrm{R}} = \frac{W}{V} \times 100\% \tag{5-8}$$

式中  $E_{\mathrm{R}}$——探测器能谱分辨力;

$W$——扫描曲线的半高宽,即一半峰高位置所对应的宽度,V;

$V$——扫描曲线最高峰处所对应的电压,V。

探测器能谱分辨力,对于正比计数器,要求不大于 20%（CuK$_{\alpha}$）;对于闪烁计数器,要求不大于 55%（CuK$_{\alpha}$）。

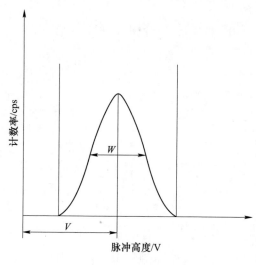

图 5-28　能谱分辨力扫描图

e　衍射强度稳定性

对于新购置的 X 射线衍射仪，首次校准时，有必要对其衍射强度稳定性进行确认。测量粉末 Si 标准物质，测量条件为：$CuK_{\alpha}$ 辐射，Ni 滤波片，发散狭缝 2°，散射狭缝 4°，接收狭缝 0.3mm 以上，保持衍射角不变，测定 Si(111) 晶面的衍射强度。采用定时计数法，累计计数率 $1×10^4$ 次/s 左右，定时时间 200s，仪器稳定后，每隔 5min 记录一次计数，连续 8h，根据式（5-9）计算该组数据的相对极差。

$$R = \frac{N_{\max} - N_{\min}}{\overline{N}} \times 100\% \tag{5-9}$$

式中　$R$——衍射强度的相对极差；

　　　$\overline{N}$——衍射强度的平均值；

　　$N_{\max}$——衍射强度的最大值；

　　$N_{\min}$——衍射强度的最小值。

衍射强度稳定性要求不大于 1.5%/8h。

为了保证设备量值的准确，需要定期对衍射仪进行校准、核查。

F　标准方法

X 射线衍射技术是石墨烯等纳米材料必不可少的表征手段。关于 X 射线衍射的标准有 GB/T 30904—2014《无机化工产品晶型结构分析 X 射线衍射法》等[16]。对于石墨烯基材料由于其自身质轻易飘、易产生静电以及自身不均匀性等特点，研究样品前处理技术、取样方法以及测试条件，在研究成果的基础上，要得到可靠可比的测量结果需要将测量方法标准化。标准化过程首先要求设备需要校准后使用，这样排除了由于设备不一致而导致的不可比，其次将被测样品预处理方法标准化，再者将取样方法标准化，最后将测试条件包括数据处理标准化。

在这里直接描述石墨烯基粉体材料 X 射线衍射测量方法的标准化结果：（1）为了保证测试结果的准确可靠，仪器应预先按照 JJG 629—2014 进行校准；（2）将石墨烯粉末试样置于载样片凹槽中压平压实至样品表面与载样片表面在同一平面内，排除玻璃载样片的影响；（3）在不同位置按取样规则进行取样，为了使所测石墨烯粉末的取样有代表性，至少在 5 个位置取样测量；（4）测试条件包括管电压和管电流、狭缝宽度、采谱范围、采谱模式、采谱速度或时长等。标准化的测试条件为：

管电压和管电流：使用的管电压和管电流不应超过所使用的 X 射线管所规定的最大管电压和管电流，部分仪器以最大使用功率表示。

狭缝宽度：狭缝的种类有发散狭缝、防散射狭缝、接收狭缝和索拉狭缝。总的来说，狭缝的宽度大小对衍射强度和分辨率都有影响。宽度越大，衍射强度越大，但分辨率越差；反之，宽度越小，衍射强度越弱，而分辨率越好。

选用合适的狭缝宽度，使整个测量过程中 X 射线尽量完全打在样品测量面内。发散狭缝的大小应满足通过式（5-10）计算得到的样品表面受照区宽度不大于样品框的装样窗孔宽度。防散射狭缝一般使用与发散狭缝一致的狭缝大小。

$$L = \alpha R / \sin\theta \qquad (5\text{-}10)$$

式中　$L$——样品表面受照区宽度，mm；

　　　$\alpha$——发散狭缝角度，（°）；

　　　$R$——测角仪半径，mm；

　　　$\theta$——布拉格角，（°）。

采谱范围：采谱范围为 5°~60°。

采谱模式：采谱模式为连续扫描或实时采谱。

采谱速度或时长：采谱速度为 4°~8°/min，或采谱时长为 10min 以上。

采谱步宽（对扫描式 X 射线衍射仪）：采谱步宽一般可设 0.02°，对峰宽较大的石墨烯样品可选用较大的步宽，采谱步宽不应大于最尖锐峰的半高宽的1/3。按照上述仪器测试参数对样品进行采谱，获得样品的衍射谱图。样品重复测试不少于 3 次，记录谱图。

对衍射图的数据处理，可以使用衍射数据的专业软件进行处理分析，流程一般包含以下三步：平滑处理，即对获得的每幅图谱用 11 个点平滑一次；扣背景处理，即在荧光峰等导致基线不水平时需要作背景扣除；寻峰，即标记衍射峰角度 2θ、强度、半峰宽等数据，通过测量标准物质得到的校准曲线来校准衍射峰角度，通过布拉格方程计算晶面间距 $d_{(hkl)}$ 值。测量结果平均值为最终结果。

G　比对

为了保证测量方法的可操作性、普适性和测量结果的可比性，比对是必不可少的一环。比对虽然是两个简单字，但是是计量学的专用技术术语，有特定的程序要求，感兴趣的读者可以阅览 JJF 1117—2010《计量比对》。中国计量科学研究院主导了《石墨烯粉体材料测试方法　X 射线衍射法》的国内比对，大致内容包括编制比对程序、组织召集 8 家实验室参加比对试验，分发测试样品 A 和样品 B 两种样品，且主导实验室提供了二氧化硅标准物质，先使用该标准物质进行仪器 2θ 角示值误差和重复性测量，再使用测量完标准物质的设备测试样品 A 和样品 B 两种样品，每种样品有 3 个平行样，按照选定的仪器测试参数对样品进行扫描，获得样品的衍射谱图，经数据处理后得到衍射角等数据。每个样品重复测试 3 次，将测量结果用测量标准物质得到的校准曲线进行校准后再进行数据分析。

比对参加单位对样品 A、样品 B 的实验结果见表 5-1 和表 5-2，$E_n$ 值图如图 5-29 和图 5-30 所示。经计算，各家实验室测量结果的不确定度水平相近，故采用 8 家实验室的测量结果算术平均值作为参考值，采用 $E_n$ 值统计方法对测量结果离散性进行评价。根据 JJF 1117—2010《计量比对》，若 $|E_n| \leq 1$，则参加实验室的测量结果与参考值之差在合理的预期之内，比对结果可接受。从表 5-1、表 5-2 和图 5-29、图 5-30 可知，各比对参加实验室的结果均可接受。计算结果说明测量方法可靠、可操作，且普适性好，能保证测量方法的一致性[17]。

表 5-1　样品 A 实验结果

| 比对参加单位编号 | 峰值/(°) | 扩展不确定度（k=2）/(°) | $E_n$ |
|---|---|---|---|
| 1 | 26.1615 | 0.8867 | 0.05 |
| 2 | 26.7873 | 0.7507 | 0.83 |
| 3 | 25.9088 | 0.7594 | −0.25 |
| 4 | 26.3797 | 0.7005 | 0.35 |
| 5 | 26.0624 | 0.7393 | −0.06 |
| 6 | 25.6665 | 1.0438 | −0.41 |
| 7 | 25.7759 | 1.0649 | −0.30 |
| 8 | 26.1730 | 1.0886 | 0.05 |
| 参考值 | 26.1144 | 0.3155 | — |

**表 5-2  样品 B 实验结果**

| 比对参加单位编号 | 峰值/(°) | 扩展不确定度（$k=2$）/(°) | $E_n$ |
|---|---|---|---|
| 1 | 12.0210 | 1.3425 | 0.33 |
| 2 | 12.6517 | 1.3769 | 0.75 |
| 3 | 11.5063 | 1.3631 | −0.03 |
| 4 | 11.0223 | 1.3403 | −0.37 |
| 5 | 12.0085 | 1.3531 | 0.32 |
| 6 | 11.0451 | 1.3403 | −0.36 |
| 7 | 10.5854 | 1.4198 | −0.65 |
| 8 | 11.5986 | 1.3355 | 0.03 |
| 参考值 | 11.5549 | 0.4805 | — |

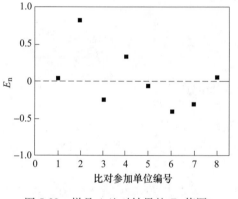

图 5-29  样品 A 比对结果的 $E_n$ 值图

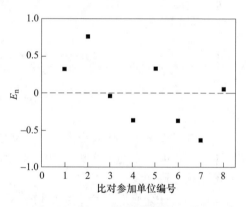

图 5-30  样品 B 比对结果的 $E_n$ 值图

X 射线衍射技术能够对制备的石墨烯材料结构进行表征，对不同方法制备石墨烯材料的质量控制起到一定的指导意义，能够为制备工艺的改进提供帮助[18]。

提到 X 射线衍射仪，顺便也介绍一下它的小角反射功能，在石墨烯薄膜测量过程中非常有用，就是测量薄膜的厚度，从而推断层数和界面信息。溯源过程与 XRD 相同，在这里不做赘述。终端用户校准过程除了参照上述方法进行设备校准，因为测量结果是薄膜厚度，这与测量方法密切相关，需要选择厚度标准物质对测量方法进行校准。因此在这里讲一下测量原理及相关厚度标准物质，终端用户可以根据被测对象和量值范围选择合适标准物质进行校准。

### 5.4.2.3  X 射线反射技术

X 射线反射技术（XRR）是一种分析薄膜结构特性的方法。X 射线以非常小的角度入射到样品表面，探测得到的是 X 射线的强度随入射角的变化曲线，通过拟合可以对薄膜的厚度、界面粗糙度和层密度进行高精确度的测定。该方法可用来研究外延、多晶、非晶薄膜和多层膜的微结构。X 射线反射技术可测量石墨烯薄膜的厚度，可以与原子力显微镜测量的结果相互验证[19]。

A  原理及理论

纳米薄膜作为独立于体材料存在的一种相，有着许多独特的光学和电学性质，其结构表征的重要方法之一是掠入射 X 射线反射（XRR）测量，通过全谱反射曲线拟合，可得到膜层厚度、表面及界面粗糙度和膜层材料堆积密度等重要的结构信息。仪器一般由准直的入射 X 射线光源、样品台、探测系统等部分组成（见图 5-31）。其工作原理为：当 X 射线以很小的角度入射到样品表面时会发生界面反射，经膜层后反射强度会发生变化，得到反射强度和反射角的关系，通过数据处理可得到膜层厚度[16]。

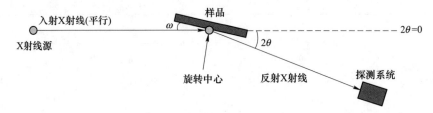

图 5-31  仪器结构示意图

这种方法基于 Parrat 递推公式建立理论结构模型，通过合适的算法比较理论曲线与测量曲线来逼近真实结构的薄膜结构，对于从几纳米到数百纳米的薄膜厚度可以很精确测量。

电磁波在介质界面产生全反射的必要条件是：由折射定律 $n_1\sin\theta_1 = n_2\sin\theta_2$ 可知，对于电磁波只有从光密到光疏介质才可能发生全反射。对于 X 射线，只有从真空到玻璃才能发生全反射。

电磁波在介质界面上的反射可用菲涅尔公式进行描述：

$$\frac{E_{rs}}{E_{is}} = \frac{n_1\cos\theta_1 - n_2\cos\theta_2}{n_1\cos\theta_1 + n_2\cos\theta_2} \tag{5-11}$$

作为电磁波，X 射线也可以用相同的方法求反射系数。X 射线的折射率和介电常量满足 $\varepsilon = n^2 = 1 - \alpha - i\gamma$，其中 $\alpha$ 描述介质的极化特性，$\gamma$ 描述介质的吸收特性，表示全反射的临界角 $\theta_c \approx \sqrt{\alpha}$。因为 X 射线相应波段介质的折射率都接近且小于 1，X 射线只有在近表面以很小的角度掠入射时才有吸收很小的反射。因此反射率公式用掠射角描述更方便，掠射角 $\theta=\pi/2-\theta_1$。下面讨论 $n_1=1$，即 X 射线由真空到理想光滑介质表面时的反射率。由菲涅尔公式和折射定律得：

$$\frac{E_{rs}}{E_{is}} = \frac{\sin\theta - \sqrt{\varepsilon - \cos^2\theta}}{\sin\theta + \sqrt{\varepsilon - \cos^2\theta}} \tag{5-12}$$

设 $a - bi = \sqrt{\varepsilon - \cos^2\theta}$ ，则

$$\frac{E_{rs}}{E_{is}} = \frac{\sin\theta - a + bi}{\sin\theta + a - bi} \tag{5-13}$$

其中

$$a = \frac{1}{\sqrt{2}}\sqrt{\sqrt{(\sin^2\theta - \alpha)^2 + \gamma^2} + (\sin^2\theta - \alpha)}$$

$$b = \frac{1}{\sqrt{2}}\sqrt{\sqrt{(\sin^2\theta - \alpha)^2 + \gamma^2} - (\sin^2\theta - \alpha)}$$

则 X 射线的反射系数 $R$ 表示如下：

$$R = \frac{(a - \sin\theta)^2 + b^2}{(a + \sin\theta)^2 + b^2} \tag{5-14}$$

Parratt 推导的反射率考虑了多次散射的影响，因此它是动态的。

对多层膜中任意 $l-1$ 层，反射率系数

$$R_{l-1} = \frac{r_{l-1,l} + R_l e^{-2ik_{lz}d_l}}{1 + r_{l-1,l}R_l e^{-2ik_{lz}d_l}} \tag{5-15}$$

式中，$R_l$ 为 $l-1$ 层出射光和入射光的振幅之比，$R_l = E_l^r/E_l^t$；$|R_l|^2$ 为反射强度；$r_{l-1,l}$ 为第 $l$ 层和 $l-1$ 层之间的菲涅尔反射系数；$d_l$ 为第 $l$ 层的膜厚；$k_{lz}$ 为第 $l$ 层的入射光在 $z$ 方向的分量。

Parratt 推导的多层膜反射率忽略了界面粗糙度，由于实际情况中，两层膜之间的界面不可能达到完全光滑的程度，必须考虑粗糙度的影响。

目前为止，X 射线反射法已经成为测量薄膜的有效手段之一。例如 Chun-Hua Chen 等人使用 X 射线反射法（XRR）对 Si 基底上的 YSZ 外延薄膜进行了厚度和粗糙度的测量。X 射线反射法（XRR）可以精确地测量薄膜的表面粗糙度、薄膜的厚度和密度。这些参量可以从反射曲线上发生全反射的临界角、反射曲线的周期结构、最大反射强度和最小反射强度等信息中分析得到。

石墨烯在外延、化学气相沉积等生长环境下，或者在纳米电子器件的使用环境下，通常以金属、半导体等不同基底的石墨烯薄膜形式存在。通过掠入射 X 射线反射对石墨烯的厚度进行测量，与原子力显微镜测量的结果相互验证。

B 纳米尺度膜厚标准物质

纳米尺度薄膜由于其独特的光学和电学性能，广泛应用在半导体、光电子、微电子、太阳能电池、航空航天等领域。纳米薄膜的厚度是其非常重要的参数，薄膜材料的力学性能、透光性能、表面结构等都与厚度有着密切的联系，所以薄膜厚度需要准确测量。目前，中国计量院已研制出多层膜膜厚（GaAs/AlAs 超晶格）、二氧化硅薄膜、氮化硅薄膜和氧化铪薄膜膜厚标准物质，主要用于广泛使用的 X 射线光电子能谱（XPS）、俄歇电子能谱（AES）、二次离子质谱（SIMS）等表面分析技术溅射速率的校准，以及椭圆偏振光谱仪膜厚测量、X 射线衍射仪掠入

射 X 射线反射功能的校准，还有透射电镜中低倍放大倍率的校准，以确保样品成分深度变化或薄膜厚度测量结果的准确性、一致性和可靠性。相关标准物质的量值汇总表见表 5-3~表 5-6。可在标准物质资源共享平台 http://www.ncrm.org.cn/查询。

**表 5-3　多层膜膜厚（GaAs/AlAs 超晶格）标准物质量值汇总表**

| 编号 | 标准值及不确定度 | GaAs/AlAs 超晶格多层膜膜厚/nm | | | | | | |
| --- | --- | --- | --- | --- | --- | --- | --- | --- |
| | | 氧化层 | 第一层 | 第二层 | 第三层 | 第四层 | 第五层 | 第六层 |
| GBW13955 | 标准值 | 0.98 | 20.12 | 10.60 | 10.06 | 10.58 | 10.07 | 10.58 |
| | 不确定度 | 参考 | 参考 | 0.18 | 0.20 | 0.18 | 0.18 | 0.18 |

**表 5-4　二氧化硅薄膜膜厚标准物质量值汇总表**

| 编号 | 二氧化硅薄膜膜厚/nm | |
| --- | --- | --- |
| | 标准值 | 不确定度（k=2） |
| GBW13957 | 12.56 | 0.30 |
| GBW13958 | 20.87 | 0.36 |
| GBW13959 | 57.55 | 0.50 |
| GBW13960 | 106.1 | 1.7 |

**表 5-5　氮化硅薄膜膜厚标准物质量值汇总表**

| 编号 | 氮化硅薄膜膜厚/nm | |
| --- | --- | --- |
| | 标准值 | 不确定度（k=2） |
| GBW13961 | 52.67 | 0.28 |
| GBW13962 | 104.91 | 0.32 |
| GBW13963 | 151.8 | 1.0 |
| GBW13964 | 205.0 | 1.5 |

**表 5-6　氧化铪薄膜膜厚标准物质量值汇总表**

| 编号 | 标准值及不确定度 | 厚度/nm | | | |
| --- | --- | --- | --- | --- | --- |
| | | 表面层 | $HfO_2$ 层 | $Al_2O_3$ 层 | $SiO_2$ 层 |
| GBW13979 | 标准值 | (2.16) | 1.07 | (9.51) | (0.21) |
| | 不确定度（k=2） | — | 0.04 | — | — |
| GBW13980 | 标准值 | (1.85) | 4.73 | (9.41) | (0.59) |
| | 不确定度（k=2） | — | 0.04 | — | — |
| GBW13981 | 标准值 | (1.89) | 9.37 | (9.45) | (0.21) |
| | 不确定度（k=2） | — | 0.06 | — | — |

C 测量

关于 X 射线反射的通用标准有 ISO 16413:2013 Evaluation of thickness, density and interface width of thin films by X-ray reflectometry—Instrumental requirements, alignment and positioning, data collection, data analysis and reporting。该标准规定了 X 射线反射法评估薄膜的厚度、密度和界面宽度、仪器要求、准直和定位、数据收集、数据分析和报告。中国计量科学研究院对生长在 $SiO_2$ 基底上的石墨烯薄膜进行了测量,如图 5-32 所示。测量曲线与拟合曲线具有很好的匹配度,通过 GIXRR 方法可以对石墨烯厚度进行测量,得到薄膜厚度为 1.56nm,这与 AFM 测量结果一致。

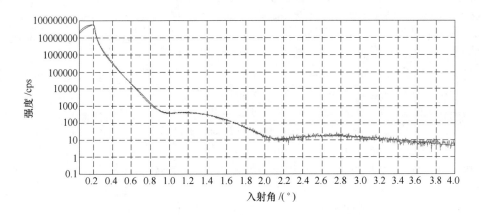

图 5-32　石墨烯薄膜($SiO_2$ 基底)厚度测量图谱

## 5.4.3 展望

纳米材料是前沿新材料,是所有创新技术实施的关键节点。只有好材才能成好料,有了好料才会成好器。这涉及纳米材料的研发、生产以及应用。要真正把纳米材料应用到产业中,必须经过对材料和器件进行表征测量、提出计量方法和制定标准,最后根据标准对材料和产品进行工艺改进和质量检测。针对原材料、纳米材料产品及其产品生产过程的各种参数准确测量开展研究,纳米材料计量为好料、好材和好器提供准确的数据保证,是所有产品的质量基础。

计量在中国科学界和产业界的应用还不是很深入,而材料计量尤其是纳米材料计量是计量学里的新领域,更需要大家的共同参与。纳米材料正处于科学研究和产业同时起步阶段,正是纳米材料计量介入的最好时期。纳米材料计量学研究,将为纳米技术科学研究和产业发展提供质量基础技术支持,促进纳米技术产业的标准化发展及相关国际贸易的有序进行。

# 参 考 文 献

［1］国家质量监督检验检疫总局．新中国计量史：1949-2009［M］．北京：中国质检出版社，2016.

［2］中国计量测试学会组．一级注册计量师基础知识及专业实务［M］．4 版．北京：中国质检出版社，2017.

［3］丘光明．中国古代计量史［M］．合肥：安徽科学技术出版社，2012.

［4］CGPM. 26th CGPM Resolution 1：On the revision of the International System of Units（SI）. http：//www. bipm. org/en/CGPM/db/26/1/［EB/OL］. 2018.

［5］Newell D B, Cabiati F, Fischer J, et al. The CODATA 2017 values of h, e, k, and N A for the revision of the SI.［J］. Metrologia, 2018：L13-L16.

［6］Feng X J, Zhang J T, Lin H, Gillis K A, Mehl J B, Moldover M R, Zhang K, Duan Y N. Determination of the Boltzmann constant with cylindrical acoustic gas thermometry：new and previous results combined［J］. Metrologia, 2017, 54：748.

［7］Qu J, Benz S P, Coakley K, et al. An improved electronic determination of the Boltzmann constant by Johnson noise thermometry［J］. Metrologia, 2017, 54：549.

［8］中华人民共和国计量法［Z］.2018 年修订版，2018.

［9］Alan P Kauling, Andressa T Seefeldt, Diego P Pisoni, et al. The worldwide graphene flake production［J］. Advanced Materials, 2018, 30.

［10］Peter Wick, et al. Classification framework for graphene-based materials［J］. Angew. Chem. Int. Ed. , 2014, 53：2-7.

［11］Daniel R Dreyer, Shanthi Murali, Yanwu Zhu, et al. Reduction of graphite oxide using alcohols［J］. J. Mater. Chem. , 2010, 21（10）：3443-3447.

［12］马礼敦．近代 X 射线多晶体衍射——实验技术与数据分析［M］.北京：化学工业出版社，2004.

［13］Seung Hun Huh. Thermal reduction of graphene oxide, physics and applications of graphene-experiments［J］. Physics and Applications of Graphene, 2010.

［14］Marcano D C, Kosynkin D V, Berlin J M, et al. Improved synthesis of graphene oxide［J］. ACS Nano, 2010, 4（8）：4806-4814.

［15］上海市计量测试技术研究院．JJG 629—2014．多晶 X 射线衍射仪检定规程［S］.北京：中国质检出版社，2014.

［16］中海油天津化工研究设计院．GB/T 30904—2014．无机化工产品晶型结构分析 X 射线衍射法［S］.北京：中国标准出版社，2014.

［17］任玲玲，高慧芳．X 射线衍射仪的 X 射线溯源［J］.计量技术，2012（8）：3-5.

［18］任玲玲，崔建军．X 射线衍射仪的角度溯源［J］.计量技术，2012（3）：48-51.

［19］中国计量科学研究院．JJF1613—2017 掠入射 X 射线反射膜厚测量仪器校准规范［S］.北京：中国质检出版社，2017.

# 6 纳米标准化

纳米科学与技术（Nanoscience and Technology）已经成为 21 世纪主要的科技领域之一。以对 1~100nm 尺度的新材料合成、新结构制备以及新的检测和加工技术发展为标志，纳米科学与技术已经深入到物理、化学、材料、信息、生物和工程等不同学科，成为来自不同领域科学家共同关心的新型交叉学科。随着纳米技术的快速发展，纳米材料在能源、电子、医药、化工建材、农业等行业展现出良好的发展前景。纳米技术是继信息技术和生物技术之后又一深刻影响人类社会和经济发展的重大技术，未来越来越可能改变世界的工业和经济格局，对经济发展、国家安全以及人们的生产方式和生活方式带来巨大影响。纳米材料和纳米技术必将带动相关纳米产品和产业的发展，正逐渐受到世界各国政府的重视和支持，也将不可避免地进入人们的日常生活。随着纳米科技的迅速发展和应用，标准已经成为不可或缺的一部分，"谁制定标准，谁就拥有话语权；谁掌握标准，谁就占领制高点"。标准是纳米技术推向市场应用的有力保障，也是纳米技术产业化的助推器。为了获得纳米技术和纳米产品最佳的社会秩序和社会效益，为了保障消费者能用上安全和高质量的纳米产品，纳米标准化的进程刻不容缓。

## 6.1 纳米标准化的涵义

### 6.1.1 标准化的涵义

标准包括国家标准、行业标准、地方标准、团体标准和企业标准。国家标准分为强制性标准、推荐性标准。强制性国家标准由国务院批准发布或授权发布，推荐性国家标准由国务院标准化行政主管部门制定。根据 2017 年修订发布的《标准化法》规定，国家标准是指对我国经济技术发展有重大意义，必须在全国范围内统一的标准。国家标准 GB/T 20000.1 中对标准化的定义是：为了在一定范围内获得最佳秩序，对现实问题或潜在问题制定共同使用和重复使用的条款的活动。它包括制定、发布及实施标准的过程。标准化的主要作用在于为了其预期目的改进产品、过程或服务的适用性，防止贸易壁垒，并促进技术合作[1]。

"标准"的含义是对重复性事物和概念所作的统一规定。标准化是一项活动过程，《中华人民共和国标准化法》规定[2]："标准化工作的任务是制定标准、组织实施标准和对标准的实施进行监督。"

## 6.1.2  纳米标准化的涵义

纳米科学技术是 21 世纪各国竞相重点开发的领域,其技术水平和产业化规模都将对相关高科技产业的发展、传统行业和国防建设的改造产生巨大的影响。随着近年来纳米科技的不断突破和纳米产业的蓬勃发展,国内外对纳米标准化的需求也日益增强,各国普遍要求在现有纳米科技、纳米产业基础上,对纳米技术领域的术语、定义和评价手段等要素进行标准化,达成统一,获得最佳的秩序和社会效益,更好地促进纳米技术研究和规范纳米产业发展。

纳米标准化对国家的国际竞争力具有重要影响。作为 21 世纪的重要产业之一,纳米产业的总量和技术水平是构成国家综合国力的重要组成部分。虽然纳米标准本身不会产生直接的经济效益,但是,当标准一旦成为技术壁垒,会对整个国家和社会产业产生巨大的影响,谁掌握了纳米标准的制定权,谁就掌握了纳米产业的发展方向,甚至可能主宰未来的纳米产品市场。参与制定纳米技术的国际标准已经成为许多国家,特别是发达国家非常重视的战略性问题,主导制定纳米技术国际标准对于提高国家的产业和学术地位、占领未来纳米技术和产业的制高点具有重要的意义。

全国纳米技术标准化技术委员会组织委员和相关标准工作者学习国家标准委新的政策及方向:一是优化完善推荐性标准。推进推荐性标准体系优化和复审试点,制定实施推荐性标准复审修订工作方案。深入研究、科学界定、清晰明确推荐性标准的制定范围,更加突出推荐性标准的公益属性。二是尽可能发展纳米技术相关的团体标准。探索团体标准有序、健康发展。鼓励制定一批市场和创新急需的团体标准,加速培育一批具有影响力的团体标准。三是强化标准化全生命周期的管理。积极推进相关国家标准的制定和实施。四是加强国内国际纳米技术标准统筹协调,围绕中国纳米技术标准"走出去",实质性参与国际标准化活动,推动我国纳米技术企业更加广泛地参与国际标准化活动,进一步增强国际标准和贸易规则制定的话语权和影响力。

## 6.2  纳米标准化的组织机构

目前,世界各国包括我国在内都逐渐认识到了纳米标准化的重要性,纷纷建立相应的研究机构来制定相应的纳米标准,抢占纳米标准化的主导权和纳米市场的先机。因此,纳米标准化问题不仅仅是中国纳米技术发展需要关注的焦点之一,更是世界纳米技术发展的一个重要研究课题[3, 4]。

## 6.2.1  国际纳米技术标准化组织机构

国际标准通常指由下面三个国际组织制定的标准,即国际标准化组织(International Organization for Standardization，ISO）、国际电工委员会（International Elec-trotechnical Committee，IEC）和国际电信联盟（International Telecommunication Union，ITU）。其中 ISO 和 IEC 与纳米技术密切相关，都成立了专门的技术委员会，开展纳米技术国际标准的制定工作。

### 6.2.1.1 国际标准化组织——纳米技术标准化技术委员会（ISO/TC 229）[5]

ISO 是协调各国标准化机构的国际联盟组织，是国际上发布技术标准的权威机构之一。该组织于 2005 年 11 月 9 日成立了纳米技术标准化技术委员会（ISO/TC 229），其工作目标是：旨在建立纳米技术的国际标准，引导国际上纳米技术和纳米科学研究、纳米技术产业的规范化发展。ISO/TC 229 的秘书处由英国标准协会（BSI）承担，目前由包括我国在内的 35 个成员国和 13 个观察国组成，与ISO/TC24/SC4（筛网筛分及颗粒表征方法分技术委员会）、ISO/TC 201（表面化学分析标准化技术委员会）、OECD（经济合作与发展组织）等 20 个联络组织保持密切的联系。

该委员会下设主席顾问委员会和四个工作小组，不同工作小组的工作侧重点不同。第一工作组：术语和命名法（Terminology and Nomenclature），其主要工作重点是定义和发展纳米技术领域的术语和命名法，以利于信息的交流和促进公众的理解；第二工作组：测量与表征（Measurement and Characterization），主要集中发展纳米技术的测量、表征和测试方法标准；第三工作组：健康、安全和环境（Health，Safety and Environment），主要集中发展纳米技术中的涉及到健康、安全和环境方面的标准；第四工作组：纳米材料规范（Nanomaterial Specification），主要工作重点是纳米粉体材料的产品标准制定。目前，ISO/TC 229 已正式发布 72 项标准，见表 6-1。还有 38 项标准正在制定中，见表 6-2。

**表 6-1 ISO/TC 229 正式发布标准列表**

| 序号 | 国际标准编号 | 国际标准名称 | 年份 |
|---|---|---|---|
| 1 | ISO/TR 12885：2018 | Nanotechnologies—Health and safety practices in occupational settings | 2008/2018 |
| 2 | ISO/TS 10801：2010 | Nanotechnologies—Generation of metal nanoparticles for inhalation toxicity testing using the evaporation/condensation method | 2010 |
| 3 | ISO 10808：2010 | Nanotechnologies—Characterization of nanoparticles in inhalation exposure chambers for inhalation toxicity testing | 2010 |
| 4 | ISO/TS 10867：2010 | Nanotechnologies—Characterization of single-wall carbon nanotubes using near infrared photoluminescence spectroscopy | 2010 |
| 5 | ISO/TS 11251：2019 | Nanotechnologies—Characterization of volatile components in single-wall carbon nanotube samples using evolved gas analysis/gas chromatograph-mass spectrometry | 2010/2019 |

| 序号 | 国际标准编号 | 国际标准名称 | 年份 |
|---|---|---|---|
| 6 | ISO/TR 11360：2010 | Nanotechnologies—Methodology for the classification and categorization of nanomaterials | 2010 |
| 7 | ISO/TR 12802：2010 | Nanotechnologies—Model taxonomic framework for use in developing vocabularies—Core concepts | 2010 |
| 8 | ISO 29701：2010 | Nanotechnologies—Endotoxin test on nanomaterial samples for in vitro systems—Limulus amebocyte lysate（LAL）test | 2010 |
| 9 | ISO/TS 80004-3：2010 | Nanotechnologies—Vocabulary—Part 3：Carbon nano-objects | 2010 |
| 10 | ISO/TS 10798：2011 | Nanotechnologies—Charaterization of single-wall carbon nanotubes using scanning electron microscopy and energy dispersive X-ray spectrometry analysis | 2011 |
| 11 | ISO/TS 11308：2011 | Nanotechnologies—Characterization of single-wall carbon nanotubes using thermogravimetric analysis | 2011 |
| 12 | ISO/TS 12805：2011 | Nanotechnologies—Materials specifications—Guidance on specifying nano-objects | 2011 |
| 13 | ISO/TR 13121：2011 | Nanotechnologies—Nanomaterial risk evaluation | 2011 |
| 14 | ISO/TS 13278：2017 | Nanotechnologies—Determination of elemental impurities in samples of carbon nanotubes using inductively coupled plasma mass spectrometry | 2017re |
| 15 | ISO/TS 80004-4：2011 | Nanotechnologies—Vocabulary—Part 4：Nanostructured materials | 2011 |
| 16 | ISO/TS 80004-5：2011 | Nanotechnologies—Vocabulary—Part 5：Nano/bio interface | 2011 |
| 17 | ISO/TS 80004-7：2011 | Nanotechnologies—Vocabulary—Part 7：Diagnostics and therapeutics for healthcare | 2011 |
| 18 | ISO/TS 10797：2012 | Nanotechnologies—Characterization of single-wall carbon nanotubes using transmission electron microscopy | 2012 |
| 19 | ISO/TR 10929：2012 | Nanotechnologies—Characterization of multiwall carbon nanotube（MWCNT）samples | 2012 |
| 20 | ISO/TR 11811：2012 | Nanotechnologies—Guidance on methods for nano- and microtribology measurements | 2012 |
| 21 | ISO/TS 11931：2012 | Nanotechnologies—Nanoscale calcium carbonate in powder form—Characteristics and measurement | 2012 |
| 22 | ISO/TS 11937：2012 | Nanotechnologies—Nanoscale titanium dioxide in powder form—Characteristics and measurement | 2012 |
| 23 | ISO/TS 12025：2012 | Nanomaterials—Quantification of nano-object release from powders by generation of aerosols | 2012 |
| 24 | ISO/TS 12901-1：2012 | Nanotechnologies—Occupational risk management applied to engineered nanomaterials—Part 1：Principles and approaches | 2012 |

| 序号 | 国际标准编号 | 国际标准名称 | 年份 |
|------|--------------|--------------|------|
| 25 | ISO/TR 13014：2012 | Nanotechnologies—Guidance on physico-chemical characterization of engineered nanoscale materials for toxicologic assessment | 2012 |
| 26 | ISO/TR 13329：2012 | Nanomaterials—Preparation of material safety data sheet (MSDS) | 2012 |
| 27 | ISO/TS 14101：2012 | Surface characterization of gold nanoparticles for nanomaterial specific toxicity screening：FT-IR method | 2012 |
| 28 | IEC/TS 62622：2012 | Artificial gratings used in nanotechnology—Description and measurement of dimensional quality parameters | 2012 |
| 29 | ISO/TS 13830：2013 | Nanotechnologies—Guidance on voluntary labelling for consumer products containing manufactured nano-objects | 2013 |
| 30 | ISO/TS 16195：2018 | Nanotechnologies—Specification for developing representative test materials consisting of nano-objects in dry powder form | 2013/2018 |
| 31 | ISO/TS 17200：2013 | Nanotechnology—Nanoparticles in powder form—Characteristics and measurements | 2013 |
| 32 | ISO/TS 80004-6：2013 | Nanotechnologies—Vocabulary—Part 6：Nano-object characterization | 2013 |
| 33 | ISO/TS 80004-8：2013 | Nanotechnologies—Vocabulary—Part 8：Nanomanufacturing processes | 2013 |
| 34 | ISO/TS 12901-2：2014 | Nanotechnologies—Occupational risk management applied to engineered nanomaterials—Part 2：Use of the control banding approach | 2014 |
| 35 | ISO/TR 14786：2014 | Nanotechnologies—Considerations for the development of chemical nomenclature for selected nano-objects | 2014 |
| 36 | ISO/TR 16197：2014 | Nanotechnologies—Compilation and description of toxicological screening methods for manufactured nanomaterials | 2014 |
| 37 | ISO/TS 16550：2014 | Nanotechnologies—Determination of silver nanoparticles potency by release of muramic acid from Staphylococcus aureus | 2014 |
| 38 | ISO/TS 17302：2015 | Nanotechnologies—Framework for identifying vocabulary development for nanotechnology applications in human healthcare | 2015 |
| 39 | ISO/TS 17466：2015 | Use of UV-Vis absorption spectroscopy in the characterization of cadmium chalcogenide colloidal quantum dots | 2015 |
| 40 | ISO/TS 18110：2015 | Nanotechnologies—Vocabularies for science, technology and innovation indicators | 2015 |
| 41 | IEC/TS 62607-2-1：2015 | Nanomanufacturing—Key control characteristics for CNT film applications-Resistivity | 2015 |
| 42 | ISO/TS 80004-1：2015 | Nanotechnologies—Vocabulary—Part 1：Core terms | 2015 |

| 序号 | 国际标准编号 | 国际标准名称 | 年份 |
|---|---|---|---|
| 43 | ISO/TS 80004-2：2015 | Nanotechnologies—Vocabulary—Part 2：Nano-objects | 2015 |
| 44 | ISO/TR 16196：2016 | Nanotechnologies—Compilation and description of sample preparation and dosing methods for engineered and manufactured nanomaterials | 2016 |
| 45 | ISO/TR 18196：2016 | Nanotechnologies—Measurement technique matrix for the characterization of nano-objects | 2016 |
| 46 | ISO/TR 18637：2016 | Nanotechnologies—Overview of available frameworks for the development of occupational exposure limits and bands for nano-objects and their aggregates and agglomerates (NOAAs) | 2016 |
| 47 | ISO/TS 19006：2016 | Nanotechnologies—5-(and 6)-Chloromethyl-2',7' Dichloro-dihydrofluorescein diacetate (CM-H2DCF-DA) assay for evaluating nanoparticle-induced intracellular reactive oxygen species (ROS) production in RAW 264.7 macrophage cell line | 2016 |
| 48 | ISO/TS 19337：2016 | Nanotechnologies—Characteristics of working suspensions of nano-objects for in vitro assays to evaluate inherent nano-object toxicity | 2016 |
| 49 | ISO/TR 19716：2016 | Nanotechnologies—Characterization of cellulose nanocrystals | 2016 |
| 50 | ISO/TS 80004-12：2016 | Nanotechnologies—Vocabulary—Part 12：Quantum phenomena in nanotechnology | 2016 |
| 51 | IEC/TS 80004-9：2017 | Nanotechnologies—Vocabulary—Part 9：Nano-enabled electrotechnical products and systems | 2017 |
| 52 | ISO/TS 10868：2017 | Nanotechnologies—Characterization of single-wall carbon nanotubes using ultraviolet-visible-near infrared (UV-Vis-NIR) absorption spectroscopy | 2017 |
| 53 | ISO/TS 11888：2017 | Nanotechnologies—Characterization of multiwall carbon nanotubes—Mesoscopic shape factors | 2017 |
| 54 | ISO/TR 18401：2017 | Nanotechnologies—Plain language explanation of selected terms from the ISO/IEC 80004 series | 2017 |
| 55 | ISO/TS 18827：2017 | Nanotechnologies—Electron spin resonance (ESR) as a method for measuring reactive oxygen species (ROS) generated by metal oxide nanomaterials | 2017 |
| 56 | ISO/TS 19590：2017 | Nanotechnologies—Size distribution and concentration of inorganic nanoparticles in aqueous media via single particle inductively coupled plasma mass spectrometry | 2017 |
| 57 | ISO/TR 19601：2017 | Nanotechnologies—Aerosol generation for air exposure studies of nano-objects and their aggregates and agglomerates (NOAA) | 2017 |
| 58 | ISO/TS 20477：2017 | Nanotechnologies—Standard terms and their definition for cellulose nanomaterial | 2017 |

| 序号 | 国际标准编号 | 国际标准名称 | 年份 |
|---|---|---|---|
| 59 | ISO/TS 80004-9：2017 | Nanotechnologies—Vocabulary—Part 9：Nano-enabled electrotechnical products and systems | 2017 |
| 60 | ISO/TS 80004-11：2017 | Nanotechnologies—Vocabulary—Part 11：Nanolayer, nanocoating, nanofilm, and related terms | 2017 |
| 61 | ISO/TS 80004-13：2017 | Nanotechnologies—Vocabulary—Part 13： Graphene and related two-dimensional（2D）materials | 2017 |
| 62 | ISO/TS 20787：2017 | Nanotechnologies—Aquatic toxicity assessment of manufactured nanomaterials in saltwater lakes using Artemia sp. Nauplii | 2017 |
| 63 | ISO/TR 19057：2017 | Nanotechnologies—Use and application of acellular in vitro tests and methodologies to assess nanomaterial biodurability | 2017 |
| 64 | ISO 19007：2018 | Nanotechnologies—In vitro MTS assay for measuring the cytotoxic effect of nanoparticles | 2018 |
| 65 | ISO/TS 21362：2018 | Nanotechnologies—Analysis of nano-objects using asymmetrical-flow and centrifugal field-flow fractionation | 2018 |
| 66 | ISO/TR 20489：2018 | Nanotechnologies—Sample preparation for the characterization of metal and metal-oxide nano-objects in water samples | 2018 |
| 67 | ISO/TR 19733：2019 | Nanotechnologies—Matrix of properties and measurement techniques for graphene and related two-dimensional（2D）materials | 2019 |
| 68 | ISO/TS 19807-1：2019 | Nanotechnologies—Magnetic nanomaterials—Part 1：Specification of characteristics and measurements for magnetic nanosuspensions | 2019 |
| 69 | ISO/TS 20660：2019 | Nanotechnologies—Antibacterial silver nanoparticles—Specification of characteristics and measurement methods | 2019 |
| 70 | ISO/TS 21361：2019 | Nanotechnologies—Method to quantify air concentrations of carbon black and amorphous silica in the nanoparticle size range in a mixed dust manufacturing environment | 2019 |
| 71 | ISO/TR 21386：2019 | Nanotechnologies—Considerations for the measurement of nano-objects and their aggregates and agglomerates（NOAA）in environmental matrices | 2019 |
| 72 | ISO/TR 22019：2019 | Nanotechnologies—Considerations for performing toxicokinetic studies with nanomaterials | 2019 |

**表 6-2 ISO/TC 229 正在制定的标准列表（截止到 2019 年 11 月 1 日）**

| 序号 | 国际标准编号 | 国际标准名称 | 当前阶段 |
|---|---|---|---|
| 1 | ISO/DTS 10798 | Nanotechnologies—Characterization of carbon nanotubes using scanning electron microscopy and energy dispersive X-ray spectrometry | 30. 6 |
| 2 | ISO/PRF TS 10867 | Nanotechnologies—Characterization of single-wall carbon nanotubes using near infrared photoluminescence spectroscopy | 50. 2 |

| 序号 | 国际标准编号 | 国际标准名称 | 当前阶段 |
|---|---|---|---|
| 3 | ISO/DTS 11308 | Nanotechnologies—Characterization of carbon nanotubes using thermogravimetric analysis | 30.6 |
| 4 | ISO/NP TS 12025 | Nanomaterials—Quantification of nano-object release from powders by generation of aerosols | 10.99 |
| 5 | ISO/DIS 17200 | Nanotechnology—Nanoparticles in powder form—Characteristics and measurements | 40.6 |
| 6 | ISO/DIS 19749 | Nanotechnologies—Measurements of particle size and shape distributions by scanning electron microscopy | 40.6 |
| 7 | ISO/CD TS 19807-2 | Nanotechnologies—Magnetic nanomaterials—Part 2: Specification of characteristics and measurements for nanostructured superparamagnetic beads for nucleic acid extraction | 30.6 |
| 8 | ISO/DTS 19808 | Nanotechnology—Specifications for Carbon Nanotube Suspension: characteristics and test methods | 30.6 |
| 9 | ISO/PRF 20814 | Nanotechnologies—Testing the photocatalytic activity of nanoparticles for NADH oxidation | 50.2 |
| 10 | ISO/CD TS 21236-2 | Nanotechnologies—Clay nanomaterials—Part 2: Specification of clay nanomaterials used for gas barrier films | 30.6 |
| 11 | ISO/TS 21236-1 | Nanotechnologies—Clay nanomaterials—Part 1: Specification of characteristics and measurement methods for layered clay nanomaterials | 60 |
| 12 | ISO/DTS 21237 | Nanotechnologies—Nano-enhanced air filter media using nanofibres—Characteristics, performance and measurement methods | 30.6 |
| 13 | ISO/DTS 21346 | Nanotechnologies—Characterization of individualized cellulose nanofibril samples | 30.6 |
| 14 | ISO/CD TS 21356-1 | Nanotechnologies—Structural characterization of graphene—Part 1: Graphene from powders and dispersions | 30.6 |
| 15 | ISO/AWI TS 21357 | Nanotechnologies—Evaluation of the mean size of nano-objects in liquid dispersions by static multiple light scattering (SMLS) | 20 |
| 16 | ISO/NP 21362 | Nanotechnologies—Analysis of nano-objects using asymmetrical-flow and centrifugal field-flow fractionation | 10.99 |
| 17 | ISO/DIS 21363 | Nanotechnologies—Measurements of particle size and shape distributions by transmission electron microscopy | 40.99 |
| 18 | ISO/DTS 21412 | Nanotechnologies—Nano-object-assembled layers for electrochemical bio-sensing applications—Specification of characteristics and measurements | 30.6 |
| 19 | ISO/CD TR 21624 | Nanotechnologies—Considerations for in vitro studies of airborne nanomaterials | 30.6 |

续表 6-2

| 序号 | 国际标准编号 | 国际标准名称 | 当前阶段 |
|---|---|---|---|
| 20 | ISO/AWI TS 21633 | Label-free impedance technology to assess the toxicity of nano-materials in vitro | 20 |
| 21 | ISO/CD TS 21975 | Nanotechnologies—Polymeric nanocomposite films for food packa-ging—Barrier properties: characteristics and measurement methods | 30.6 |
| 22 | ISO/CD TS 22082 | Nanotechnologies—Toxicity assessment of nanomaterials using dechorionated zebrafish embryo | 30.6 |
| 23 | ISO/AWI TS 22292 | Nanotechnologies—3D image reconstruction of nano-objects using transmission electron microscopy | 20 |
| 24 | ISO/AWI TR 22293 | Evaluation of methods for assessing the release of nanomaterials from commercial, nanomaterial-containing polymer composites | 20 |
| 25 | ISO/AWI TR 22455 | High throughput screening method for nanoparticles toxicity using 3D cells | 20 |
| 26 | ISO/AWI TS 23034 | Method to estimate cellular uptake of carbon nanomaterials using optical absorption | 20 |
| 27 | ISO/NP TS 23151 | Nanotechnologies—Particle size distribution for cellulose nano-crystals | 10.99 |
| 28 | ISO/AWI TS 23302 | Nanotechnologies—Guidance on measurands for characterising nano-objects and materials that contain them | 20 |
| 29 | ISO/NP TS 23362 | Nanostructured porous alumina as catalyst support for vehicle exhaust emission control—Material specification | 10.99 |
| 30 | ISO/AWI TS 23459 | Nanotechnologies—Assessment of protein secondary structure following an interaction with nanomaterials using circular dichroism spectroscopy | 20 |
| 31 | ISO/AWI TR 23463 | Nanotechnologies—Characterization of carbon nanotube and carbon nanofiber aerosols in relation to inhalation toxicity tests | 20 |
| 32 | ISO/AWI TS 23650 | Nanotechnologies—Evaluation of the antimicrobial performance of textiles containing manufactured nanomaterials | 20 |
| 33 | IEC/CD 62565-3-1 | Nanomanufacturing—Material specifications—Part 3-1: Gra-phene—Blank detail specification | 30.2 |
| 34 | IEC/AWI 62607-6-3 | Nanomanufacturing—Key control characteristics—Part 6-3: Graphene-Characterization of graphene domains and defects | 20 |
| 35 | IEC/AWI TR 63258 | Measurement of film thickness of nanomaterials by using ellip-sometry | 20 |
| 36 | ISO/CD TS 80004-3 | Nanotechnologies—Vocabulary—Part 3: Carbon nano-objects | 30.6 |
| 37 | ISO/CD TS 80004-6 | Nanotechnologies—Vocabulary—Part 6: Nano-object charac-terization | 30.6 |
| 38 | ISO/CD TS 80004-8 | Nanotechnologies—Vocabulary—Part 8: Nanomanufacturing processes | 30.6 |

　　ISO/TC 229 主要工作范围包括下列两个纳米技术领域：（1）在纳米尺度范围的物质或过程，即要求至少有一维的方向上在 100nm 以下且出现了具有尺度依存关系的新功能，这种新功能通常情况下可产生新应用；（2）利用纳米材料具有的区别于单个原子、分子以及大块物质的纳米特性，制造新的或改进原有的材料、器具或系统。

### 6.2.1.2　国际电工委员会——电气和电子产品纳米技术标准化技术委员会 （IEC/TC 113）[6]

　　国际电工委员会（International Electrotechnical Commission，缩写 IEC）是世界上成立最早的国际性电工化机构，负责有关电气工程和电子领域中的国际标准化工作。2005 年，在中国等国家的建议下，国际电工委员会标准化管理局（IEC/SMB）开始筹备成立与纳米相关的标准化技术委员会。2005 年 9 月，IEC 成立了纳米技术咨询平台（Advisory Board Nanotechnology，ABN20），我国全国纳米标委会推荐陈运法研究员作为该咨询平台的专家组成员之一。2007 年 3 月，电气和电子产品纳米技术标准化技术委员会（IEC/TC 113）在德国成立，秘书处设在德国，现拥有 17 个成员国和 15 个观察国。该技术委员会主要制定属于电气和电子产品领域的有关纳米技术标准，并与 ISO/TC 229 配合与协调，避免重复制定标准。IEC 标准在迅速增加，1963 年只有 120 项标准，截止到 2000 年 12 月底，IEC 已制定了 4885 个国际标准。目前，IEC/TC 113 已发布 37 项标准，见表 6-3。另有 58 项标准正在制定中。

**表 6-3　IEC/TC 113 正式发布标准列表（截止到 2019 年 11 月 1 日）**

| 序号 | 标准编号 | 标准名称 | 版本 | 发布日期 |
|---|---|---|---|---|
| 1 | IEC 62624：2009 | Test methods for measurement of electrical properties of carbon nanotubes | Edition 1.0 | 2009-08-04 |
| 2 | ISO TS 80004-3：2010 | Nanotechnologies—Vocabulary—Part 3: Carbon nano-objects | Edition 1.0 | 2010-05-01 |
| 3 | ISO TR 12802：2010 | Nanotechnologies—Model taxonomic framework for use in developing vocabularies—Core concepts | Edition 1.0 | 2010-11-15 |
| 4 | IEC PAS 62565-2-1：2011 | Nanomanufacturing—Material specifications—Part 2-1: Single-wall carbon nanotubes—Blank detail specification | Edition 1.0 | 2011-03-25 |
| 5 | ISO TS 80004-7：2011 | Nanotechnologies—Vocabulary—Part 7: Diagnostics and therapeutics for healthcare | Edition 1.0 | 2011-10-01 |
| 6 | ISO TS 80004-4：2011 | Nanotechnologies—Vocabulary—Part 4: Nano-structured materials | Edition 1.0 | 2011-12-01 |
| 7 | ISO TS 80004-5：2011 | Nanotechnologies—Vocabulary—Part 5: Nano/bio interface | Edition 1.0 | 2011-12-01 |

续表 6-3

| 序号 | 标准编号 | 标准名称 | 版本 | 发布日期 |
|------|----------|----------|------|----------|
| 8 | IEC TS 62607-2-1：2012 | Nanomanufacturing—Key control characteristics—Part 2-1：Carbon nanotube materials—Film resistance | Edition 1.0 | 2012-05-29 |
| 9 | IEC TS 62622：2012 | Nanotechnologies—Description，measurement and dimensional quality parameters of artificial gratings | Edition 1.0 | 2012-10-02 |
| 10 | IEC 62860：2013 | Test methods for the characterization of organic transistors and materials | Edition 1.0 | 2013-08-05 |
| 11 | IEC 62860-1：2013 | Test methods for the characterization of organic transistor—Based ring oscillators | Edition 1.0 | 2013-08-05 |
| 12 | IEC TR 62834：2013 | IEC nanoelectronics standardization roadmap | Edition 1.0 | 2013-09-17 |
| 13 | IEC TR 62632：2013 | Nanoscale electrical contacts and interconnects | Edition 1.0 | 2013-09-25 |
| 14 | ISO TS 80004-6：2013 | Nanotechnologies—Vocabulary—Part 6：Nano-object characterization | Edition 1.0 | 2013-10-14 |
| 15 | ISO TS 80004-8：2013 | Nanotechnologies—Vocabulary—Part 8：Nano-manufacturing processes | Edition 1.0 | 2013-12-10 |
| 16 | IEC 62607-3-1：2014 | Nanomanufacturing—Key control characteristics—Part 3-1：Luminescent nanomaterials—Quantum efficiency | Edition 1.0 | 2014-05-22 |
| 17 | IEC TS 62607-5-1：2014 | Nanomanufacturing—Key control characteristics—Part 5-1：Thin-film organic/nano electronic devices—Carrier transport measurements | Edition 1.0 | 2014-09-03 |
| 18 | ISO TS 80004-2：2015 | Nanotechnologies—Vocabulary—Part 2：Nano-objects | Edition 1.0 | 2015-06-04 |
| 19 | IEC TS 62607-4-1：2015 | Nanomanufacturing—Key control characteristics—Part 4-1：Cathode nanomaterials for nano-enabled electrical energy storage—Electrochemical characterisation，2-electrode cell method | Edition 2.0 | 2015-08-18 |
| 20 | IEC TS 62607-4-3：2015 | Nanomanufacturing—Key control characteristics—Part 4-3：Nano-enabled electrical energy storage—Contact and coating resistivity measurements for nanomaterials | Edition 1.0 | 2015-08-18 |
| 21 | IEC/IEEE 62659：2015 | Nanomanufacturing—Large scale manufacturing for nanoelectronics | Edition 1.0 | 2015-09-30 |
| 22 | ISO TS 80004-1：2015 | Nanotechnologies—Vocabulary—Part 1：Core terms | Edition 2.0 | 2015-11-18 |

| 序号 | 标准编号 | 标准名称 | 版本 | 发布日期 |
|---|---|---|---|---|
| 23 | ISO TS 80004-12：2016 | Nanotechnologies—Vocabulary—Part 12：Quantum phenomena in nanotechnology | Edition 1.0 | 2016-03-17 |
| 24 | IEC TS 62607-6-4：2016 | Nanomanufacturing—Key control characteristics—Part 6-4：Graphene—Surface conductance measurement using resonant cavity | Edition 1.0 | 2016-09-28 |
| 25 | IEC TS 62607-4-2：2016 | Nanomanufacturing—Key control characteristics—Part 4-2：Nano-enabled electrical energy storage—Physical characterization of cathode nanomaterials, density measurement | Edition 1.0 | 2016-10-24 |
| 26 | IEC TS 62607-4-4：2016 | Nanomanufacturing—Key control characteristics—Part 4-4：Nano-enabled electrical energy storage—Thermal characterization of nanomaterials, nail penetration method | Edition 1.0 | 2016-10-24 |
| 27 | IEC TS 62844：2016 | Guidelines for quality and risk assessment for nano-enabled electrotechnical products | Edition 1.0 | 2016-12-14 |
| 28 | IEC TS 62607-3-2：2017 | Nanomanufacturing—Key control characteristics—Part 3-2：Luminescent nanoparticles—Determination of mass of quantum dot dispersion | Edition 1.0 | 2017-01-10 |
| 29 | IEC TS 80004-9：2017 | Nanotechnologies—Vocabulary—Part 9：Nano-enabled electrotechnical products and systems | Edition 1.0 | 2017-01-10 |
| 30 | IEC TS 62607-4-5：2017 | Nanomanufacturing—Key control characteristics—Part 4-5：Cathode nanomaterials for nano-enabled electrical energy storage—Electrochemical characterization, 3-electrode cell method | Edition 1.0 | 2017-01-12 |
| 31 | ISO TS 80004-11：2017 | Nanotechnologies—Vocabulary—Part 11：Nanolayer, nanocoating, nanofilm, and related terms | Edition 1.0 | 2017-06-01 |
| 32 | ISO TS 80004-13：2017 | Nanotechnologies—Vocabulary—Part 13：Graphene and related two-dimensional (2D) materials | Edition 1.0 | 2017-11-14 |
| 33 | IEC TS 62607-4-6：2018 | Nanomanufacturing—Key control characteristics—Part 4-6：Nano-enabled electrical energy storage devices—Determination of carbon content for nano electrode materials, infrared absorption method | Edition 1.0 | 2018-02-08 |

| 序号 | 标准编号 | 标准名称 | 版本 | 发布日期 |
|---|---|---|---|---|
| 34 | IEC TS 62565-4-2：2018 | Nanomanufacturing—Material specifications—Part 4-2：Luminescent nanomaterials—Detail specification for general lighting and display applications | Edition 1.0 | 2018-05-24 |
| 35 | IEC TS 62607-4-7：2018 | Nanomanufacturing—Key control characteristics—Part 4-7：Nano-enabled electrical energy storage—Determination of magnetic impurities in anode nanomaterials，ICP-OES method | Edition 1.0 | 2018-08-29 |
| 36 | IEC TS 62876-2-1：2018 | Nanotechnology—Reliability assessment—Part 2-1：Nano-enabled photovoltaic devices—Stability test | Edition 1.0 | 2018-08-29 |
| 37 | ISO TR 19733：2019 | Nanotechnologies—Matrix of properties and measurement techniques for graphene and related two-dimensional（2D）materials | Edition 1.0 | 2019-03-22 |

### 6.2.1.3 其他组织和国家的纳米标准化

除了国际性的标准组织外，世界各国也非常重视纳米标准化工作，特别是欧、美、日等发达国家，很多已经建立了纳米标准化机构，开展了系统的纳米技术标准化工作。

欧盟：2004年3月，欧洲标准委员会（CEN）下设的技术管理局组建了一个临时纳米工作组（CEN/BT/WG 166：Technical Board Work Group）。2006年6月，为了适应纳米技术标准化发展的需要，CEN决定将其转为正式的纳米技术委员会（CEN/TC 352：Nanotechnologies），其主要任务是优先研究和制定纳米技术领域的名词术语。为了避免工作重复，根据ISO与CEN之间的维也纳协议，CEN/TC 352仅致力于ISO不考虑的标准化项目[7]。目前已发布标准21项，见表6-4。

**表6-4 CEN/TC 352正式发布标准列表**

| 序号 | 标准编号 | 标 准 名 称 |
|---|---|---|
| 1 | EN ISO 10801：2010 | Nanotechnologies—Generation of metal nanoparticles for inhalation toxicity testing using the evaporation/condensation method（ISO 10801：2010） |
| 2 | CEN ISO/TR 11811：2012 | Nanotechnologies—Guidance on methods for nano-and microtribology measurements（ISO/TR 11811：2012） |

| 序号 | 标准编号 | 标 准 名 称 |
|------|----------|-------------|
| 3 | CEN ISO/TS 80004-1：2015 | Nanotechnologies—Vocabulary—Part 1：Core terms （ISO/TS 80004-1：2015） |
| 4 | CEN/TS 17276：2018 | Nanotechnologies—Guidelines for life cycle assessment—Application of EN ISO 14044：2006 to manufactured nanomaterials |
| 5 | CEN ISO/TS 19590：2019 | Nanotechnologies—Size distribution and concentration of inorganic nanoparticles in aqueous media via single particle inductively coupled plasma mass spectrometry（ISO/TS 19590：2017） |
| 6 | CEN/TS 17010：2016 | Nanotechnologies—Guidance on measurands for characterising nano-objects and materials that contain them |
| 7 | CEN ISO/TS 80004-8：2015 | Nanotechnologies—Vocabulary—Part 8：Nanomanufacturing processes （ISO/TS 80004-8：2013） |
| 8 | EN ISO 10808：2010 | Nanotechnologies—Characterization of nanoparticles in inhalation exposure chambers for inhalation toxicity testing （ISO 10808：2010） |
| 9 | CEN/TS 17275：2018 | Nanotechnologies—Guidelines for the management and disposal of waste from the manufacturing and processing of manufactured nano-objects |
| 10 | CEN ISO/TS 80004-12：2017 | Nanotechnologies—Vocabulary—Part 12：Quantum phenomena in nanotechnology（ISO/TS 80004-12：2016） |
| 11 | CEN ISO/TS 80004-4：2014 | Nanotechnologies—Vocabulary—Part 4：Nanostructured materials（ISO/TS 80004-4：2011） |
| 12 | CEN ISO/TS 80004-2：2017 | Nanotechnologies—Vocabulary—Part 2：Nano-objects （ISO/TS 80004-2：2015） |
| 13 | CEN/TS 17274：2018 | Nanotechnologies—Guidelines for determining protocols for the explosivity and flammability of powders containing nano-objects （for transport，handling and storage） |
| 14 | CEN ISO/TS 13830：2013 | Nanotechnologies—Guidance on voluntary labelling for consumer products containing manufactured nano-objects （ISO/TS 13830：2013） |
| 15 | CEN ISO/TS 17200：2015 | Nanotechnology—Nanoparticles in powder form—Characteristics and measurements（ISO/TS 17200：2013） |
| 16 | CEN ISO/TS 80004-3：2014 | Nanotechnologies—Vocabulary—Part 3：Carbon nano-objects （ISO/TS 80004-3：2010） |
| 17 | CEN ISO/TS 12025：2015 | Nanomaterials—Quantification of nano-object release from powders by generation of aerosols（ISO/TS 12025：2012） |
| 18 | CEN/TS 17273：2018 | Nanotechnologies—Guidance on detection and identification of nano-objects in complex matrices |

| 序号 | 标准编号 | 标 准 名 称 |
|---|---|---|
| 19 | CEN ISO/TS 80004-6：2015 | Nanotechnologies—Vocabulary—Part 6：Nano-object character-ization（ISO/TS 80004-6：2013） |
| 20 | EN ISO 29701：2010 | Nanotechnologies—Endotoxin test on nanomaterial samples for in vitro systems—Limulus amebocyte lysate（LAL）test（ISO 29701：2010） |
| 21 | CEN/TS 16937：2016 | Nanotechnologies—Guidance for the responsible development of nanotechnologies |

美国：2005年美国试验与材料协会（ASTM）成立了纳米技术委员会E56，它主要负责制定与纳米技术和纳米材料相关的标准及技术规范，同时协调所有ASTM中与纳米相关的委员会工作[8]。ASTM E56现有6个分技术委员会。分别是：（1）信息与术语（E56.01）；（2）表征：物理、化学及毒理学特征（E56.02）；（3）环境、健康与安全（E56.03）；（4）智能特性项目（E56.04）；（5）联络与国际合作（E56.05）；（6）纳米许可的消费产品（E56.06）。至目前为止，ASTM E56已经发布的标准24项，见表6-5。美国国家标准化组织（ANSI）也在2004年8月15日成立了纳米技术标准化小组。美国标准研究院（NIST）下属的材料科学和工程实验室（MSEL）启动了关于纳米测量和安全可靠性的研究项目，并建立了专门从事SWCNT研究的工作组，正在制定有关SWCNT的测量方法技术规范，已有5个实践导则出台。

**表6-5 ASTM E56已经发布以及研发中的标准**

| 序号 | 标准编号 | 标 准 名 称 |
|---|---|---|
| 1 | ASTM E2834-2012 | Standard guide for measurement of particle size distribution of nanomaterials in suspension by nanoparticle tracking analysis（NTA） |
| 2 | ASTM E2859-2011 | Standard guide for size measurement of nanoparticles using atomic force microscopy |
| 3 | ASTM E2864-2013 | Standard test method for measurement of airborne metal and metal oxide nanoparticle surface area concentration in inhalation exposure chambers using krypton gas adsorption |
| 4 | ASTM E2865-2012 | Standard guide for measurement of electrophoretic mobility and zeta potential of nanosized biological materials |
| 5 | ASTM E2909-2013 | Standard guide for investigation/study/assay tab-delimited format for nanotechnologies（ISA-TAB-Nano）：standard field format for the submission and exchange of data on nanomaterials and characteriza-tions |
| 6 | ASTM E2456-06 | Standard terminology relating to nanotechnology |

续表 6-5

| 序号 | 标准编号 | 标 准 名 称 |
|---|---|---|
| 7 | ASTM E2490-09 | Standard guide for measurement of particle size distribution of nanomaterials in suspension by photon correlation spectroscopy (PCS) |
| 8 | ASTM E2524-08 | Standard test method for analysis of hemolytic properties of nanoparticles |
| 9 | ASTM E2525-08 | Standard test method for evaluation of the effect of nanoparticulate materials on the formation of mouse granulocyte-macrophage colonies |
| 10 | ASTM E2526-08 | Standard test method for evaluation of cytotoxicity of nanoparticulate materials in porcine kidney cells and human hepatocarcinoma cells |
| 11 | ASTM E2535-07 | Standard guide for handling unbound engineered nanoscale particles in occupational settings |
| 12 | ASTM E2578-07 | Standard practice for calculation of mean sizes/diameters and standard deviations of particle size distributions |
| 13 | ASTM E2996-15 | Standard guide for workforce education in nanotechnology health and safety |
| 14 | ASTM E3001-15 | Standard practice for workforce education in nanotechnology characterization |
| 15 | ASTM E3025-16 | Standard guide for tiered approach to detection and characterization of silver nanomaterials in textiles |
| 16 | ASTM E3034-15 | Standard guide for workforce education in nanotechnology pattern generation |
| 17 | ASTM E3059-16 | Standard guide for workforce education in nanotechnology infrastructure |
| 18 | ASTM E3071-16 | Standard guide for nanotechnology workforce education in materials synthesis and processing |
| 19 | ASTM E3089-17 | Standard guide for nanotechnology workforce education in material properties and effects of size |
| 20 | ASTM E3143-18b | Standard practice for performing cryo-transmission electron microscopy of liposomes |
| 21 | ASTM E3144-19 | Standard guide for reporting the physical and chemical characteristics of nano-objects |
| 22 | ASTM E3172-18 | Standard guide for reporting production information and data for nano-objects |
| 23 | ASTM E3206-19 | Standard guide for reporting the physical and chemical characteristics of a collection of nano-objects |
| 24 | ASTM E3238-20 | Standard test method for quantitative measurement of the chemoattractant capacity of a nanoparticulate material in vitro |

日本：日本工业标准调查会（JISC）于 2006 年成为 ISO/TC 229 纳米测量与表征工作组的召集人，并递交了 3 个关于单壁碳纳米管/富勒烯（SWCNT/Fullerenes）的新项目提案。日本国内的标准由通产省、文部科学省牵头，各行业协会具体负责，制定纳米材料科研和产业的各项标准。JISC 还成立了关于国际纳米技术标准化的路线图和相应的工作组。

英国：英国标准化协会 BSI 于 2004 年 6 月成立了纳米技术委员会（NTI/1：The UK National Committee for Nanoteohnologies），并于 2005 年制定了世界第一份纳米术语规范。BSI 向 ISO 建议成立纳米技术的标准化委员会，得到了我国等国家的支持，该组织也获得 ISO/TC 229 及欧洲标准化组织 CEN/TC 352 纳米技术委员会主席和秘书处职位，并且在 IEC/TC 113 成立中起着决定性作用。

国际新材料试验和评价合作开发组织（VAMAS）于 2003 年 3 月成立了纳米器件的工作组 TWA29。

德国：德国在纳米技术的长期规划中提出加强对制备方法、纳米尺度的检测与表征方面等研究项目的支持，把更多的标准化、规范化项目纳入资助范围。

## 6.2.2 国内纳米技术标准化组织机构

### 6.2.2.1 纳米标委会基本情况介绍

我国的纳米材料研究工作始于 1980 年底，纳米材料科学被首次列入国家攀登项目。科技部等部委在"863""973"等新材料专题中对纳米材料相关的高科技创新课题进行立项研究。目前，我国已取得了诸如碳纳米管和准一维纳米材料等一批在国际上有影响力的研究成果。国家也非常重视纳米技术的标准化工作，进入 21 世纪以来，国家加大了对纳米材料研究及其相关标准制定的支持力度，国家科技部将"纳米材料标准及数据库"列入基础性重大研究项目，国家标准化管理委员会也在年度标准制修订项目中立项。这些举措有力地支持和推动了我国纳米事业和纳米技术标准化工作的开展。

早在 2001 年，时任中国科学院常务副院长、国家纳米科技领导小组负责人的白春礼院士等人在接受人民日报记者采访时就提出，要防止"纳米幌子"对消费者的误导，最重要的是加紧纳米技术标准的制定，引导和规范纳米产品市场秩序。只有这样，纳米科技的产业化才能得到市场持续性的支持，并健康有序的发展。2003 年 9 月，国家纳米科学中心向国标委汇报"国家纳米科技发展战略及建立纳米技术标准化委员会的建议"，中国科学院也致函国家标准化管理委员会（简称国家标准委）申请成立"国家纳米标准化技术委员会"。经过近一年的讨论和协调，国家标准委于 2005 年 3 月召开国家纳米标准化技术委员会（简称纳米标委会）成立协调会，邀请相关标准化技术委员会（简称标委会）就成立纳米标委会事宜进行协调。4 月 1 日，国家标准委正式发文批准成立全国纳米技术标准化委员会（SAC/TC 279），时任中国科学院常务副院长、国家纳米科学中心主任的白春礼院士任主任委员，秘书处设在国家纳米科学中心。

全国纳米技术标准化技术委员会（以下简称纳米标委会）2005 年 4 月成立，2011 年 12 月换届，成立第二届纳米标委会，2017 年 1 月启动换届工作，2017 年 11 月成立第三届纳米标委会。纳米标委会的工作范围主要是：负责纳米技术领域的基础性国家标准（包括纳米尺度测量、纳米尺度加工、纳米尺度材料、纳米尺度器件、纳米尺度生物医药等方面的术语、方法和安全性要求等）的制修订工作。纳米标委会目前有 38 位委员，2 位顾问，5 位观察员，委员构成广泛，分别来自高校、科研院所、企业的相关领域专家，但标委会本身也有局限性，由于纳米技术的应用面非常广，导致委员无法涵盖所有领域，标准评审采取技术评审和委员投票相结合的方式进行，以保证标准技术内容的严谨性和科学性。

2019 年，由于委员单位调整，刘鸣华研究员不再担任纳米标委会主任委员职务，曾中明不再担任委员职务。增补赵宇亮院士为纳米标委会主任委员，增补谢黎明研究员为委员。

### 6.2.2.2　纳米标委会组织机构建设

如图 6-1 所示，纳米标委会成立后，根据我国纳米科技发展趋势及纳米技术产业化的需求，为和国际纳米技术发展保持同步，分别成立了纳米材料分技术委

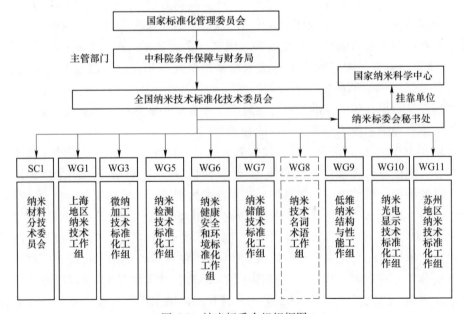

图 6-1　纳米标委会组织框图

员会（SAC/TC279/SC1），上海地区纳米技术工作组（SAC/TC279/WG1），微纳加工技术标准化工作组（SAC/TC279/WG3），纳米检测技术标准化工作组（SAC/TC279/WG5），纳米健康安全和环境标准化工作组（SAC/TC279/WG6），纳米储能技术标准化工作组（SAC/TC279/WG7），纳米技术名词术语工作组（筹）（SAC/TC279/WG8），低维纳米材料工作组（SAC/TC279/WG9）这些分技术委员会和工作组的成立，对开展相关地区和领域的纳米技术标准化工作起到积极的推动作用。

为适应纳米技术新领域与新技术的发展需要，2018~2019年度新成立了纳米光电显示技术标准化工作组（SAC/TC279/WG10），挂靠单位为国家纳米科学中心；苏州地区纳米技术标准化工作组（SAC/TC279/WG11），挂靠单位为苏州市计量测试院。在加强纳米标委会自身建设的同时，积极指导分技术委员会和各工作组开展工作，辅助纳米检测技术标准化工作组（SAC/TC279/WG5）和纳米储能技术标准化工作组（SAC/TC279/WG7）筹备建立分技术委员会。

此外，我国与纳米标准化工作相关的标准化技术委员会还有：（1）全国微束分析标准化技术委员会（SAC/TC 38），SAC/TC 38的主要工作领域包括电子探针、扫描电镜、离子探针、透射电镜、分析电镜等微束原位分析技术领域的标准化工作。（2）全国筛网筛分和颗粒分检方法标准化技术委员会（SAC/TC 68）。SAC/TC 68主要工作范围是筛网筛分和其他颗粒分检方法。其中，细粉末粒度分析方法是分析纳米颗粒的常用方法。SAC/TC 68现已制定了6项与纳米技术相关的标准。

### 6.2.2.3　标准体系建设和维护情况

纳米标委会自2011年以来，非常重视标准体系建设及维护。纳米技术是一个高速发展的新技术，在标准体系建设方面也在摸索前进，2014年标委会沿用早期标准体系，分类较为简单。随后纳米标委会对标准体系进行了重新修订和讨论，丰富了标准体系的基本内容和框架，随着新技术的不断发展，标委会体系框架也在2019年进行了新的修订（见图6-2）。

### 6.2.2.4　纳标委会发布的国家标准情况

全国纳米技术标准化委员会（以下简称"纳米标委会"）成立后，我国的纳米标准化事业进入了快速发展的时期。迄今为止，已发布纳米国家标准92项，见表6-6，列入国家标准化管理委员会计划项目正在制定的36项。

纳米标委会一直秉承"标准质量是核心"的原则，严格把关标准质量，每项标准均经预审会审查后，再次进行终审会评审，最终由全委员会投票通过后，进行上报。2019年，纳米标委会秘书处组织了十余项的国家标准预审查、审查工作，纳米标委会2019年全过程管理的国家标准清单见表6-7。

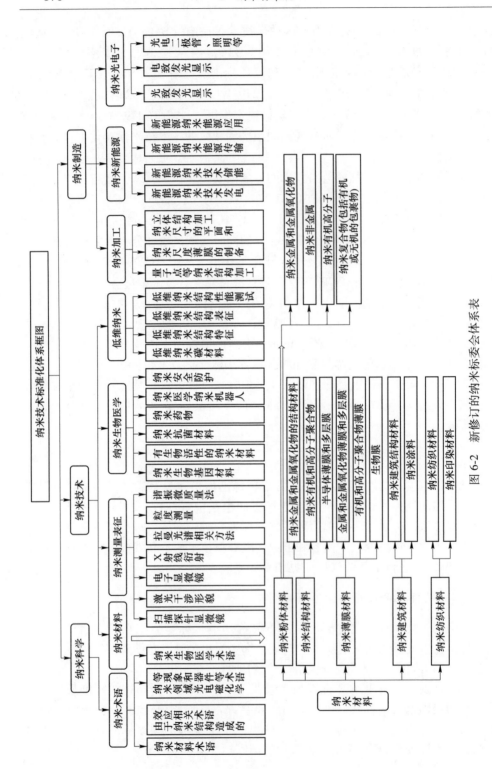

图 6-2　新修订的纳米标委会体系表

**表 6-6 我国已颁布的纳米国家标准（截止到 2019 年 10 月 31 日）**

| 序号 | 标准号 | 标准名称 | 发布日期 |
|---|---|---|---|
| 1 | GB/T 19619—2004 | 纳米材料术语 | 2004-12-27 |
| 2 | GB/T 21510—2008 | 纳米无机材料抗菌性能检测方法 | 2008-03-13 |
| 3 | GB/T 21511.1—2008 | 纳米磷灰石/聚酰胺复合材料 第 1 部分：命名 | 2008-03-13 |
| 4 | GB/T 21511.2—2008 | 纳米磷灰石/聚酰胺复合材料 第 2 部分：技术要求 | 2008-03-13 |
| 5 | GB/Z 21738—2008 | 一维纳米材料的基本结构高分辨透射电子显微镜检测方法 | 2008-05-08 |
| 6 | GB/T 22458—2008 | 仪器化纳米压入试验方法通则 | 2008-10-29 |
| 7 | GB/T 24368—2009 | 玻璃表面疏水污染物检测 接触角测量法 | 2009-09-30 |
| 8 | GB/T 24369.1—2009 | 金纳米棒表征 第 1 部分：紫外/可见/近红外吸收光谱方法 | 2009-09-30 |
| 9 | GB/T 24370—2009 | 硒化镉量子点纳米晶体表征 紫外-可见吸收光谱方法 | 2009-09-30 |
| 10 | GB/T 24490—2009 | 多壁碳纳米管纯度的测量方法 | 2009-10-30 |
| 11 | GB/T 24491—2009 | 多壁碳纳米管 | 2009-10-30 |
| 12 | GB/T 25898—2010 | 仪器化纳米压入试验方法 薄膜的压入硬度和弹性模量 | 2011-01-10 |
| 13 | GB/Z 26082—2010 | 纳米材料直流磁化率（磁矩）测量方法 | 2011-01-10 |
| 14 | GB/Z 26083—2010 | 八辛氧基酞菁铜分子在石墨表面吸附结构的测试方法（扫描隧道显微镜） | 2011-01-10 |
| 15 | GB/T 26489—2011 | 纳米材料超双亲性能检测方法 | 2011-05-12 |
| 16 | GB/T 26490—2011 | 纳米材料超双疏性能检测方法 | 2011-05-12 |
| 17 | GB/T 19590—2011 | 纳米碳酸钙 | 2011-07-29 |
| 18 | GB/T 26824—2011 | 纳米氧化铝 | 2011-07-29 |
| 19 | GB/T 26825—2011 | FJ 抗静电防腐胶 | 2011-07-29 |
| 20 | GB/T 26826—2011 | 碳纳米管直径的测量方法 | 2011-07-29 |
| 21 | GB/T 28044—2011 | 纳米材料生物效应的透射电子显微镜检测方法通则 | 2011-10-31 |
| 22 | GB/T 27760—2011 | 利用 Si（111）晶面原子台阶对原子力显微镜亚纳米高度测量进行校准的方法 | 2011-12-30 |
| 23 | GB/T 27761—2011 | 热重分析仪失重和剩余量的试验方法 | 2011-12-30 |
| 24 | GB/T 27762—2011 | 热重分析仪质量示值校准的试验方法 | 2011-12-30 |
| 25 | GB/T 27765—2011 | $SiO_2$、$TiO_2$、$Fe_3O_4$ 及 $Al_2O_3$ 纳米颗粒生物效应的透射电子显微镜检测方法 | 2011-12-30 |
| 26 | GB/T 28872—2012 | 活细胞样品纳米结构的磁驱动轻敲模式原子力显微镜检测方法 | 2012-11-05 |
| 27 | GB/T 28873—2012 | 纳米颗粒生物形貌效应的环境扫描电子显微镜检测方法通则 | 2012-11-05 |

| 序号 | 标准号 | 标准 名 称 | 发布日期 |
|---|---|---|---|
| 28 | GB/T 29189—2012 | 碳纳米管氧化温度及灰分的热重分析法 | 2012-12-31 |
| 29 | GB/T 29190—2012 | 扫描探针显微镜漂移速率测量方法 | 2012-12-31 |
| 30 | GB/T 29856—2013 | 半导体性单壁碳纳米管的近红外光致发光光谱表征方法 | 2013-11-12 |
| 31 | GB/T 30447—2013 | 纳米薄膜接触角测量方法 | 2013-12-31 |
| 32 | GB/T 30448—2013 | 纳米铁粉 | 2013-12-31 |
| 33 | GB/T 30449—2013 | 纳米二氧化锡 | 2013-12-31 |
| 34 | GB/T 30450—2013 | 纳米硫化镉 | 2013-12-31 |
| 35 | GB/T 30451—2013 | 有序介孔二氧化硅 | 2013-12-31 |
| 36 | GB/T 30452—2013 | 光催化纳米材料光解指数测试方法 | 2013-12-31 |
| 37 | GB/T 30543—2014 | 纳米技术 单壁碳纳米管的透射电子显微术表征方法 | 2014-05-06 |
| 38 | GB/T 30544.1—2014 | 纳米科技 术语 第1部分：核心术语 | 2014-05-06 |
| 39 | GB/T 30544.5—2014 | 纳米科技 术语 第5部分：纳米/生物界面 | 2014-05-06 |
| 40 | GB/T 31225—2014 | 椭圆偏振仪测量硅表面上二氧化硅薄层厚度的方法 | 2014-09-30 |
| 41 | GB/T 31226—2014 | 扫描隧道显微术测定气体配送系统部件表面粗糙度的方法 | 2014-09-30 |
| 42 | GB/T 31227—2014 | 原子力显微镜测量溅射薄膜表面粗糙度的方法 | 2014-09-30 |
| 43 | GB/T 31228—2014 | 仪器化纳米压入试验 术语 | 2014-09-30 |
| 44 | GB/T 31229—2014 | 热重法测定挥发速率的试验方法 | 2014-09-30 |
| 45 | GB/T 32006—2015 | 金纳米棒光热效应的评价方法 | 2015-09-11 |
| 46 | GB/T 30544.3—2015 | 纳米科技 术语 第3部分：碳纳米物体 | 2015-12-10 |
| 47 | GB/T 32262—2015 | 用于原子力显微镜检测的脱氧核糖核酸样品的制备方法 | 2015-12-10 |
| 48 | GB/T 32269—2015 | 纳米科技 纳米物体的术语和定义 纳米颗粒、纳米纤维和纳米片 | 2015-12-10 |
| 49 | GB/T 32668—2016 | 胶体颗粒 zeta 电位分析 电泳法通则 | 2016-04-25 |
| 50 | GB/T 32669—2016 | 金纳米棒聚集体结构的消光光谱表征 | 2016-04-25 |
| 51 | GB/T 32671.1—2016 | 胶体体系 zeta 电位测量方法 第1部分：电声和电动现象 | 2016-04-25 |
| 52 | GB/T 32868—2016 | 纳米技术 单壁碳纳米管的热重表征方法 | 2016-08-29 |
| 53 | GB/T 32869—2016 | 纳米技术 单壁碳纳米管的扫描电子显微术和能量色散 X 射线谱表征方法 | 2016-08-29 |
| 54 | GB/T 32871—2016 | 单壁碳纳米管表征 拉曼光谱法 | 2016-08-29 |
| 55 | GB/T 33243—2016 | 纳米技术 多壁碳纳米管表征 | 2016-12-13 |
| 56 | GB/T 33249—2016 | 纳米技术 活细胞内金纳米棒含量测定 消光光谱法 | 2016-12-13 |
| 57 | GB/T 33252—2016 | 纳米技术 激光共聚焦显微拉曼光谱仪性能测试 | 2016-12-13 |

| 序号 | 标准号 | 标 准 名 称 | 发布日期 |
|---|---|---|---|
| 58 | GB/T 33657—2017 | 纳米技术 晶圆级纳米尺度相变存储单元电学操作参数测试规范 | 2017-05-12 |
| 59 | GB/T 33714—2017 | 纳米技术 纳米颗粒尺寸测量 原子力显微术 | 2017-05-12 |
| 60 | GB/T 33715—2017 | 纳米技术 纳米技术职业场所健康和安全指南 | 2017-05-12 |
| 61 | GB/T 33818—2017 | 碳纳米管导电浆料 | 2017-05-31 |
| 62 | GB/T 33822—2017 | 纳米磷酸铁锂 | 2017-05-31 |
| 63 | GB/T 33826—2017 | 玻璃衬底上纳米薄膜厚度测量 触针式轮廓仪法 | 2017-05-31 |
| 64 | GB/T 33827—2017 | 锂电池用纳米负极材料中磁性物质含量的测定方法 | 2017-05-31 |
| 65 | GB/T 33828—2017 | 纳米磷酸铁锂中三价铁含量的测定方法 | 2017-05-31 |
| 66 | GB/T 34059—2017 | 纳米技术 纳米生物效应代谢组学方法 核磁共振波谱法 | 2017-07-31 |
| 67 | GB/T 24369.3—2017 | 金纳米棒表征 第3部分：表面电荷密度测量方法 | 2017-07-31 |
| 68 | GB/T 34216—2017 | 纳米氮化硅 | 2017-09-07 |
| 69 | GB/T 34831—2017 | 纳米技术 贵金属纳米颗粒电子显微镜成像 高角环形暗场法 | 2017-11-01 |
| 70 | GB/T 34916—2017 | 纳米技术 多壁碳纳米管 热重分析法测试无定形碳含量 | 2017-12-29 |
| 71 | GB/T 35418—2017 | 纳米技术 碳纳米管中杂质元素的测定 电感耦合等离子体质谱法 | 2017-12-29 |
| 72 | GB/T 36063—2018 | 纳米技术 用于拉曼光谱校准的标准拉曼频移曲线 | 2018-03-15 |
| 73 | GB/T 36065—2018 | 纳米技术 碳纳米管无定形碳、灰分和挥发物的分析 热重法 | 2018-03-15 |
| 74 | GB/T 36081—2018 | 纳米技术 硒化镉量子点纳米晶体表征 荧光发射光谱法 | 2018-03-15 |
| 75 | GB/T 36082—2018 | 纳米技术 特定毒性筛查用金纳米颗粒表面表征 傅里叶变换红外光谱法 | 2018-03-15 |
| 76 | GB/T 36083—2018 | 纳米技术 纳米银材料 生物学效应相关的理化性质表征指南 | 2018-03-15 |
| 77 | GB/T 36084—2018 | 纳米技术 水溶液中铜、锰、铬离子含量的测定 紫外-可见分光光度法 | 2018-03-15 |
| 78 | GB/T 36085—2018 | 纳米技术 纳米粉体材料测试参考样品研制指南 | 2018-03-15 |
| 79 | GB/T 36086—2018 | 纳米技术 纳米粉体接触角测量 Washburn 动态压力法 | 2018-03-15 |
| 80 | GB/T 36595—2018 | 纳米钛酸钡 | 2018-09-17 |
| 81 | GB/T 30544.13—2018 | 纳米科技 术语 第13部分：石墨烯及相关二维材料 | 2018-12-28 |
| 82 | GB/T 36969—2018 | 纳米技术 原子力显微术测定纳米薄膜厚度的方法 | 2018-12-28 |
| 83 | GB/T 37054—2018 | 纳米技术 纳米二氧化钛中锐钛矿型与金红石型比率测定 X 射线衍射法 | 2018-12-28 |

续表 6-6

| 序号 | 标准号 | 标 准 名 称 | 发布日期 |
|---|---|---|---|
| 84 | GB/T 37129—2018 | 纳米技术 纳米材料风险评估 | 2018-12-28 |
| 85 | GB/T 37131—2018 | 纳米技术 半导体纳米粉体材料紫外-可见漫反射光谱的测试方法 | 2018-12-28 |
| 86 | GB/T 37152—2018 | 纳米技术 碳纳米管材料 薄层电阻 | 2018-12-28 |
| 87 | GB/T 37156—2018 | 纳米技术 材料规范 纳米物体特性指南 | 2018-12-28 |
| 88 | GB/T 37225—2018 | 纳米技术 水溶液中多壁碳纳米管表征 消光光谱法 | 2018-12-28 |
| 89 | GB/T 37664.1—2019 | 纳米制造 关键控制特性 发光纳米材料 第1部分：量子效率 | 2019-06-04 |
| 90 | GB/T 30544.4—2019 | 纳米科技 术语 第4部分：纳米结构材料 | 2019-08-30 |
| 91 | GB/T 37966—2019 | 纳米技术 氧化铁纳米颗粒类过氧化物酶活性测量方法 | 2019-08-30 |
| 92 | GB/T 37984—2019 | 纳米技术 用于拉曼光谱校准的频移校正值 | 2019-08-30 |

**表 6-7  纳米标委会 2019 年全过程管理的国家标准**

| 序号 | 办理环节 | 办理时间 | 计划号 | 标 准 名 称 | 当前进度 |
|---|---|---|---|---|---|
| 1 | 征求意见 | 2018-11-22 | 20170950-T-491 | 纳米科技 术语 第8部分：纳米制造过程 | 委务会审议 |
| 2 | 征求意见 | 2018-11-22 | 20170948-T-491 | 纳米制造 关键控制特性 发光纳米材料 第1部分：量子效率 | 标准公告 |
| 3 | 审查 | 2018-12-11 | 20170948-T-491 | 纳米制造 关键控制特性 发光纳米材料 第1部分：量子效率 | 标准公告 |
| 4 | 标准上报 | 2018-12-11 | 20170948-T-491 | 纳米制造 关键控制特性 发光纳米材料 第1部分：量子效率 | 标准公告 |
| 5 | 审查 | 2018-12-14 | 20090829-T-491 | 纳米技术 用于拉曼光谱校准的频移校正值 | 标准公告 |
| 6 | 征求意见 | 2019-1-22 | 20151373-T-491 | 纳米技术 氧化铁纳米颗粒类过氧化物酶活性测量方法 | 标准公告 |
| 7 | TC审核 | 2019-2-7 | 20140894-T-491 | 纳米技术 氧化石墨烯厚度测量 原子力显微镜法 | 标准上报 |
| 8 | 标准上报 | 2019-3-7 | 20090829-T-491 | 纳米技术 用于拉曼光谱校准的频移校正值 | 标准公告 |
| 9 | TC审核 | 2019-3-8 | 20140891-T-491 | 纳米科技 术语 第4部分：纳米结构材料 | 标准公告 |
| 10 | TC审核 | 2019-3-9 | 20120933-T-491 | 纳米二氧化铈 | 标准公告 |
| 11 | TC审核 | 2019-3-10 | 20160757-T-491 | 纳米技术 石墨烯材料比表面积的测试 亚甲基蓝吸附法 | 标准公告 |
| 12 | TC审核 | 2019-3-11 | 20160467-T-491 | 纳米技术 石墨烯材料表面含氧官能团的定量分析 化学滴定法 | 标准公告 |
| 13 | 审查 | 2019-3-21 | 20151373-T-491 | 纳米技术 氧化铁纳米颗粒类过氧化物酶活性测量方法 | 标准公告 |

续表 6-7

| 序号 | 办理环节 | 办理时间 | 计划号 | 标 准 名 称 | 当前进度 |
|------|----------|----------|--------|-------------|----------|
| 14 | 标准上报 | 2019-3-21 | 20151373-T-491 | 纳米技术 氧化铁纳米颗粒类过氧化物酶活性测量方法 | 标准公告 |
| 15 | 标准上报 | 2019-3-21 | 20170954-T-491 | 纳米技术 工程纳米材料的职业风险管理 第 2 部分：控制分级方法应用 | 标准公告 |
| 16 | 审查 | 2019-3-21 | 20170954-T-491 | 纳米技术 工程纳米材料的职业风险管理 第 2 部分：控制分级方法应用 | 标准公告 |
| 17 | 征求意见 | 2019-6-3 | 20170949-T-491 | 纳米技术 生物样品中银含量测量 电感耦合等离子体质谱法 | 委务会审议 |
| 18 | 标准上报 | 2019-7-9 | 20170949-T-491 | 纳米技术 生物样品中银含量测量 电感耦合等离子体质谱法 | 委务会审议 |
| 19 | 标准上报 | 2019-7-9 | 20170950-T-491 | 纳米科技 术语 第 8 部分：纳米制造过程 | 委务会审议 |
| 20 | 审查 | 2019-7-9 | 20170949-T-491 | 纳米技术 生物样品中银含量测量 电感耦合等离子体质谱法 | 委务会审议 |
| 21 | 审查 | 2019-7-9 | 20170950-T-491 | 纳米科技 术语 第 8 部分：纳米制造过程 | 委务会审议 |
| 22 | 征求意见 | 2019-9-19 | 20141350-T-491 | 纳米技术 单壁碳纳米管的紫外/可见/近红外吸收光谱表征方法 | 主管部门审核 |
| 23 | 标准上报 | 2019-10-11 | 20141350-T-491 | 纳米技术 单壁碳纳米管的紫外/可见/近红外吸收光谱表征方法 | 主管部门审核 |
| 24 | 审查 | 2019-10-11 | 20141350-T-491 | 纳米技术 单壁碳纳米管的紫外/可见/近红外吸收光谱表征方法 | 主管部门审核 |

## 6.2.3 我国参与国际标准化现状

前已述及，制定纳米国际标准对于提高国家的产业和学术地位，占领未来纳米技术和产业的制高点具有重要的意义。因此，参与制定纳米国际标准已经成为许多国家，特别是发达国家非常重视的战略性问题。

我国在纳米标准化发展方面处于世界前列。2001 年即启动了纳米材料标准的研究与制定专项，2005 年 4 月 1 日正式实施国家质检总局和国家标准委制定的《纳米材料术语》等 7 项纳米材料国家标准。当时是世界上首次以国家标准形式颁布的纳米材料标准。

我国积极参与 ISO 的纳米标准化制定工作，目前是我国 ISO/TC 229 和 IEC/TC 113 的正式成员国。在 2008 年，我国成功主办了 ISO/TC 229 年度会议，会议共有来自 26 个国家和地区的 223 名代表参加了此次会议，其中境外代表 182 人，是历届 ISO/TC 229 会议中规模最大的一届。会议得到了各国代表的一致肯定。这次会议的举办，扩大了我国在国际标准化组织的影响，提高了我国在国际标准化组织的地位；使国外专家了解了我国纳米技术标准化工作的情况，为推进我国纳米技术标准成为国际标准提案创造了条件；加强了我国与各国的交流与合作，促进和推动了我国纳米技术标准化工作的国际化发展。

我国是开展纳米技术标准化工作起步较早的国家，发达国家非常关注我国标准化工作的进展情况。近年来纳米标委会委员们相继接待了各国标准化组织和人员的访问，与他们就开展纳米技术标准化工作进行了交流，加深了相互的了解，并与其中的一些国家达成了合作的意向。

纳米标委会成立后，受国家标准委委托，担负起对口国际标准化组织纳米技术委员会（ISO/TC 229）和国际电工委员会纳米技术委员会（IEC/TC 113）的工作，开展与国外标准化组织的交流和合作，2019 年组织专家对 60 个文件进行投票，并推荐相应专家参加国际标准的制定工作。组织有关人员参加 ISO/TC 229 和 IEC/TC 113 的各次会议，在会议上介绍我国纳米技术标准化工作的进展情况，与其他国家交流纳米技术标准化工作情况。积极推进我国的纳米国家标准和相关检测方法成为国际标准。

### 6.2.3.1　积极参与 ISO/TC 229 标准化活动

中国国家纳米标准化委员会组织相关专家参加了历届 ISO/TC 229 的委员会议，积极履行 ISO/TC 229 委员职责，参与了标准提案、讨论、验证、投票等各个环节的工作。目前，我国有多位科学家在 ISO/TC 229 中的多个工作组担任专家和成员，他们的工作能力和工作态度得到了国际上的认可。我国目前在纳米技术领域的国际标准化工作中发挥重要作用，在 ISO/TC 229、IEC/TC 113 等技术委员会中承担工作组召集人等职务，并主导多项 ISO/IEC 国际标准制定。

尤其难能可贵的是，近年来我国纳米企业开始积极参与国际标准活动，并主导项目，这对提高企业参与国际市场竞争能力、实现标准对纳米产业的促进，都是一个可喜的趋势。纳米标委会组织国家纳米科学中心、山东国瓷功能材料股份有限公司等国内相关企事业单位参加 ISO/TC 229 的工作组会议及年会，组织并协调纳米技术领域科研单位、监管部门和企业等单位共同研讨，在碳纳米管、量子点、核酸提取用磁珠和汽车尾气处理用催化剂载体等关键纳米技术领域完成和提出 8 项 ISO 国际标准（见表 6-8），其中由国家纳米科学中心葛广路研究员主导的 ISO/TS 17466 于 2015 年 7 月正式发布，此项标准是 ISO/TC 229 发布的第一批人造纳米颗粒测试标准，将对量子点材料的基础研究、性能表征和质量控制起到指导作用。由山东国瓷功能材料股份有限公司主导的 ISO/TS 23362 获准 PWI 立项；由苏州海狸生物医学工程有限公司主导的 ISO/TS 22761 获准 NWIP 投票；由天奈公司主导的 ISO/TS 19808 获准 CD 投票。对我国相关企业提升国际知名度和促进国际贸易有积极意义。

通过这种积极参与，极大地扩大了我国在纳米技术标准化领域的国际影响力，为我国在此领域获得更大的话语权奠定了基础。

**表6-8 我国主导的ISO国际标准汇总表**

| 序号 | 国际组织 | 编号 | 中文名称 | 英文名称 | 提交单位 | 当前阶段 |
|---|---|---|---|---|---|---|
| 1 | ISO/TC 229 | ISO/TS 13278 | 纳米技术 ICP-MS 法测定 CNT 中元素状态杂质 | Nanotechnologies—Determination of elemental impurities in samples of carbon nanotubes using inductively coupled plasma mass spectrometry | 国家纳米科学中心 | 2011 发布 |
| 2 | ISO/TC 229 | ISO/TS 17466 | UV-Vis 吸收光谱法表征硫化镉胶体量子点 | Use of UV-Vis absorption spectroscopy in the characterization of cadmium chalcogenide colloidal quantum dots | 国家纳米科学中心 | 2015 发布 |
| 3 | ISO/TC 229 | ISO/TS 19808 | 纳米技术 碳纳米管 表征与测量方法技术规范 | Nanotechnology—Carbon nanotubes suspensions—Specifications of characteristics and measurement methods | 冶金工业信息标准研究院、北京天奈科技公司 | CD |
| 4 | ISO/TC 229 | ISO/TS 22761 | 纳米技术 核酸提取用纳米结构超顺磁磁珠特征和测试 | Nanotechnologies—Nanostructured superparamagnetic beads for nucleic acid extraction—Characteristics and measurements | 苏州海狸生物医学工程有限公司、国家纳米科学中心 | NP |
| 5 | ISO/TC 229 | ISO/TS | 纳米技术 汽车尾气处理用催化剂载体纳米多孔 $Al_2O_3$ 特征和测试 | Nanotechnologies—Nanostructured porous $Al_2O_3$ for catalyst support of vehicle exhaust control—Characteristics and measurements | 山东国瓷功能材料股份有限公司、国家纳米科学中心 | PWI |
| 6 | ISO/TC 229 | ISO/TS | 纳米技术 多壁碳纳米管—热重法表征无定形碳含量 | Nanotechnologies—Multiwall carbon nanotubes—Determination of amorphous carbon content by thermogravimetric analysis | 国家纳米科学中心、深圳德方纳米科技有限公司 | PWI |
| 7 | ISO/TC 229 | ISO/TS | 纳米技术 氧化石墨烯片表征—AFM 和 SEM 法测厚度和水平尺寸 | Nanotechnologies—Structural characterization of graphene oxide flakes：Thickness and lateral size measurement using AFM and SEM | 中国计量科学研究院、英国国家物理实验室 | PWI |
| 8 | ISO/TC 256 | ISO/TS 18473-3 | 特殊用途功能填料和染料—密封胶用 $SiO_2$ 气溶胶 | Functional pigments and extenders for special applications—Part 3：Fumed silica for silicone rubber application | 德国赢创、广州吉必盛科技实业有限公司 | FDIS |

## 6.2.3.2 积极参与 IEC/TC 113 标准化活动

纳米标委会组织国家纳米科学中心、深圳市标准技术研究院等国内相关企事业单位参加 IEC/TC 113 的工作组会议及年会，组织并协调纳米技术领域高校、科研院所、企业等单位共同研讨，在石墨烯、发光纳米材料、纳米储能材料领域提出 23 项 IEC 国际标准提案（见表 6-9），各项提案有序推进，其中 2019 年 IEC/TS 62607-6-19、IEC/TS 62607-6-20 和 IEC/TS 62607-6-21 等三项国际标准提案成功立项，IEC/TS 62607-4-8 和 IEC/TS 62607-6-13 两项国际标准提案推进到出版阶段。此外，值 IEC/TC 113 2019 年年会在中国上海召开之际，组织召开了第二届纳电子产业标准化国际论坛，为国内外纳电子领域高级专家学者和相关企业搭建了重要沟通交流平台，助推纳米产业和技术健康有序发展。

**表 6-9 我国主导的 IEC 国际标准汇总表**

| 序号 | 标准号 | 标 准 名 称 | 提出单位 | 项目状态 |
|---|---|---|---|---|
| 1 | IEC/TS 62607-4-2 | Nanomanufacturing—Key control characteristics—Part 4-2: Nano-enabled electrical energy storage—Physical characterization of cathode nanomaterials, density measurement | 深圳市德方纳米科技股份有限公司、国家纳米科学中心、深圳市标准技术研究院 | 已发布 |
| 2 | IEC/TS 62607-4-6 | Nanomanufacturing—Key control characteristics—Part 4-6: Nano-enabled electrical energy storage devices—Determination of carbon content for nano electrode materials, infrared absorption method | 深圳市德方纳米科技股份有限公司、国家纳米科学中心、深圳市标准技术研究院 | 已发布 |
| 3 | IEC/TS 62607-4-7 | Nanomanufacturing—Key control characteristics—Part 4-7: Anode nanomaterials for nano-enabled electrical energy storage—Determination of magnetic materials, ICP-OES method | 深圳市贝特瑞新能源材料股份有限公司、深圳市标准技术研究院、国家纳米科学中心 | 已发布 |
| 4 | IEC/TS 62607-4-8 | Nanomanufacturing—Key Control Characteristics—Part 4-8: Nano-enabled electrical energy storage devices—Determination of water content for electrode nanomaterials, Karl Fischer method | 深圳市德方纳米科技股份有限公司、国家纳米科学中心、深圳市标准技术研究院 | PUB |
| 5 | IEC/TS 62607-3-3 | Nanomanufacturing—Key control characteristics—Part 3-3: Luminescent nanomaterials—Determination of fluorescence lifetime using Time Correlated Single Photon Counting (TCSPC) | 深圳市标准技术研究院、中国科学院深圳先进技术研究院、国家纳米科学中心 | DTS |

续表 6-9

| 序号 | 标准号 | 标 准 名 称 | 提出单位 | 项目状态 |
|---|---|---|---|---|
| 6 | IEC/TS 62607-6-13 | Nanomanufacturing—Key control characteristics—Part 6-13: Determination of oxygen functional groups content of graphene materials with Boehm titration method | 中国科学院山西煤炭化学研究所、深圳市贝瑞特新能源材料有限公司、哈尔滨万鑫石墨谷科技有限公司、国家纳米科学中心、深圳市标准技术研究院 | PUB |
| 7 | IEC/TS 62607-6-14 | Nanomanufacturing—Key control characteristics—Part 6-14: Graphene—Defect level analysis in graphene powder using Raman spectroscopy | 深圳华烯新材料有限公司、深圳粤网节能技术服务有限公司、国家纳米科学中心、深圳市标准技术研究院 | DTS |
| 8 | IEC/TS 62607-6-7 | Nanomanufacturing—Key control characteristics—Part 6-7: Graphene—Determination of specific surface area of graphene materials using methylene blue adsorption method | 中国科学院宁波材料所 | CD |
| 9 | IEC/TS 62607-6-17 | Nanomanufacturing—Key control characteristics—Part 6-17: Graphene—Analysis of order degree in graphene powder | 深圳华烯新材料有限公司、国家纳米科学中心、深圳市标准技术研究院 | NWIP |
| 10 | IEC/TS 62607-6-18 | Nanomanufacturing—Key control characteristics—Part 6-18: Graphene—Measurement of functional group in graphene powder by combining FTIR and TGA | 深圳华烯新材料有限公司、国家纳米科学中心、深圳市标准技术研究院 | NWIP |
| 11 | IEC/TS 62607-6-19 | Nanomanufacturing—Key control characteristics—Part 6-19: Graphene—Measurement of chemical composition in graphene powder by CS/ONH analyzer | 深圳华烯新材料有限公司、国家纳米科学中心、深圳市标准技术研究院 | DTS |
| 12 | IEC/TS 62607-6-20 | Nanomanufacturing—Key control characteristics—Part 6-20: Graphene—Measurement of metal elements impurities in graphene flakes by ICP-MS | 国家纳米科学中心、深圳市标准技术研究院、深圳市贝特瑞新能源材料股份有限公司 | CD |
| 13 | IEC/TS 62607-6-21 | Nanomanufacturing—Key control characteristics—Part 6-21: Graphene—Measurement of main elements and C/O ratio in graphene flakes by XPS | 国家纳米科学中心、深圳市标准技术研究院、深圳市贝特瑞新能源材料股份有限公司 | CD |

| 序号 | 标准号 | 标 准 名 称 | 提出单位 | 项目状态 |
|---|---|---|---|---|
| 14 | IEC/TS 62607-6-22 | Nanomanufacturing—Key control characteristics—Part 6-22: Graphene—Determination of the ash content of graphene-based materials by incineration | 中国科学院山西煤炭化学研究所、中国科学院大连化学物理研究所、国家纳米科学中心、深圳市标准技术研究院 | NWIP |
| 15 | IEC/TS 62607-4-X | Nanomanufacturing—Material specifications—Part 4-X: Nanosized silicon anode material—Bank detail specification | 深圳市贝特瑞新能源材料股份有限公司、国家纳米科学中心、深圳市标准技术研究院 | NWIP |
| 16 | IEC/TS 62607-4-X | Nanomanufacturing—Material specifications—Part 4-X: Nanoporous activated carbon for electrochemical capacitor—Blank detail specification | 中国科学院山西煤炭化学研究所、宁波中车新能源科技有限公司、国家纳米科学中心、深圳市标准技术研究院 | NWIP |
| 17 | IEC/TS 62607-4-X | Nanomanufacturing—Material specifications—Part 4-X: Nano-enabled electrode of electrochemical capacitor—Blank detail specification | 中国科学院山西煤炭化学研究所、宁波中车新能源科技有限公司、国家纳米科学中心、深圳市标准技术研究院 | NWIP |
| 18 | IEC/TS 62607-6-23 | Nanomanufacturing—Key control characteristics—Part 6-23: Graphene film—Carrier mobility and sheet resistance: Hall measurement | 泰州石墨烯研究检测平台、中科院上海微系统所 | NWIP |
| 19 | IEC/TS 62607-6-24 | Nanomanufacturing—Key control characteristics—Part 6-24: Graphene film—Layer number distribution: Optical contrast method | 泰州石墨烯研究检测平台、东南大学 | NWIP |
| 20 | IEC/TS 62607-4-X | Nanomanufacturing—Key control characteristics—Part 4-X: Determination of electrochemical performance of carbon nanomaterials for electric double layer capacitors (EDLC) using coin cells | 中国科学院山西煤炭化学研究所、国家纳米科学中心、深圳市标准技术研究院 | PWI |
| 21 | IEC/TS 62565-4-X | Nanomanufacturing—Material specifications—Part 4-X: Q-LCFs—Blank detail specification | 纳晶科技股份有限公司、国家纳米科学中心、深圳市标准技术研究院 | PWI |

续表 6-9

| 序号 | 标准号 | 标 准 名 称 | 提出单位 | 项目状态 |
|---|---|---|---|---|
| 22 | IEC/TS 62876-4-X | Nanomanufacturing—Reliability assessments—Part 4-X：Q-LCFs | 纳晶科技股份有限公司、国家纳米科学中心、深圳市标准技术研究院 | PWI |
| 23 | IEC/TS 62607-3-X | Nanomanufacturing—Key control characteristics—Part 3-X：Q-LCF subassemblies | 纳晶科技股份有限公司、国家纳米科学中心、深圳市标准技术研究院 | PWI |

# 6.3 纳米标准化的主要内容

标准化是一个不断发展的过程。涉及从产品标准、技术标准到管理标准，从工农业生产领域到安全、卫生、环境保护、交通运输、行政管理和信息代码等领域。标准化正随着社会科学技术进步而不断地扩展和深化自己的工作领域。纳米尺度材料开发了材料、器件和系统新的性质。目前，纳米标准化主要集中在纳米科技术语、纳米材料及产品特性的检测、纳米制造和加工技术、纳米材料与人类健康安全性和环境标准这四个方面[9]，详见图 6-3。以下从这四个主要方面中选取比较成熟的几个领域进行重点介绍。

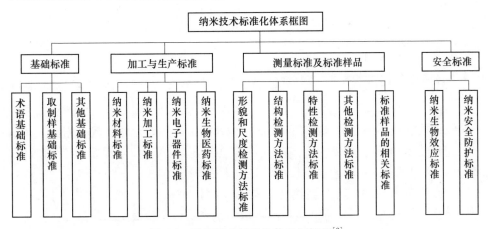

图 6-3 纳米技术标准化体系框架图[9]

## 6.3.1 纳米科技术语的标准化

纳米科技在物理、化学和材料科学的研究领域取得了不断进步，对人类的生活产生重要影响，纳米技术已出现在信息技术、生物医药、工业、航空航天，乃至国家安全等各个领域。纳米技术标准的建立也引起各国的高度重视。因为纳米技术是对纳米尺度的物质进行表征、操纵和加工的技术，所以作为一个迅速发展的学科领域，迫切需要统一术语，以保证纳米科技和纳米产业中的语言沟通，并促进推动公众对纳米科技的理解。国际纳米技术标准化委员会 ISO/TC 229 把"术语和命名法"放在第一工作组的位置，由来自数十个国家的 ISO 成员国代表共同讨论纳米技术术语的遴选与定义等问题，做到从纳米技术发展的初期就规范术语的应用[10]。

### 6.3.1.1  纳米科技术语标准化的意义

统一的术语和命名方法对于一个科学研究领域至关重要，如化学物质命名法规范了成千上万的分子和物质。生物学、物种的分类与命名也有悠久的历史，如瑞典科学家林奈命名法。正确的学术新词定义以及中文译名涉及新词使用的规范。

由于纳米科技是近年来发展的新领域，在制定国际标准时首先需要确定整体思路。在 ISO/TC 229 中，一些专家提出重要的原则框架，如提出"纳米标准和规范系统"（Nanotechnology Standards and Rregulatory Systems），讨论纳米标准对整个领域和产业发展的重要性。术语就如同辞典，要从核心词语开始。要建立整体框架，不同的领域有不同的框架。尽管词语可能属于不同的分类，但是它们的定义是一样的。专家们认为，目前最紧急的工作是对词汇、命名法的顶层定义。由于不断出现新的定义，必须集中单一的定义。现在提出的核心定义（core definition）是未来术语定义的核心，要发展一种可以应用的命名法。

### 6.3.1.2  几个使用频繁的纳米科技核心术语的定义

目前，ISO/TC 229 已经颁布了 ISO 80004 纳米术语系列标准，范围涵盖了纳米科技领域的核心词、纳米物质的表征、纳米加工等几大领域，基本构成了相对比较完整的术语体系框架。欧洲标准委员会下属的纳米技术委员会（CEN/TC 352）和美国试验与材料协会下属的纳米技术委员会（ASTM E56）也在纳米科技术语方面颁布了一些标准。我国在 2005 年 4 月 1 日起正式实施 GB/T 19619—2004《纳米材料术语》标准。该标准规定了纳米材料一般概念的术语和纳米材料的特性、制备与处理方法、材料种类、表征方法等方面的具体概念的术语。以下列出了几个使用频繁的纳米科技核心术语的定义，便于大家更规范地理解纳米科学技术。

纳米科学（nanoscience）：系统地研究纳米尺度上出现的、与单个原子、分子或块体材料显著不同的、与尺寸和结构相关的性质和现象的学科。

纳米技术（nanotechnology）：应用科学知识对纳米尺度的物质进行操纵和控

制，在这个尺度上显现出与单个原子、分子或块体材料性质显著不同的、与尺寸和结构相关的性质和现象。

纳米尺度（nanoscale）：处于1~100nm之间的尺寸范围。本尺寸范围通常、但非专有地表现出不能由较大尺寸外推得到的特性。对于这些特性来说，尺度上、下限值是近似的。本定义中引入下限（约1nm）的目的是为了避免在不设定下限时，单个或一小簇原子被默认为是纳米物体或纳米结构单元。

纳米材料（nanomaterial）：物质结构在三维空间中至少有一维处于纳米尺度，或由纳米结构单元构成的且具有特殊性质的材料。

纳米物体（nanoobject）：一维、二维或三维外部维度处于纳米尺度的物体。用于所有相互分离的纳米尺度物体的通用术语。

纳米结构（nanostructure）：一个或多个部分处于纳米尺度区域的相互关联的组成部分。区域由性质不连续的边界来界定。

纳米结构材料（nanostrucutred material）：内部或表面具有纳米结构的材料。本定义不排除纳米物体具有内部或表面纳米结构的可能性。如果外部维度（一个或多个）处于纳米尺度，推荐用术语"纳米物体"。

工程化的纳米材料（engineered nanomaterial）：为了特定目的或功能而设计的纳米材料。

人造纳米材料（manufactured nanomaterial）：为了商业目的而制造的具有特定功能或特定组成的纳米材料。

伴生纳米材料（incidental nanomaterial）：在某一过程中作为副产品非特意产生的纳米材料。过程包括制造、生物技术或其他过程。

纳米制造（nanomanufacturing）：为了商业目的而进行的纳米材料的合成、生产或操纵，或在纳米尺度范围内进行的制造步骤。

纳米制造过程（nanomanufacturing process）：为了商业目的而进行的纳米材料的合成、生产或操纵，或者在纳米尺度范围内进行的制造步骤的整个流程。

纳米尺度现象（nanoscale phenomenon）：由纳米物体或纳米尺度范围而产生的效应。

纳米尺度性质（nanoscale property）：纳米物体或纳米尺度范围所具有的特性。

功能纳米材料（functional nanomaterial）：通过对材料纳米化或掺杂复合，使其物理和化学功能如光、电、声、磁、热及耐蚀等特性得到显著改善的功能材料。

纳米器件（nanodevice）：利用纳米材料和纳米技术制造出具有特殊功能的器件。

## 6.3.2　纳米标准物质及标准样品

### 6.3.2.1　标准样品定义

依据国家标准 GB/T 15000.3—2008，标准样品（Reference Material）的定义为：一种或多种足够均匀和稳定的，具有化学、物理、生物、工程技术或感官性能特征，经过技术鉴定，确定其符合测量过程的预期用途并附有相关性能数据证书的样品。其特性可以是定量的或定性的物理、化学或生物特性，其用途可包括测量系统校准、测量程序评估、给其他材料赋值和质量控制[11]。标准样品也称标准物质。纳米标准物质/标准样品就是指在纳米技术领域应用的标准样品。在纳米测量中，标准物质/标准样品的应用将在评估传统技术的分辨率和检测限延伸到纳米尺度所带来的不确定性，以及验证新测量技术的可靠性等方面发挥重要作用。与微米级标准样品相比，纳米尺度标准样品的合成对制备条件和反应控制要求更高，准确定值过程对纳米尺度物性规律的理解需要更深入，甚至需要建立全新的定值方法。可以说一个国家纳米标准样品的建立过程可以带动化学合成、表面修饰、精密加工、半导体等技术和产业的进步，是一个系统工程。

### 6.3.2.2　纳米标准样品研究现状

纳米标准物质/标准样品是纳米技术标准化中的重要环节，对纳米技术的发展有着不可替代的重要作用，因此成为目前各国争相布局的研究领域，各国标准和基础研究机构均已设立相关的研究课题，纷纷投入巨资开展相应工作。如美国、欧盟、英国、德国等都在加紧进行纳米标准物质/标准样品的研制，其中美国标准技术研究院（NIST）已经取得了一定成果[12]。在国外的纳米标准物质/标准样品中，企业参与的研制成果占了很大的比重。虽然企业研制的纳米标准物质/标准样品并不如国家级标准物质权威，相对不确定度也相对较大，但它们为使用者提供了更多的选择，为纳米标准物质/标准样品的发展和推广做出了贡献。

我国在纳米标准物质/标准样品的研究方面刚刚起步，与世界先进国家相比还有相当的差距。但是，我国已经充分重视到研制纳米标准物质/标准样品的重要性，越来越多的科研机构也开始加紧研制不同种类的纳米标准物质/标准样品。在"十一五"国家重大科学研究计划项目"纳米标准物质和检测用纳米标准样品的可控合成、量产及微加工方法标准化研究（2006CB932600）"资助下，我国研制了一批具有国际水平的纳米标准物质/标准样品，有些已经获得了标准物质/样品证书。相信在不久的将来，我国会在纳米标准物质的研制方面取得更大的进展，在国际上争得一席之地[13]。

纳米标准物质/样品包括的种类很多，既包括纳米粒度、线宽、台阶等纳米尺度测量用，也包括比表面积、光谱特性、纳米机械性质等具有功能特性的新型纳米标准物质/标准样品。目前研究比较成熟的包括纳米粒度标准样品、纳米尺度的线宽标准样品、纳米尺度的台阶标准样品等。除此之外，纳米材料构成的高比表面积标准样品、具有新奇纳米尺度效应的标准样品等也非常值得关注[14-20]。

### 6.3.2.3  纳米粒度标准样品

在纳米标准样品中，纳米尺度的粒度标准样品研究最为成熟、产品最多。纳米粒度标准样品主要用于校准各种尺寸分析仪器，包括透射电子显微镜（TEM）、扫描电子显微镜（SEM）、动态光散射仪（DLS）、X射线小角散射仪（SAXS）、X射线衍射仪等；还常用于实验室间测试仪器的比对，以及测试方法的可行性验证等。目前，纳米粒度标准样品主要以聚苯乙烯微球（PS）为主，此外还有二氧化硅（$SiO_2$）、三氧化二铝（$Al_2O_3$）微球，均以其水的悬浊液形式存在。

美国标准技术研究院（NIST）现有四种纳米/亚微米粒度标准样品，成分均为聚苯乙烯微球的水悬浊液，粒径从60nm到900nm（表6-10）。这四种纳米/亚微米粒度标准样品均匀性好，稳定性高，相对不确定度低，在国际上属先进水平。此外，国际市场上也有一些公司研制和销售可溯源的纳米/亚微米标准微粒，如美国的Duke Scientific Co., Bangs Laboratories Inc., Poly-sciences Inc., Microspheres-Nanospheres，瑞士的Fluka公司等。这些纳米粒度标准样品数目众多，粒径分布较广，最小标称粒径可达20nm，但是其相对不确定度通常都是NIST研制的纳米粒度标准样品的几倍。

**表6-10  美国四种SRM概况**

| 编号 | 名称（标称粒径） | 有证平均粒径 | 定值方法 |
|---|---|---|---|
| SRM 1964 | Nominal 60nm Diameter Polystyrene 60nm Spheres | 60.39±0.63nm | 使用SRM 1963校准过的差示迁移率分析仪来测量 |
| SRM 1963a | Nominal 100nm Diameter Polystyrene 100nm Spheres | 101.8±1.1nm | 使用SRM 1963校准过的差示迁移率分析仪来测量 |
| SRM 1691 | Nominal 0.3μm Diameter Polystyrene 0.3μm Spheres | 0.269±0.007μm | 使用SRM 1690校准过的投射电镜来测量，并用准弹性光散射辅助测量 |
| SRM 1690 | Nominal 1μm Diameter Polystyrene 1μm Spheres | 0.895±0.008μm | 稀释悬浮液用基于Mie理论的光散射测量 |

我国虽然已有微米级的国家粒度标准样品，但在纳米级的粒度标准样品方面长期以来还处于空白。我国的国家级粒度标准样品中，最小的标称粒径0.8μm（GBW（E）120037）。近年来，我国多家单位都在加紧进行纳米粒度标准样品的研制。中国石油大学研制的标称粒径分别为60nm、350nm、1000nm的聚苯乙烯微球，已获批国家一级标准物质。除此之外，钢铁研究总院研制的二氧化硅溶胶

也通过了国家标准样品的审核。这是我国第一批自主研制的纳米尺度国家标准物质和国家标准样品。我国与 NIST 的纳米标准样品虽然在同一量值范围（表6-11），但是其扩展不确定度却大得多，原因就在于纳米粒度标准样品的定值具有难度，而且我国目前尚无纳米量级的基准，所以我国纳米粒度标准物质的定值过程是通过溯源到 NIST 的纳米标准样品来实现。由此造成的后果就是我国纳米标准样品的不确定度是在 NIST 标准物质的不确定度的基础上，再加上其他测量定值过程中的不确定度。为了填补我国缺乏纳米量级的基准这一缺陷，由国家纳米科学中心主持的国家重大科学研究计划项目"纳米测量技术标准的基础研究（2011CB932800）"于 2011 年启动。该课题致力于提高我国纳米检测技术水平，项目测量量值的设置由最基本的尺度测量延伸到物性测量；待测体系则从单一结构跨越到复杂结构和环境；功能特性从单一功能特性向多功能特性发展；研究层次上从纳米物质与简单小分子相互作用扩展到与复杂大分子到细胞水平相互作用。中国科学技术大学、中国计量科学研究院、北京出入境检验检疫局、冶金工业信息标准研究院、中国科学院上海微系统所也参加了该课题的研究工作，这些科研成果对新材料、新能源领域纳米技术标准的制定具有重要的意义。

**表 6-11　国内外同类纳米粒度标准物质/标准样品对比表**

| 生产者 | 编号 | 材质 | 标准值/nm | 扩展不确定度/nm |
|---|---|---|---|---|
| 中科院理化所 | GBW 12027 | $SiO_2$ | 63.4 | 2.2 |
| 中国石油大学 | GBW 12011 | PS | 79.1 | 1.5 |
| 钢铁研究总院 | GSB 03-2158-2007 | $SiO_2$ | 57.8 | 1.6 |
| NIST | SRM 1964 | PS | 60.39 | 0.63 |
| Duke 公司 | 3060A | PS | 60 | 2.5 |

### 6.3.2.4　纳米尺度的线宽标准样品

材料的形态观测和表征经常用到电子显微镜，如纳米技术领域应用广泛的扫描电子显微镜（SEM）和扫描探针显微镜（SPM）。由于电子显微镜放大倍率的变化不一定是线性的，并且放大物体的同时图像可能会发生畸变，因此不同放大倍率级别需要使用不同长度级别的标准样品进行校准。周期性的线宽（Linewidth）结构（也可称为光栅）是校准电子显微镜放大倍率最为合适的标准样品。随着电子显微镜在纳米技术中的广泛应用，研制纳米尺度的线宽标准样品十分必要。

近年来，国外从科研机构到相关企业都很重视可用于显微镜图像放大倍率校准的微纳米尺度的标准样品的研制。美国 NIST 目前共有三种微纳米级的线宽标准样品，其中两种是有证标准样品，分别是 SRM 2800（Microscope Magnification

Standard，1μm-5mm）和 SRM 2059（Photomask Linewidth Calibration Standard，0.25μm - 32.0μm）；还有一种无证标准样品 RM 8090（SEM Magnification RM，0.2μm - 3000μm）。NIST 的这几种标准样品为扫描电子显微镜和扫描探针显微镜的溯源工作奠定了基础。英国国家物理实验室（NPL）也推出了扫描电镜放大校准的标准样品 SIRA Calibration Specimens。这种标准样品由 SIRA 公司制造并经 NPL 标定。它由两组正交的金属周期性光栅组成，有两种不同线宽，分别是 19.7 条线/mm 和 2160 条线/mm，可用于放大 20 倍以上的图像校准以及图像畸变的校准。除此之外，在 ISO 16700：2004（微束分析-扫描电镜-图像放大倍率校准导则）的附录 A 中，列出的可用于放大倍率校准的参考样品还有德国物理技术研究院（PTB）的 IMS-HR 94175-04，俄联邦（GOSTER）的 CRM 6261-91，以及日本质量保证组织（JQA）标定的微尺度硅片。

除国家级科研机构之外，美国、德国、日本的部分企业也研制出了一批用于纳米尺度显微镜校准的光栅标准样板。其中部分光栅标准样板的标称线宽比 NIST 的标准样品还要小，可达几百纳米，适合于校准观测纳米尺度样品的电子显微镜。然而，这些标准样板价格昂贵，并且购买时还存在技术壁垒问题，此外，我国也在加强自主研制纳米尺度的光栅标准样品，并取得了部分进展。我国曾在 1999 年由全国微束分析标准化技术委员会发布了一个扫描电镜长度标准样品板，最小标称线宽2μm。近年来，中国地质科学院矿产资源研究所研制了微米-亚微米级的栅网标准样品 S500、S1000 和 S5000 系列，其最小标称线宽分别为 0.5μm、1μm 和5μm，并具有德国的定值证书。

### 6.3.2.5　纳米尺度的台阶标准样品

随着纳米科技及微加工领域的发展，对纳米到微米尺度范围的垂直方向上的测试精度要求越来越高。一方面，表面测量技术通过台阶高度可以溯源到米的定义；另一方面，半导体制造业为主的工业产业中涉及大量的台阶高度的检测问题。台阶高度是一个重要的参数，大规模集成电路和微机械结构制作工艺过程中，实现对各种薄膜台阶参数的精确、快速测定和控制，是保证器件质量、提高生产效率的重要手段。随着大规模集成电路和超大规模集成电路的迅速发展，集成度越来越高，线条越来越细，尤其是近年来纳米技术的蓬勃兴起，国内外广泛开展了对以集成电路制造工艺为基础的微型机械的研究，这些都要求台阶测量具有纳米级精度。同时，为在微纳米尺度范围内进行研究的探针型设备，如扫描探针显微镜（SPM）、台阶仪、轮廓仪等，提供纳米到微米尺度的台阶标准样品进行校准，提供了仪器检测结果的溯源依据，也为实验室间检测结果比对提供依据。

目前国际上尚无国家级纳米尺度的台阶标准样品。只有美国、爱沙尼亚、法国、德国的部分企业研制生产了一批纳米级的尺度台阶标准样品。这些标准样品尺度分布较广，有些标准样品的标准值可与 NIST 溯源，最小台阶高度可达 8nm，给使用者提供了较大选择的空间。纳米台阶高度标准物质在半导体、微电子工业领域的应用需求日趋显著，但拥有其制备技术的均为国外公司。作为半导体、微电子工业大国，中国自主研发出具有国际先进水平的纳米台阶标准物质将具有广阔的应用前景，对推动我国纳米微加工技术的发展将有重要的意义。国家纳米科学中心和中国计量科学研究院通过微纳加工技术与硅片热生长工艺相结合研制系列台阶高度标准物质，并运用参与 Nano2 国际比对、可溯源至光波长计量型原子力显微镜对台阶标样进行定值及不确定度分析，研制了纳米台阶高度标准物质（表 6-12）。

**表 6-12　纳米台阶高度标准物质**

| 编号 | 材质 | 测量参数 | 标称值/nm | 总不确定度/nm |
|---|---|---|---|---|
| GBW 13950 | 硅-氧化硅 | 台阶高度 | 100.0 | ±1.8 |
| GBW 13951 | 硅-氧化硅 | 台阶高度 | 200.0 | ±2.3 |
| GBW 13952 | 硅-氧化硅 | 台阶高度 | 50.0 | ±1.4 |
| GBW 13953 | 硅-氧化硅 | 台阶高度 | 500.0 | ±3.7 |
| GBW 13954 | 硅-氧化硅 | 台阶高度 | 1000.0 | ±5.8 |

### 6.3.2.6　纳米材料比表面积标准物质

比表面积是指每克物质中所有颗粒总外表面积之和，国际单位是 $m^2/g$，比表面积是超细粉体材料最重要的物性之一，是用于评价其吸收与催化活性等多种性能的重要物理参数。比表面积变化对物质的许多物理、化学特性将产生很大影响，准确测量比表面积是科研与生产中非常重要的环节。根据量值传递和仪器校准的原则，待测样品与标准物质的比表面积越接近，测定的量值准确度越高。纳米材料不同于宏观材料的特性之一即具有很高的比表面积。因此，纳米材料比表面积标准物质的研制成功将为比表面积分析仪器的校准提供可溯源性，为纳米粉体的基本物性提供国内外权威、统一的测试数据。

在气体吸附 BET 法测量比表面积方面，纳米材料由于其特殊结构，通常具有超高的比表面积，从几百到高达上千 $m^2/g$。然而，目前国际上现有的比表面积标准样品分布都较窄。美国 NIST 的三种比表面积标准样品 SRM 1897、SRM 1899、SRM 1900，标准值（多点测量）分别为 $258.32m^2/g$、$10.67m^2/g$ 和 $2.85m^2/g$[12]。因此，使用现有比表面标准样品无法满足对纳米材料比表面积的准确定值。开展纳米材料比表面积标准样品的研制工作，对实现我国占有该行业的主导地位具有重要意义。性质稳定、均一的纳米氧化铝以及具有广泛比表面积范围和很好热稳定性的多孔二氧化硅材料，都将是研制高比表面积标准样品的理想材料。

国家纳米科学中心研制了具有高比表面积的"纳米级氧化铝比表面积标准物质"和"纳米孔二氧化硅比表面积、孔容、孔径多特性量值标准物质",填补了国内外高比表面积标准物质研制方面的空白（表6-13和表6-14）。

**表6-13 纳米级氧化铝比表面积标准物质数据表**

| 编号 | 材质 | 测量参数 | 标称值/$m^2 \cdot g^{-1}$ | 标准值±总不确定度/$m^2 \cdot g^{-1}$ |
|---|---|---|---|---|
| GBW 13901 | γ-氧化铝 | 比表面积 | 450 | 445.4±5.8 |
| GBW（E）130274 | | | 450 | 446.6±8.4 |
| GBW（E）130305 | | | 350 | 359.8±4.6 |
| GBW（E）130306 | | | 520 | 514.7±7.4 |
| GBW 13906 | | | 350 | 359.4±4.3 |
| GBW 13907 | | | 520 | 515.3±6.7 |

**表6-14 纳米孔二氧化硅比表面积、孔容、孔径多特性量值标准物质数据表**

| 编号 | 材质 | 比表面积/$m^2 \cdot g^{-1}$ | 孔容/$cm^3 \cdot g^{-1}$ | BJH 最可几孔径/nm |
|---|---|---|---|---|
| GBW（E）130307 | 纳米孔二氧化硅 | 901±16 | 0.988±0.024 | 7.70±0.16 |
| GBW 13902 | | 898±16 | 0.982±0.019 | 7.69±0.16 |
| GBW（E）130362 | | 547±13 | 0.657±0.017 | 5.60±0.05 |

### 6.3.2.7 光谱特性纳米标准样品

除了基本的尺度概念，由于尺度效应带来的新奇性质赋予了纳米材料更多的功能性。基于这些新颖性质的纳米标准样品的研究也日益得到人们的重视，例如半导体量子点和各向异性的贵金属纳米晶。

半导体量子点和各向异性的贵金属纳米晶均具有新奇的光谱特性，如半导体量子点具有量子尺寸效应，各向异性的贵金属纳米晶体具有很强的表面等离子基元共振特性。基于量子点材料独特的光学性质，如：粒子的紫外-可见吸收峰值与其粒径密切相关，随粒子粒径的减小，带边吸收峰发生蓝移。与传统的有机染料分子荧光探针相比，半导体纳米晶体的光谱性质具有明显的优势：具有宽的激发光谱、窄的发射光谱，可精确调谐的发射波长、发光强度高，光化学稳定性更好，可忽略的光漂白等优越的荧光特性等，可以很好地用于荧光标记，并十分有利于长时间对细胞内多生命现象的动态变化进行观察。基于上述性质，半导体纳米晶体在线性及非线性光学、医药及功能材料等方面具有极为广阔的应用前景，已成为一个前沿的活跃研究领域。

形貌可控的贵金属纳米晶在光学和催化领域具有重要的应用前景，是一类很有潜力的功能纳米材料。在纳米尺度、贵金属纳米晶的表面等离激元共振峰的峰位、数目以及相关光学性质（如共振散射、双光子荧光、表面增强的拉曼散射等）都可以通过控制其形状来进行调控和优化。这些特性可望使贵金属纳米晶在生物传感、药物传递、疾病诊断与治疗、生物成像等与生物医学密切相关的领域发挥重要作用。在各种形状各异的贵金属纳米晶中，金纳米棒因其具有成熟的合成方法、良好的化学稳定性和生物相容性等优势而备受关注，国内外已开展了大量基于金纳米棒生物标记、疾病诊断与治疗、生物成像等方面的基础研究工作，并展示出良好的应用前景。

国家纳米科学中心负责制定了半导体量子点和金纳米棒的吸收光谱特性表征国家技术标准，并为促进国家标准的实施配套研制了相应的标准样品。半导体量子点以其第一激子吸收峰波长值作为光谱特性量值，金纳米棒以等离子体共振峰作为特性量值，所发布实施的国家标准和标准样品见表 6-15 和表 6-16。半导体量子点和金纳米棒标准样品的实施，一方面促进了配套使用的国家技术标准的有效实施；另一方面，半导体量子点标准样品可作为半导体纳米晶体紫外-可见吸收光谱和荧光光谱分析时的质控样品，同时半导体量子点和金纳米棒标准样品也可用于在生物和化学应用中的质量保证和质量控制工作[21]。

**表 6-15　半导体量子点技术标准和标准物质**

| 标准物质/编号 | 标准物质/标准样品名称 |
|---|---|
| GB/T 24370—2009 | 硒化镉量子点纳米晶体表征　紫外/可见吸收光谱方法 |
| 20112063-T-491 | 硒化镉量子点纳米晶体的表征　荧光发射光谱法 |
| GBW（E）130411 | 硒化镉/硫化锌量子点纳米晶体标准物质 |
| GBW（E）130410 | 硒化镉量子点纳米晶体标准物质 |
| S2011189 | 硒化镉/硫化锌量子点纳米晶荧光量子产率标准样品 |

**表 6-16　金纳米棒和金纳米棒技术标准和标准物质**

| 标准物质/编号 | 标准物质/标准样品名称 |
|---|---|
| GB/T 24369.1—2009 | 金纳米棒表征　第 1 部分：紫外/可见/近红外吸收光谱方法 |
| 20110030-T-491 | 金纳米棒表征　第 2 部分：光学性质 |
| 20110031-T-491 | 金纳米棒表征　第 3 部分：表面电荷的测量方法 |
| GBW12037 | 金纳米粒度标准物质 |
| GBW12038 | 金纳米粒度标准物质 |
| GBW（E）130409 | PDDAC 包覆金纳米棒二级标准物质 |
| GBW（E）130408 | PSS 包覆金纳米棒二级标准物质 |
| GBW（E）130407 | CTAB 包覆金纳米棒二级标准物质 |
| GSB 02-2993—2013 | 表面等离激元共振峰位于 640nm 的单晶金纳米棒标准样品 |
| GSB 02-2994—2013 | 表面等离激元共振峰位于 720nm 的单晶金纳米棒标准样品 |

续表 6-16

| 标准物质/编号 | 标准物质/标准样品名称 |
|---|---|
| S2012052 | 表面等离激元共振峰位于 560nm 的单晶金纳米棒标准样品 |
| GSB 02-2629—2016 | 表面等离激元共振峰位于 800nm 的单晶金纳米棒标准样品 |
| S2012001 | 表面等离激元共振峰位于 800nm 的单晶金纳米棒标准样品 |
| S2012053 | 表面等离激元共振峰位于 880nm 的单晶金纳米棒标准样品 |

## 6.3.3 纳米安全标准和标准化工作

### 6.3.3.1 国际相关纳米安全标准和标准化工作现状

自从 2003~2004 年间,《科学》(Science)、《自然》(Nature) 等杂志连续发表系列文章对于纳米材料的生物安全性及纳米科技发展带来的问题提出警告, 提醒人们在科技发展的同时要注意负效应问题以来, 世界各国在抢占纳米科技制高点的同时, 对纳米科技的生物安全性及危险度评价研究高度关注。美国、欧盟、日本纷纷投巨资开展纳米安全性研究。英国政府委托英国皇家学会与英国皇家工程学院对纳米生物环境效应问题进行调研, 成立了年预算 1100 万美元的纳米生物环境效应与安全性研究中心。美国国家纳米技术计划将总预算的 11% 投入到纳米健康与环境的研究。经济合作与发展组织(OECD)2006 年正式成立了人造纳米材料工作组(Working Party on Manufactured Nanomaterials, WPMN)。2008 年 9 月, 在经济合作与发展组织(OEDC)组织召开的国际政府间化学品安全论坛第六届会议(Intergovernment Forum on Chemical Safety, Sixth Session-Forum Ⅵ)上, 人造纳米材料工作小组(WPMN)制定并通过了 "人类健康和环境安全研究数据库—人造纳米材料安全性研究数据库" 的建立及纳米毒理学替代方法的研究等八项课题。工作组选择了数项主要的纳米材料作为第一阶段的研究对象。其中, 中国承担了纳米铁(iron nanoparticles) 的研究项目。由此可见, 纳米材料的安全性研究得到了国际上的高度重视。

ISO/TC 229 目前所发布的标准中与安全性评价和风险管理相关的标准有: (1) 金属纳米颗粒的吸入毒性试验(ISO/TS 10801: 2010 Nanotechnologies—Generation of metal nanoparticles for inhalation toxicity testing using the evaporation/condensation method); (2) 吸入毒性试验中吸入暴露小室内纳米颗粒的表征(ISO/TS 10808: 2010 Nanotechnologies—Characterization of nanoparticles in inhalation exposure chambers for inhalation toxicity testing); (3) 职场相关纳米技术的安全操作与健康(ISO/TR 12885: 2008 Nanotechnologies—Health and safety practices in occupational settings relevant to nanotechnologies); (4) 纳米材料的风险评价(ISO/TR 13121: 2011 Nanotechnologies—Nanomaterial risk evaluation); (5) 纳米材料样品的体外细菌内毒素试验 鲎试验(ISO 29701: 2010 Nanotechnologies—

Endotoxin test on nanomaterial samples for in vitro systems—Limulus amebocyte lysate (LAL) test）；（6）医疗保健诊断与治疗词汇（ISO/TS 80004-7：2011 Nanotechnologies—Vocabulary—Part 7：Diagnostics and therapeutics for healthcare）；（7）人工纳米材料的职业风险管理　第 1 部分：原则和策略（ISO 12901-1 Nanotechnologies—Occupational risk management applied to engineered nanomaterials—Part 1：Principles and approaches）；（8）人工纳米材料的职业风险管理　第 2 部分：暴露控制分组方法的使用（ISO/NP TS 12901-2 Nanotechnologies—Occupational risk management applied to engineered nanomaterials—Part 2：Use of the control banding approach）；（9）人工纳米级材料毒性评价时的物理化学表征（ISO/DTR 13014 Nanotechnologies—Guidance on physico-chemical characterization of engineered nanoscale materials for toxicologic assessment）；（10）人工纳米材料毒性筛选方法导则（ISO/NP TR 16197 Nanotechnologies—Guidance on toxicological screening methods for manufactured nanomaterials）；（11）用于纳米材料特有毒性筛选的纳米金的表面表征（ISO 14101：Surface characterization of gold nanoparticles for nanomaterial specific toxicity screening：FT-IR method）。

2013 年 3 月 4 日至 8 日在墨西哥克雷塔罗举行的第十五届国际标准化委员会纳米技术委员会（ISO，the International Organization for Standardization TC 229 Nanotechnologies）年度会议上，由韩国专家领导的新的研究组“纳米-生物”成立，启动了“纳米-生物”专项研究的规划、建立工作组（WG），并集中人力开展纳米生物效应和生物安全性的标准化工作。

美国 ASTM 已发布的纳米材料安全性标准有 3 项，分别是：纳米材料的溶血特性分析试验方法标准（E2524-08，Standard Test Method for Analysis of Hemolytic Properties of Nanoparticles）；评价纳米材料对小鼠粒细胞-吞噬细胞集落形成影响的试验方法标准（E2525-08，Standard Test Method for Evaluation of the Effect of Nanoparticulate Materials on the Formation of Mouse Granulocyte-Macrophage Colonies）；纳米材料对猪肾细胞和肝细胞毒性的评价方法标准（E2526-08，Standard Test Method for Evaluation of Cytotoxicity of Nanoparticulate Materials in Porcine Kidney Cells and Human Hepatocarcinoma Cells）。

### 6.3.3.2　我国相关标准和标准化工作现状

我国已充分认识到纳米生物安全性研究的重要性和紧迫性，纳米生物安全领域的研究近年来发展很快。国家对纳米生物安全性研究的投资逐渐加大，并已将其列入“973”重点基础研究规划项目，且已经取得了诸多创新性成果，发表论文论著在国际上处于领先地位。然而，在纳米材料安全性的法律法规制定和标准的研发与制定层面还很滞后。我国纳米技术和纳米材料相关国家标准目前已经发布 32 项，但几乎全部是纳米材料表征的相关标准，没有一个涉及纳米安全性评价和风险管理的标准。我国纳米标委会的标准体系中关于纳米生物医药和纳米安全防护次级标准体系几乎还是个空白。在上述 ISO/TC 229 已发布和研发中的标准中，只有 ISO 29701：2010 标准由国家食品药品监督管理总局修改转化为国家医药行业标准（YY），并且即将发布。国家食品药品监督管理总局还参考转化了 ASTM 的细胞毒性试验方法标准（E2524-08），2014 年立项参考转化 ASTM 的溶血试验方法标准（E2526-08）。

### 6.3.4 纳米药物与医用纳米生物材料标准和标准化工作

随着纳米技术的发展，纳米技术和纳米材料在医学领域得到了广泛的应用。主要包括：基因或药物纳米释放系统、纳米药物、影像诊断、肿瘤的靶向治疗和纳米抗菌系列产品等。与其应用研究相比，纳米生物医药和医用纳米生物材料的标准化工作相对比较滞后。

#### 6.3.4.1 纳米药物和医用纳米生物材料产业发展和存在的问题

A 纳米药物

在高志贤研究员主编的《纳米生物医药》中对纳米生物制剂和纳米药物进行了详细的阐述。纳米生物药物是指药物和（或）载体复合后制成纳米微粒，并加上特定的靶向材料使药物在体内更快速、准确地到达靶向部位，发挥治疗作用。目前，研究和应用较多的有：纳米脂质体、固体脂质纳米粒、纳米囊和纳米球、聚合物胶束、纳米混悬剂等。按照粒子特性和生物性能可分为免疫纳米粒、磁性纳米粒、磷脂纳米粒和光敏纳米粒[22]。

使用常规给药方式时经常面临着由于体内的药物浓度波动较大（有时超过药物最高耐受剂量或低于最低有效剂量）以及给药靶向性差等问题，从而产生药物的副作用大及药效降低的问题。因此通过对新的药物释放方法、体系的研究，来实现特定的药物在体内特定时间和位置的释放，将有助于解决常规给药方式所带来的一系列问题。智能药物释放体系能够通过智能识别特定的外部信号（如外部温度、pH 值、离子强度、电场、磁场、光照等）并对该信号做出响应，适时、适量释放出所装载的药物，实现定时定点地释放药物，从而优化给药效果，降低药物的副作用。在智能药物释放体系和靶向性药物研发中纳米技术发挥了其特有的优势。然而，对该类药物或制剂的有效性和安全性评价的标准化工作还不完善。例如纳米脂质体，脂质体作为药物载体具有提高药物疗效、减轻药物不良反应及靶向作用的特点，在抗肿瘤药物载药和基因治疗方面具有重要的应用前景。目前，我国已批准生产并上市的脂质体制剂有注射用紫杉醇酯质体、盐酸多柔比星脂质体注射液和注射用两性霉素 B 脂质体等，批准进口的有盐酸多柔比星脂质体注射液和注射用两性霉素 B 脂质体，研究开发阶段的脂质体制剂更多。脂质体质量的影响因素有很多，如卵磷脂的选择（卵磷脂中如含有溶血性磷脂酰胆碱可引起溶血）、卵磷脂与胆固醇的比例、有机溶剂的选择、油水比、其他辅料（抗氧化剂、保护剂、稳定剂、非离子表面活性剂）的使用等，以及制备工艺及工艺条件的控制，如缓冲液 pH 值、相变温度、超声条件的控制等，这些都对脂质体的物理性质和稳定性产生很大的影响。而制成纳米级微粒则增加了其质量控制的难度。《中国药典》2010 年版二部新增附录 XIX E 微囊、微球与脂质体制剂指导原则，对脂质体生产过程与贮藏期间应检查的项目给出了规定，包括有害有机溶剂的限度检查；形态、粒径及其分布的检查；载药量或包封率的检查；突释效应或渗漏率的检查；脂质体氧化程度的检查等，以及脂质体必须符合有关制剂通则的规定和靶向制剂靶向性数据的要求。但是，中国药典在指导原则中仅对控制项目和部分指标做出了规定，并未给出具体的可规范操作的检查方法，且没有述及纳米级微粒相关的特殊检测评价方法和要求。

　　B　药物的靶向定位释放和缓释控制纳米材料

　　肿瘤是危及人类健康的首要疾病之一，肿瘤的根治仍然是不破之垒。纳米技术和纳米材料的发展为肿瘤的靶向治疗带来了革命性的创新。然而，靶向率和控释率的评价，所使用的载体纳米材料进入体内所带来的潜在新风险如何控制、如何评价仍然面临着诸多的挑战。2013 年 11 月 20 日，科技部高技术中心组织召开了"西苑沙龙"，主题就是"肿瘤纳米药物的机遇与挑战"。针对高技术、基础研究及其学科交叉领域或方向的发展前沿与趋势、重大应用和产业发展需求，及有关政策管理与战略问题，进行基础性、前瞻性、战略性和创新性的研讨平台。可见我国对肿瘤纳米药物研发已经提升到国家科技发展战略的层面，受到了高度重视。在这次会上专家一致认为肿瘤纳米药物标准化工作的推进和标准的研发是促进产业早日实现临床转化的重要途径。

　　C　医用纳米生物材料

　　纳米材料中用于生物材料领域的主要有：纳米无机材料，如纳米陶瓷材料、纳米羟基磷灰石等，被用于制备各种骨组织或牙组织再生与修复的填充材料；如 $Fe_3O_4$ 磁性纳米粒子表面用高分子物质和蛋白质修饰后作为药物载体，通过磁性导航做到药物的靶向释放；其他如纳米磷灰石晶体、纳米微孔玻璃、纳米碳材料、各种纳米高分子材料、生物纳米材料膜、纳米细菌纤维素等。对传统医用生物材料的安全性评价主要依据医疗器械生物学评价系列标准（国际 ISO 10993/中国国家标准 GB/T 16886）进行生物相容性和安全性评价。然而，纳米材料因其具有特殊的小尺寸效应、大的比表面、高的活性特点和量子隧道效应，使其所可能引起的生物效应更加复杂。传统的检测评价技术、既有的标准和方法可能不适合或不完全适合对纳米材料的安全性评估。

## 6.3.4.2　医用纳米生物材料的标准化工作和标准现状

　　医用纳米材料与人们日常生活中所能接触的纳米材料的暴露不同，在研究、设计和使用它的过程中，已经人为地使人体失去自然屏障，直接使纳米医用材料进入人体，到达靶器官。因此，与环境接触等其他暴露途径接触的纳米材料相比，医用纳米材料的生物效应机制会有不同程度的差异，它可能会引起的潜在毒性风险程度更大。因此，这类纳米材料或纳米产品的生物效应、毒理学研究及安全性评价以及标准化工作显得更加重要和紧迫。

ISO/TC 229 标准化技术委员会制定的相关纳米安全的标准大多基于环境暴露和职业场所暴露的风险，虽然可以使用、参考和借鉴，但针对医用纳米材料还应根据其特殊的使用途径、接触方式等诸多特殊情况进行更科学的标准化评价。

ISO 医疗器械生物学评价标准化技术委员会（ISO/TC 194）是专门制定医用生物材料和医疗器械生物学评价标准的技术委员会。ISO/TC 194 在 2011 年给 ISO/TC 229 的联络报告中将医疗器械生物学评价标准"风险管理过程中的评价与试验"（10993-1，2009），"材料化学定性"（10993-18，2005）及"材料的理化性质和形貌表征"（TS 10993-19，2006）提交给了 ISO/TC 229，计划分别在 2012 年度和 2013 年度对这些标准是否适用于含纳米材料医疗器械的检测与评价进行"再评价"。ISO/TC 194 在 2012 年的会议通知（ISO/TC 194 N749）中已经正式将新增第十七工作组"纳米材料"（WG17"Nanomaterials"）列入会议日程（ISO/TC 194 N763）。目前，ISO/TC 194/WG17 负责起草的医疗器械生物学评价—纳米材料评价指南（ISO 10993-21）正在研发过程中。

在美国试验与材料协会（ASTM）制定的标准中目前有 3 项是与生物安全性相关标准，已在上一部分介绍，分别是：纳米材料的溶血特性分析试验方法标准（E2524-08）；评价纳米材料对小鼠粒细胞-吞噬细胞集落形成影响的试验方法标准（E2525-08）；纳米材料对猪肾细胞和肝细胞毒性的评价方法标准（E2526-08）。

如前所述，我国国家食品药品监督管理总局已将 ISO 29701：2010 标准修改转化为国家医药行业标准（YY），即将发布；同时还参考转化了 ASTM 的细胞毒性试验方法标准（E2524-08），2014 年立项参考转化 ASTM 的溶血试验方法标准（E2526-08）。

## 6.4 纳米标准化未来发展方向的展望

目前，纳米技术标准尚处于幼年期和产品的不成熟期，标准的产生和制定缺乏动力来源，相当一部分仍处于基础研究的阶段，还未广泛应用于工业生产，更谈不上标准化。因此，现有纳米标准比较宏观，缺乏具体产品标准。随着纳米科技的逐渐成熟和应用前景的明朗化，纳米标准化的竞争会日趋激烈，谁的标准出台快，谁的标准科学性强，谁就最可能占据纳米产业化发展的先机，谁就掌握了市场的主动权。因此，建议中国在现有基础上，以我国研究基础坚实、产业化前景好的纳米产品标准化为重点，更全面、更深入地参与纳米技术国际标准的制定工作，在国际舞台上占有一席之地，为我国纳米产业的发展奠定良好的标准基础。

## 参 考 文 献

［1］中国标准化研究院. GB/T 20000. 1—2014 标准化工作指南 第 1 部分：标准化和相关活动的通用词汇［S］. 北京：中国标准出版社，2015.

［2］中华人民共和国标准化法［Z］. 2017.

［3］高洁，董宏伟，王孝平. 我国纳米技术标准化概况［J］. 中国标准化，2007（9）：7-9.

［4］沈电洪，王荷蕾. 国际纳米标准化综述［J］. 中国标准化，2007（9）：14-17.

［5］http：//www. iso. org/iso/home/standards_development/list_of_iso_technical_committees/iso_technical_committee. htm? commid=381983［EB/OL］.

［6］http：//www. iec. ch/dyn/www/f? p = 103：7：0：：：：FSP_ORG_ID, FSP_LANG_ID：1315, 25［EB/OL］.

［7］http：//www. cen. eu/cen/Sectors/Sectors/Nanotechnologies/Pages/default. aspx［EB/OL］.

［8］http：//www. astm. org/COMMITTEE/E56. htm［EB/OL］.

［9］王孝平，高洁，沈电洪. 纳米技术标准化发展概述［J］. 高科技与产业化，2011（187）：46-52.

［10］朱星. 从国际纳米技术标准的推出看科技新词语的选用［J］. 物理，2013，41（6）：424-429.

［11］全国标准样品技术委员会秘书处. GB/T 15000. 3—2008 标准样品工作导则（3）. 标准样品. 定值的一般原则和统计方法［S］. 北京：中国标准出版社，2008.

［12］Reports of Investigation of Reference Material 8011, 8012 and 8013, National Institute of Standards and Technology（NIST）［R］. US.

［13］刘忍肖，高洁，葛广路. 我国纳米标准样品研究进展［J］. 中国标准化，2012（10）：80-84.

［14］葛广路，吴晓春，赵蕊. 纳米标准样品国内外研究进展［J］. 中国标准化，2007：10-13.

［15］陈柏年，徐大军. 国际标准样品技术发展和现状［J］. 中国标准化，2005（3）：70-71.

［16］吴忠祥. 我国环境保护标准与环境标准样品体系［J］. 中国标准化，2008（8）：11-12.

［17］国际标准化组织. ISO/TS 27687：2008 Nanotechnologies-Terminology and Definitions for Nano-Objects-Nanoparticle, Nanofibre and Nanoplate［S］. ISO, Geneva, 2008.

［18］www. nano-refmat. bam. de/en［EB/OL］.

［19］ISO/TS 27628：2007 Workplace atmospheres-Ultrafine, nanoparticle and nano-structured aerosols-Inhalation exposure characterization and assessment［S］. 2007.

［20］ASTM E2456-06 Standard Terminology Relating to Nanotechnology［S］.

［21］李晞，陈会明，程艳，等. 标准样品与产品质量监督［J］. 标准科学，2010（12）：70-73.

［22］高志贤，李小强. 纳米生物药物［M］. 北京：化学工业出版社，2007.